U0183475

"等离子体物理丛书"编委会

王德真（大连理工大学）

项　农（中国科学院等离子体物理研究所）

许宇鸿（西南交通大学）

肖池阶（北京大学）

杨长春（中国国际核聚变能源计划执行中心）

杨青巍（核工业西南物理研究院）

庄　革（中国科学技术大学）

"十三五"江苏省高等学校重点教材（2020—2—029）

等离子体物理丛书

低温等离子体诊断原理与技术

叶 超 编著

科学出版社

北 京

内 容 简 介

本书阐述了低温等离子体诊断的基本原理与重要技术。从等离子体的基本概念与性质、低温等离子体的产生方法和等离子体中的基本化学过程，到低温等离子体的探针诊断技术及其应用、光谱诊断技术及其应用、质谱诊断技术及其应用、离子能量诊断技术及其应用、波干涉诊断技术、等离子体阻抗分析技术及其应用，较全面地介绍了低温等离子体诊断的基础知识，总结了该领域近年来的一些新进展，提供了低温等离子体诊断应用的实例。

本书可供从事低温等离子体物理、薄膜物理、微电子材料与器件、材料科学与工程、等离子体化学等应用研究的相关科研和工程技术人员参考，以及在上述专业的研究生或高年级本科生的课程中使用。本书亦可作为从事等离子体其他领域工作的科研和教学参考书。

图书在版编目(CIP)数据

低温等离子体诊断原理与技术/叶超编著.—北京：科学出版社，2021.6
（等离子体物理丛书）
ISBN 978-7-03-055475-8

Ⅰ.①低… Ⅱ.①叶… Ⅲ.①低温-等离子体诊断 Ⅳ.①O536

中国版本图书馆 CIP 数据核字（2021）第 106656 号

责任编辑：刘凤娟 杨 探 / 责任校对：杨 然
责任印制：吴兆东 / 封面设计：无极书装

科 学 出 版 社 出版
北京东黄城根北街 16 号
邮政编码：100717
http://www.sciencep.com
北京建宏印刷有限公司印刷
科学出版社发行 各地新华书店经销
*
2021 年 6 月第 一 版 开本：720×1000 B5
2025 年 1 月第三次印刷 印张：22
字数：431 000
定价：169.00 元
（如有印装质量问题，我社负责调换）

前　　言

等离子体是物质存在的一种基本形态，是除固体、液体和气体以外的第四种物质形态，它广泛存在于宇宙和人类的活动中。低温等离子体是等离子体学科中重要的内容之一。低温等离子体作为重要的技术手段，在物理、化学、材料科学、微电子等领域得到了广泛应用，推动了凝聚态物理、等离子体物理、等离子体化学、纳米材料等学科的发展，对高新技术产业和人类的日常生活产生了重要影响。

作为等离子体性能的实验研究手段，等离子体诊断技术已成为重要的分析技术。低温等离子体中存在大量的工艺可变量，例如等离子体温度、等离子体密度、电子能量分布函数、离子能量、各种离子与激发基团等，它们影响着等离子体与材料相互作用的物理、化学过程，决定了材料最终的结构与性能；这些可变量取决于产生等离子体的宏观条件，如功率、气压、频率等，因此，对低温等离子体进行实验诊断，可以获得宏观参数与等离子体可变量之间的关联，了解等离子体中发生的物理及化学过程，以及等离子体与材料的相互作用，从而建立材料结构、性能与等离子体特性之间的关联，获得材料性能改变的微观机理，实现等离子体加工过程的控制。

随着低温等离子体技术的发展，从事低温等离子体技术研究及应用的专业人员越来越多，低温等离子体技术的应用范围也越来越广。本书写作的目的就是为在这些领域工作的相关技术人员提供一些低温等离子体诊断技术及其应用的基本知识。

本书较全面地介绍了低温等离子体诊断技术的基础知识，总结了近年来该领域的一些新进展，提供了低温等离子体诊断技术应用的实例。全书共9章。第1章～第3章简要介绍了等离子体的基本概念和性质、气体放电产生低温等离子体的方法和等离子体中的基本化学过程。第4章着重讲述低温等离子体的探针诊断技术及其应用。第5章着重讲述低温等离子体的光谱诊断技术及其应用。第6章着重讲述低温等离子体的质谱诊断技术及其应用。第7章简要介绍了低温等离子体离子能量的诊断技术及其应用。第8章简要介绍了低温等离子体的波干涉诊断技术。第9章简要介绍了放电等离子体的阻抗分析技术及其应用。最后，作为附录，作者收集整理了部分原子、分子、离子受激发光的特征光谱谱线，以供读者在相关研究工作中参考。

本书以我们编著的《低气压低温等离子体诊断原理与技术》（科学出版社，

2010 年）为基础，结合了我们相关的研究工作，参考了国内外低温等离子体诊断技术与应用方面的研究进展，对原书进行了大量修改、增补和删减，力图给出低温等离子体诊断技术的基本知识和新进展。书中部分内容和图片取自研究生们的论文和有关书籍，在各章参考文献中注明。

在本书出版过程中，得到苏州大学优势学科"江苏高校优势学科建设工程三期项目"的资助，得到 2020 年苏州大学教材培育项目的资助，获得 2020 年江苏省高等学校重点教材立项建设，得到科学出版社的大力支持，"等离子体物理丛书"编委会（低温等离子体物理方面）专家、江苏省高等学校重点教材审定组专家提出了中肯、有益的修改意见，书中部分研究工作得到国家自然科学基金（编号：10575074，11275136，11675118）的资助，在此一并表示感谢！

本书可供从事低温等离子体物理、薄膜物理、微电子材料与器件、材料科学与工程、等离子体化学等应用研究的相关科研和工程技术人员参考，以及在上述专业的研究生、本科生的课程中使用。

由于编者水平有限，书中不妥之处在所难免，请各位读者和同行专家批评指正。

叶 超

2020 年 12 月于苏州

目　　录

前言
第1章　等离子体基本概念和性质 ································· 1
　　1.1　等离子体概念 ·· 1
　　　　1.1.1　等离子体的定义与产生 ························· 1
　　　　1.1.2　等离子体的分类 ······························· 2
　　1.2　等离子体的导电性与准电中性 ······················· 4
　　　　1.2.1　等离子体的导电性 ····························· 4
　　　　1.2.2　等离子体的准电中性 ··························· 4
　　1.3　等离子体鞘层 ·· 5
　　1.4　等离子体的基本参量 ··································· 7
　　　　1.4.1　等离子体密度与电离度 ······················· 7
　　　　1.4.2　等离子体温度与能量分布函数 ················· 8
　　　　1.4.3　德拜长度 ······································ 10
　　　　1.4.4　等离子体频率 ································· 11
　　　　1.4.5　等离子体的时空特征量 ······················ 12
　　1.5　等离子体中带电粒子的扩散 ·························· 12
　　1.6　低温等离子体诊断方法概述 ·························· 15
　　参考文献 ··· 16

第2章　气体放电等离子体基础 ······························· 18
　　2.1　直流放电 ··· 18
　　　　2.1.1　直流放电基本过程 ··························· 18
　　　　2.1.2　帕邢定律 ····································· 20
　　　　2.1.3　直流辉光放电特性 ··························· 21
　　2.2　射频放电 ··· 22
　　　　2.2.1　射频放电基本过程 ··························· 22
　　　　2.2.2　射频等离子体中的自偏压 ····················· 24
　　　　2.2.3　射频放电的产生方法 ························· 27
　　2.3　波加热放电 ··· 31
　　　　2.3.1　微波放电 ····································· 31

2.3.2 微波电子回旋共振放电 ･･････････････････････････････ 31
2.3.3 螺旋波放电 ･･････････････････････････････････････ 35
2.4 磁控放电 ･･ 40
2.4.1 磁控放电基本过程 ･･･････････････････････････････ 40
2.4.2 磁控放电技术 ･･･････････････････････････････････ 41
2.5 介质阻挡放电 ･･ 47
2.5.1 介质阻挡放电基本过程 ･･･････････････････････････ 47
2.5.2 介质阻挡放电技术 ･･･････････････････････････････ 48
参考文献 ･･･ 51

第3章 等离子体化学基础 ･･････････････････････････････････････ 54
3.1 化学反应的表征 ･･ 54
3.2 等离子体中的化学反应 ･･････････････････････････････････ 55
3.2.1 同相反应 ･･･････････････････････････････････････ 55
3.2.2 异相反应 ･･･････････････････････････････････････ 66
3.3 化学反应链 ･･ 67
3.4 等离子体与表面相互作用 ････････････････････････････････ 68
3.4.1 等离子体与固体表面的作用 ･･･････････････････････ 69
3.4.2 离子和电子诱导的表面化学反应 ･･･････････････････ 71
3.4.3 能量传递 ･･･････････････････････････････････････ 72
3.4.4 薄膜沉积与性能调控 ･････････････････････････････ 73
3.4.5 刻蚀与等离子体诱导损伤 ･････････････････････････ 73
参考文献 ･･･ 74

第4章 低温等离子体的探针诊断 ･･･････････････････････････････ 75
4.1 朗缪尔探针诊断的基本方法 ･･････････････････････････････ 75
4.1.1 朗缪尔探针的结构与工作电路 ･････････････････････ 75
4.1.2 朗缪尔探针的电流-电压特性 ･･････････････････････ 78
4.1.3 从探针 I-V 特性曲线获取等离子体参数 ･･････････ 79
4.1.4 双探针技术 ･････････････････････････････････････ 80
4.1.5 探针诊断的条件、优点与缺点 ･････････････････････ 82
4.2 朗缪尔探针的基本理论 ･･････････････････････････････････ 82
4.2.1 无碰撞鞘层 ･････････････････････････････････････ 82
4.2.2 平面探针 ･･･････････････････････････････････････ 83
4.2.3 圆柱形探针 ･････････････････････････････････････ 84

4.3　探针诊断的误差分析与数据处理 ……………………………… 88
　　4.3.1　探针测量误差的估算 …………………………………… 88
　　4.3.2　探针测量误差的主要来源 …………………………… 89
　　4.3.3　探针 I-V 特性的二次微分方法 …………………… 91
4.4　朗缪尔探针诊断方法的空间和时间分辨率 ………………… 93
　　4.4.1　朗缪尔探针诊断方法的空间分辨率 ……………… 93
　　4.4.2　朗缪尔探针诊断方法的时间分辨率 ……………… 94
4.5　非麦克斯韦分布的探针理论 ……………………………………… 95
4.6　各向异性等离子体的探针诊断 ………………………………… 97
4.7　磁化等离子体中的朗缪尔探针 ………………………………… 99
　　4.7.1　磁场的影响 ……………………………………………… 99
　　4.7.2　磁化等离子体中的探针理论 ………………………… 101
　　4.7.3　磁化等离子体中的探针测量 ………………………… 103
4.8　射频与甚高频等离子体中的朗缪尔探针 …………………… 104
　　4.8.1　射频等离子体中的探针特性 ………………………… 104
　　4.8.2　射频补偿方法 …………………………………………… 104
　　4.8.3　无补偿的测量条件 ……………………………………… 111
　　4.8.4　射频补偿对电子能量分布函数测量的影响 …… 113
　　4.8.5　甚高频放电等离子体的探针诊断 ………………… 114
4.9　脉冲等离子体的探针诊断 ……………………………………… 117
　　4.9.1　脉冲磁控放电等离子体的探针诊断 ……………… 117
　　4.9.2　脉冲激光等离子体的探针诊断 …………………… 120
4.10　化学活性等离子体的探针诊断 ……………………………… 122
　　4.10.1　化学活性等离子体中的探针污染 ………………… 122
　　4.10.2　发射探针技术 ………………………………………… 123
　　4.10.3　电容耦合探针技术 …………………………………… 125
　　4.10.4　悬浮探针技术 ………………………………………… 126
　　4.10.5　三探针技术 …………………………………………… 130
　　4.10.6　射频阻抗探针和等离子体振荡探针技术 …… 132
　　4.10.7　热探针技术 …………………………………………… 133
　　4.10.8　探针表面的清洗方法 ……………………………… 136
4.11　电负性等离子体的探针诊断 ………………………………… 137
　　4.11.1　I-V 特性与二阶导数拟合法 ………………… 137
　　4.11.2　I-V 特性直接分析法 …………………………… 139
4.12　尘埃等离子体的探针诊断 ……………………………………… 141

      4.12.1   探针机械屏蔽法 ·· 142

      4.12.2   复合探针电压扫描法 ··· 143

  4.13 大气压放电等离子体的探针诊断 ····························· 145

      4.13.1   扫描朗缪尔探针系统 ··· 146

      4.13.2   高压非局域热平衡等离子体柱状探针离子饱和电流
            模型 ·· 147

  4.14 电磁探针技术 ··· 151

      4.14.1   磁探针 ·· 151

      4.14.2   射频电流探针 ·· 152

  参考文献 ··· 153

第5章 低温等离子体的光谱诊断 ···································· 156

  5.1 等离子体光谱的产生机理 ··································· 156

  5.2 发射光谱 ··· 159

      5.2.1   等离子体发射光谱的谱特性 ······························· 159

      5.2.2   发射光谱诊断的实验装置 ·································· 163

      5.2.3   发射光谱方法的优点与缺点 ······························· 167

  5.3 发射光谱的光化线强度测定法 ····························· 167

  5.4 等离子体温度的光谱测量 ··································· 171

      5.4.1   惰性示踪气体发射光谱法测量电子温度 ··············· 171

      5.4.2   光强比值法测量电子温度 ·································· 174

      5.4.3   发射光谱法测量分子转动温度、振动温度 ············· 177

  5.5 吸收光谱 ··· 182

      5.5.1   吸收光谱原理 ·· 182

      5.5.2   吸收光谱实验装置 ··· 183

  5.6 激光诱导荧光光谱 ··· 185

      5.6.1   激光诱导荧光原理 ··· 186

      5.6.2   激光诱导荧光光谱的实验装置 ··························· 187

      5.6.3   激光诱导荧光光谱方法的优点与缺点 ··················· 189

      5.6.4   激光诱导荧光技术测量放电等离子体中的原子密度 ··· 190

  5.7 光腔衰荡光谱 ··· 192

      5.7.1   光腔衰荡光谱原理 ··· 192

      5.7.2   光腔衰荡光谱实验装置 ····································· 194

      5.7.3   光腔衰荡光谱实验数据的获得 ··························· 195

  5.8 等离子体材料加工的光谱诊断 ····························· 196

      5.8.1   薄膜生长机制分析 ··· 198

　　　　5.8.2　基团的形成诊断与密度测量 ·· 203
　　　　5.8.3　薄膜沉积过程监测 ·· 210
　　5.9　等离子体刻蚀的光谱诊断 ··· 210
　　　　5.9.1　等离子体刻蚀过程的终点检测 ··· 210
　　　　5.9.2　等离子体刻蚀机理分析 ·· 213
　　5.10　大气压放电等离子体的光谱诊断 ·· 216
　　　　5.10.1　大气压放电等离子体的光谱诊断概述 ··································· 216
　　　　5.10.2　大气压放电等离子体的电子密度测量 ··································· 218
　　参考文献 ·· 221

第6章　低温等离子体的质谱诊断 ·· 229
　　6.1　质谱诊断的基本原理 ··· 229
　　6.2　四极质谱仪 ·· 233
　　　　6.2.1　四极质谱仪的组成与工作原理 ·· 234
　　　　6.2.2　四极质谱仪的分辨率 ·· 237
　　　　6.2.3　四极质谱仪的标定 ··· 238
　　　　6.2.4　四极质谱仪的优点与缺点 ·· 238
　　　　6.2.5　实用四极质谱仪的结构与性能 ·· 239
　　6.3　飞行时间质谱仪 ·· 241
　　6.4　磁偏转质谱仪 ··· 243
　　6.5　质谱仪与等离子体系统的连接 ·· 244
　　　　6.5.1　机械连接 ·· 245
　　　　6.5.2　电连接 ·· 247
　　6.6　质谱数据的表示方法 ··· 249
　　　　6.6.1　质谱数据的表示 ·· 249
　　　　6.6.2　图形系数 ·· 250
　　6.7　中性气体的质谱分析 ··· 251
　　　　6.7.1　中性气体的四极质谱分析技术 ·· 251
　　　　6.7.2　中性气体质谱的成分识别 ·· 252
　　　　6.7.3　中性气体质谱的相对浓度测定 ·· 253
　　6.8　离子的质谱分析 ·· 254
　　　　6.8.1　离子的四极质谱分析技术 ·· 255
　　　　6.8.2　离子密度与离子能量分布的确定 ·· 255
　　　　6.8.3　等离子体的离子质谱分析 ·· 257
　　6.9　用质谱确定等离子体物理基本数据 ··· 259
　　6.10　低温等离子体的质谱诊断应用 ··· 260

6.10.1　四极质谱在放电等离子体中的应用 ·················· 260

6.10.2　双聚焦磁偏转质谱在放电等离子体中的应用 ········ 272

6.10.3　飞行时间质谱在放电等离子体中的应用 ············· 275

参考文献 ··· 278

第 7 章　低温等离子体离子能量的诊断 ····························· 281

7.1　拒斥场能量分析技术 ·· 281

7.1.1　基本原理 ··· 281

7.1.2　测试技术 ··· 282

7.2　离子的速度与能量分布 ·· 283

7.3　离子能量分布特性 ·· 284

7.4　拒斥场离子能量分析技术应用 ··································· 286

7.4.1　双频双靶磁控溅射的离子能量诊断 ··············· 286

7.4.2　Ag 薄膜初始生长的离子能量关联分析 ··········· 292

7.5　能量分辨的质谱分析技术 ··· 294

参考文献 ··· 296

第 8 章　低温等离子体的波干涉诊断 ································· 298

8.1　微波干涉法 ·· 298

8.2　传输线微波干涉法 ·· 303

8.3　激光干涉法 ·· 308

8.4　激光双色干涉法 ··· 310

参考文献 ··· 312

第 9 章　放电等离子体阻抗分析技术 ································· 314

9.1　放电等离子体阻抗分析的理论基础 ···························· 314

9.2　放电等离子体阻抗分析射频 V-I 探针技术 ··················· 316

9.3　放电等离子体阻抗分析的应用 ··································· 318

9.3.1　在磁控放电鞘层研究中的应用 ····················· 318

9.3.2　在射频、甚高频放电特性研究中的应用 ········· 319

9.3.3　在等离子体刻蚀中的应用 ··························· 321

9.3.4　放电等离子体化学分析 ······························· 324

参考文献 ··· 326

附录 ·· 328

参考文献 ··· 337

第1章　等离子体基本概念和性质

在很多科学展示馆和大学的物理演示实验室，经常可以看到辉光球演示实验。当开启辉光球的电源时，球内便出现光芒四射的辉光，如图 1-1 所示。当人们用手指接触球的外表面时，在手指周围处辉光变得更加明亮。随着手指在球外表面移动，明亮的辉光也跟着移动。这就是气体放电产生等离子体的实验现象。

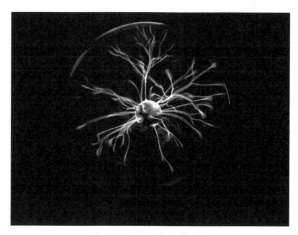

图 1-1　辉光球实验现象

等离子体是物质存在的一种基本形态，是除固态、液态和气态以外的物质第四种形态。它广泛存在于宇宙中，例如星云和星际空间、太阳日冕、地球上空的电离层、极光等。也存在于人类活动中，例如等离子体发光与显示、微纳电子器件加工、等离子体材料加工、等离子体医学应用、等离子体环境应用、等离子体推进、等离子体隐身、热核聚变研究等。随着人们对等离子体的认识不断深入以及等离子体应用的不断扩展，人类社会的发展和进步与等离子体已密切相关。

1.1　等离子体概念

1.1.1　等离子体的定义与产生

等离子体是由带电粒子（包括正离子、负离子、电子）和各种中性粒子（包括原子、分子、自由基和活性基团）组成的集合体，它在宏观上呈电中性[1]。我们将这种含有带电粒子的物质称为等离子体，如图 1-2 所示。

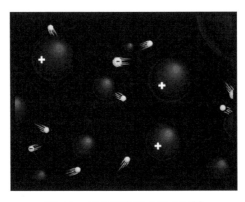

图 1-2　等离子体组成示意图[2]

从物质的形态变化，可以了解等离子体的产生机理。一切宏观物质都是由大量分子组成的，分子间力的吸引作用使分子聚集在一起，在空间形成某种有规则的分布，而分子的无规则热运动具有破坏这种规则分布的趋势。在一定的温度和压力下，某一物质的存在状态取决于构成物质的分子间力与无规则热运动之间的竞争。在较低温度下，分子无规则热运动较弱，分子在分子间力的作用下被束缚在各自的平衡位置附近作微小振动，分子排列有序，表现为固态。温度升高时，无规则热运动加剧，分子的作用力已不足以将分子束缚在固定的平衡位置附近作微小振动，但还不至于使分子分散远离，这就表现为具有一定体积而无固定形态的液态。温度进一步升高，无规则热运动进一步加剧，分子间力已无法使分子间保持一定的距离，这时分子互相分散远离，表现为气态。当温度继续增加到足够高时，构成分子的原子获得足够大的动能，开始彼此分离，这一过程称为离解。在此基础上进一步提高温度，原子的外层电子将摆脱原子核的束缚而成为自由电子，失去电子的原子变成带正电的离子，这个过程叫电离。这种电离气体就是等离子体，它通常是由光子、电子、基态原子（或分子）、激发态原子（或分子）以及正离子和负离子六种基本粒子构成。

与物质的气态、液态、固态相比，等离子体态无论在组成上还是在性质上均有着本质的差别，主要在于它含有带电粒子，其行为主要表现为：①等离子体从整体上看是一种导电流体；②等离子体中带电粒子会受到电磁场的作用，可发生能量等的输运过程；③带电粒子间存在长程库仑力的作用，由此导致各种集体行为。

1.1.2　等离子体的分类

等离子体可以存在于自然界中，也可以由人工产生。图 1-3 为自然界中存在的和人工产生的部分等离子体的密度-温度分布[3]，可以看出，自然界和人工等离子体的密度和温度分布范围非常宽。例如，在自然界存在的等离子体中，星际空间、电离层的等离子体为低温、低密度等离子体；日冕的温度高达几千 eV，为高温等离子体。在人工产生的等离子体中，低气压辉光放电等离子体的密度约为 10^{15} m^{-3}，温度约为几个 eV，为低温等离子体；磁约束聚变和惯性约束聚变等离子体的温度可达 10^4 eV 以上，密度可超过 10^{25} m^{-3}，为高温、高密度等离子体。

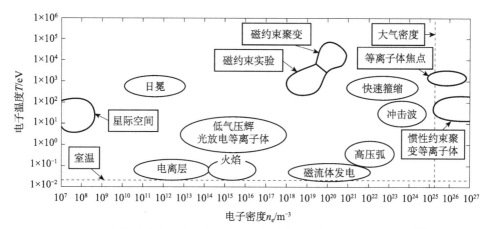

图 1-3　自然界中存在的和人工产生的部分等离子体的密度-温度分布[3]

由于自然界和人工等离子体的密度及温度分布范围非常宽，在开展研究工作和实际应用时，可以将等离子体进行适当分类。通常，等离子体有下列几种分类方法[1,3]。

（1）按照等离子体的热力学平衡状态，可以分为：①高温等离子体，等离子体中电子温度（T_e）、离子温度（T_i）及气体温度（T_g）完全一致，处于完全热力学平衡状态。例如太阳内部、磁约束核聚变和激光聚变等离子体。②热等离子体，等离子体中各类粒子没有达到严格的完全热力学平衡，但在局部区域电子、离子和气体温度达到了热力学平衡，即 $T_e \approx T_i \approx T_g = 3 \times 10^3 \sim 3 \times 10^4$ K 时，为局部热力学平衡等离子体。例如空气中电弧放电等离子体。③低温等离子体，等离子体中电子温度很高，可达几千 K，而离子及气体温度接近室温，即 $T_e \gg T_i \approx T_g$，形成了热力学的非平衡状态，即非热力学平衡等离子体。例如低气压下的射频辉光放电、微波放电等离子体。

（2）按照等离子体的存在方式，可以分为：①天然等离子体，自然界自发产生及宇宙中自然存在的等离子体；②人工等离子体，由人工通过外加能量，如电场、磁场、辐射、热和光能，激发电离物质形成的等离子体。

（3）按照气相中被离化粒子的比例，即气体电离度 α，可以分为：①完全电离等离子体，$\alpha=1$；②部分电离等离子体，$0.01<\alpha<1$；③弱电离等离子体，

$10^{-6} < \alpha < 0.01$。

（4）按照等离子体密度，可以分为：①稠密等离子体（或高气压等离子体），等离子体密度 $n > 10^{15} \sim 10^{18}\ \mathrm{cm}^{-3}$，这时粒子间的碰撞起主要作用；②稀薄等离子体（或低气压等离子体），等离子体密度 $n < 10^{12} \sim 10^{14}\ \mathrm{cm}^{-3}$，这时粒子间的碰撞基本不起作用。

1.2 等离子体的导电性与准电中性

1.2.1 等离子体的导电性

等离子体从整体看，是一种导电流体。对等离子体施加电场，带电粒子（离子、电子）的移动在等离子体中产生了电流，因此等离子体具有导电性能[3]。

将等离子体看作众多微观粒子的集合，其电导率 σ 可以写为

$$\sigma = \frac{e^2 n_e}{m_e \nu_{ce}} = \frac{1}{\rho} \tag{1-1}$$

式中，n_e、m_e、ν_{ce} 分别为电子密度、电子质量、电子与其他粒子之间的碰撞频率。

对于电子只与带电粒子碰撞的情况，等离子体的电导率 σ_s 为

$$\sigma_s = \frac{51.6\varepsilon_0^2}{e^2 z} \left(\frac{\pi}{m_e}\right)^{1/2} \frac{(kT_e)^{3/2}}{\ln\Lambda} \tag{1-2}$$

式中，z、ε_0、k、T_e、$\ln\Lambda$ 分别为带电粒子电荷数、真空介电常量、玻尔兹曼常量、电子温度、库仑对数。库仑对数为

$$\ln\Lambda = \ln \frac{12\pi(\varepsilon_0 kT_e)^{3/2}}{z^2 e^3 n_e^{1/2}} \tag{1-3}$$

式（1-2）由物理学家 Lyman Spitzer 提出[4]，因此 σ_s 称为 Spitzer 电导率。

1.2.2 等离子体的准电中性

在等离子体中，正、负带电粒子数目基本相等（$n_i \approx n_e$），系统在宏观上呈现电中性，但在小尺度上则显示出电磁性，这种情况称为准电中性[3]。

用泊松方程可以估计跨越等离子体（长度为 L）的电势差

$$\nabla^2 \Phi \sim \frac{\Phi}{L^2} \sim \left| \frac{e}{\varepsilon_0}(zn_i - n_e) \right| \tag{1-4}$$

通常可以认为

$$\Phi \leqslant T_e = \frac{e}{\varepsilon_0} n_e \lambda_D^2 \tag{1-5}$$

其中，λ_D 是等离子体德拜长度（定义见 1.4.3 节）。联立上述两式有

$$\frac{|zn_i - n_e|}{n_e} \leqslant \frac{\lambda_D^2}{L^2} \tag{1-6}$$

当 $\frac{\lambda_D^2}{L^2} \ll 1$ 时，则有 $zn_i = n_e$，即等离子体中的正、负电荷密度相等，宏观上呈现电中性。

要指出的是，某种扰动会使等离子体中的电子和离子偏离电中性平衡态，但是正、负电荷分离而产生的电场会促使等离子体恢复电中性。通常等离子体偏离电中性的程度约为十万分之几。

1.3 等离子体鞘层

等离子体虽然是准电中性的，但是，当它们与器壁相接触时，之间会形成一个薄的正电荷区，不满足电中性的条件，这个区域称为等离子体鞘层[1,5]，如图 1-4 所示。

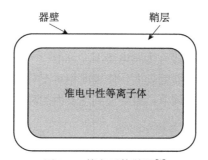

图 1-4 等离子体鞘层[2]

鞘层的形成过程如下：考虑一个宽度为 l、初始密度为 $n_i = n_e$ 的等离子体，被两个接地（$\Phi = 0$）的极板包围，这两个极板都具有吸收带电粒子的功能，由于净电荷密度 $\rho = e(n_i - n_e)$ 为零，在各处的电势 Φ 和电场 E_x 都为零，如图 1-5（a）所示。

由于电子的热运动速度 $(kT_e/m_e)^{1/2}$ 是离子热运动速度 $(kT_i/m_i)^{1/2}$ 的 100 倍以上，等离子体中的电子可以迅速到达极板而消失。经过很短的时间后，器壁附近的电子损失掉，形成一个很薄的正离子区域，称为鞘层，如图 1-5（b）所示。在鞘层中，$n_i \gg n_e$，因此有净电荷密度 ρ 存在。该电荷密度产生了一个在等离子体内部为正、在鞘层两侧迅速下降为零的电势分布 $\Phi(x)$。因为鞘层里的电场方向指向器壁，这个电势分布是一个约束电子的势阱，对离子而言则是一个势垒。加在电子上的作用力 $-eE_x$ 指向等离子体内部，阻止了等离子体中的电子向器壁的运动，使电子回到等离子体中。而电场对离子的作用是使进入鞘层的离子加速向器壁运动。

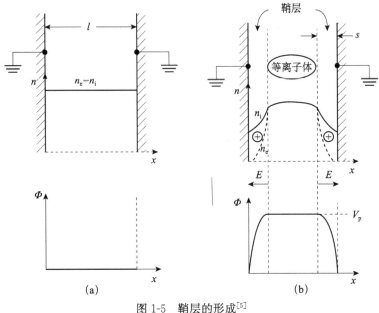

图 1-5 鞘层的形成[5]

跨越等离子体鞘层的电势称为鞘电势 V_s，如图 1-6 所示。只有具有足够高能量的电子可以穿过鞘层而到达器壁表面，使表面相对于等离子体为负电势，从而排斥电子。鞘电势的值随之不断调节，最终使到达表面的离子通量与电子通量相等。

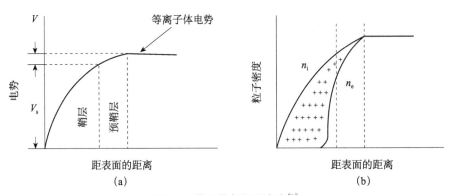

图 1-6 鞘电势与粒子密度[1]

对于平板表面，鞘电势 V_s 为[1]

$$V_s = \frac{kT_e}{2e} \ln\left(\frac{m_e}{2.3 m_i}\right) \tag{1-7}$$

对于球形表面，鞘电势 V_s 为[1]

$$V_s = \frac{kT_e}{2e} \ln\left(\frac{\pi m_e}{2 m_i}\right) \tag{1-8}$$

由于等离子体鞘层是一个正电荷区，几乎不存在电子，因此，电子密度可以忽略且鞘电势下降的区域厚度定义为等离子体鞘层厚度 d_s。等离子体鞘层厚度与德拜长度有关，也取决于等离子体中的碰撞平均自由程和器壁表面上施加的偏压。

在高气压下，碰撞平均自由程与等离子体鞘层厚度为相同的数量级，这时等离子体鞘层厚度的估计值为[1]

$$d_s \approx \eta^{2/3} \times \lambda_D \tag{1-9}$$

其中，

$$\eta = \frac{e(V_p - V_B)}{kT_e} \tag{1-10}$$

式中，V_B 为电极表面施加的偏压，V_p 为等离子体电势。

在低气压下，电子碰撞平均自由程远大于等离子体鞘层厚度，这时等离子体鞘层厚度的估计值为[1]

$$d_s \approx \eta^{3/4} \times \lambda_D \tag{1-11}$$

通过等离子体鞘层的离子电流 J_i 由蔡尔德-朗缪尔（Child-Langmuir）定律给出

$$J_i = 27.3 \left(\frac{40}{m_i}\right)^{1/2} \frac{V_s^{3/2}}{d_s^2} \tag{1-12}$$

式中，电流密度 J_i 单位为 mA/cm^2，V_s 单位为 kV，d_s 单位为 mm。

1.4　等离子体的基本参量

等离子体的性质主要取决于组成它的粒子密度和粒子温度。因此粒子密度和温度是它的两个基本参量，其他参量大多与这两个量有关。

1.4.1　等离子体密度与电离度

组成等离子体的基本成分是电子、离子和中性粒子。通常，以 n_e 表示电子密度，n_i 表示离子密度，n_g 表示中性粒子密度。当 $n_e = n_i$ 时，可用 n 表示带电粒子的密度，称为等离子体密度[1]。

气体的电离度表示气相中电离产生的带电离子的比例，电离度 α 定义为

$$\alpha = n_e/(n_e + n_g) \tag{1-13}$$

对于低气压放电维持的等离子体，电离度的典型值为 $10^{-6} \sim 10^{-3}$。但是，对于增加了磁场约束的电场放电（如电子回旋共振放电），可在低气压下获得高的等离子体密度，其电离度可以达到 10^{-2} 甚至更高。在热力学平衡条件下，电离度仅与气体种类、粒子密度和温度有关。表 1-1 给出了部分低气压放电等离子体的电离度范围。

表 1-1　部分低气压放电等离子体的电离度范围

等离子体类型	气压/Pa	离子密度/cm^{-3}	电离度
直流放电等离子体	$<1.33\times10^3$	$<10^{10}$	10^{-6}
射频放电等离子体	$1.33\times10^0\sim1.33\times10^1$	10^{10}	$10^{-6}\sim10^{-4}$
磁控放电等离子体	1.33×10^{-1}	10^{11}	$10^{-4}\sim10^{-2}$
电子回旋共振放电等离子体	$1.33\times10^{-2}\sim1.33\times10^0$	10^{12}	$<10^{-1}$

为区分部分电离和完全电离等离子体，定义临界电离度为

$$\alpha_c \approx 1.73\times10^{12}\sigma_{ea}T_e^2 \tag{1-14}$$

式中，σ_{ea} 为在电子平均速度下的电子-原子碰撞截面（单位为 $1\ cm^{-3}$）。如果电离度远大于临界电离度值，带电粒子就成为完全电离的气体。

1.4.2　等离子体温度与能量分布函数

1. 等离子体温度[1]

等离子体中的气体分子（原子）、离子、电子等处于不停的相互碰撞及运动之中。在外电场的作用下，等离子体中的离子和电子可获得比气体分子热运动更高的能量，而这些带电粒子通过碰撞与其他粒子交换能量，最终离子、电子和各种中性粒子各自达到准平衡的热力学状态。根据各种粒子的平均动能，定义电子温度 T_e、离子温度 T_i 和气体温度 T_g 分别为

$$\frac{1}{2}m_e\overline{v_e^2} = \frac{3}{2}kT_e \tag{1-15}$$

$$\frac{1}{2}m_i\overline{v_i^2} = \frac{3}{2}kT_i \tag{1-16}$$

$$\frac{1}{2}m_g\overline{v_g^2} = \frac{3}{2}kT_g \tag{1-17}$$

式中，m_e、m_i、m_g 分别是电子、离子、气体分子（原子）的质量，$\overline{v_e^2}$、$\overline{v_i^2}$、$\overline{v_g^2}$ 分别是电子、离子、气体分子（原子）的方均速度，k 为玻尔兹曼常量。

对于弹性碰撞，离子与其他粒子（原子、分子）碰撞时交换的动能多，质量轻的电子与其他重粒子（原子、分子、离子）碰撞时交换的动能少。在低气压下时，由于单位时间内粒子碰撞次数少，因此，电子的平均动能较高，而其他重粒子的平均动能较低，这时电子温度与离子温度、气体温度不相等，$T_e \gg T_i \approx T_g$，三者之间处于非热力学平衡状态，这时形成了非热力学平衡等离子体。随着气压升高，单位时间内粒子碰撞次数增加，电子与其他重粒子之间发生比较充分的能量交换，这时电子温度与气体温度、离子温度逐渐趋于相等，$T_e = T_i = T_g$，等离子体由非热力学平衡状态过渡到热力学平衡状态，形成了热力学平衡等离子体。

2. 电子能量分布函数[1]

通过粒子系统的速度分布函数 $f(v)$，可以获得粒子密度

$$n = 4\pi \int_0^\infty f(v) v^2 \mathrm{d}v \tag{1-18}$$

式中，v 为速度，$f(v)$ 为速度分布函数，n 为几何空间的粒子密度。

假定等离子体中的电子速度分布是各向同性的，非弹性碰撞的影响只作为对各向同性分布的扰动，并忽略电场的影响，这时速度分布满足麦克斯韦分布。这时电子的速度分布函数为

$$f(v) = n_e \left(\frac{m_e}{2\pi k T_e} \right)^{3/2} \exp\left(-\frac{m_e v^2}{2 k T_e} \right) \tag{1-19}$$

速度分布函数 $f(v)$ 与电子能量分布函数（EEDF）$f(W)$ 之间的关系为

$$f(W) = \frac{4\pi}{m_e} v f(v) \tag{1-20}$$

因此，电子的麦克斯韦能量分布函数为

$$f_M(W) = 2.07 W_{av}^{-3/2} W^{1/2} \exp\left(-\frac{1.5W}{W_{av}} \right) \tag{1-21}$$

式中，W_{av} 为电子平均能量。电子平均能量与电子温度之间的关系为

$$W_{av} = \frac{3}{2} k T_e \tag{1-22}$$

由于上述简化的假设，麦克斯韦分布只给出了等离子体中电子能量分布的一级近似。对于低气压非热力学平衡等离子体，电子能量的 Druyvesteyn 分布是比麦克斯韦分布更好的近似。电子能量的 Druyvesteyn 分布为[6,7]

$$f_D(W) = 1.04 W_{av}^{-3/2} W^{1/2} \exp\left(-\frac{0.55 W^2}{W_{av}^2} \right) \tag{1-23}$$

图 1-7 为平均电子能量分别为 1 eV、3 eV、5 eV 时的电子能量麦克斯韦分布和 Druyvesteyn 分布。与麦克斯韦分布相比，Druyvesteyn 分布向高能量方向发生了偏移。同时，两种分布都存在一个高能带尾。高能带尾部分的电子，虽然其密度很低，但对等离子体中的各种反应过程有重要的影响。

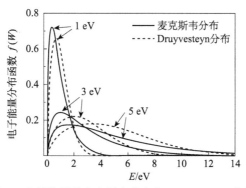

图 1-7　电子能量的麦克斯韦分布和 Druyvesteyn 分布[1]

1.4.3 德拜长度

德拜（Debye）长度是等离子体的另一个重要参数[1]。等离子体中存在带电粒子，如果在等离子体中施加电场，带电粒子将起降低电场影响的作用。这种降低局域电场影响的响应，即等离子体对内部电场产生的空间屏蔽效应，称为德拜屏蔽。德拜屏蔽使等离子体保持准电中性的特性。假设在浸入等离子体的两个表面上施加电压，表面将吸引等量的异性带电粒子。两个表面附近积累的带电粒子将屏蔽带电表面，使等离子体保持电中性。这时外加电压将集中在电极表面附近的 λ_D 距离中，λ_D 称为德拜长度，定义如下：

$$\lambda_D = \left(\frac{\varepsilon_0 k T_e}{n_e e^2}\right)^{1/2} \tag{1-24}$$

为了使德拜长度的物理意义更清楚，假定将一个正电荷 q 放入准中性的等离子体中，电荷将产生电势。在自由空间电势为

$$V_0 = \frac{q}{4\pi\varepsilon_0 r} \tag{1-25}$$

式中，r 为距电荷的距离。等离子体中，电势受到等离子体中的电子和离子的影响，通过解泊松方程可以得到电势值

$$\nabla^2 V = -\frac{\rho}{\varepsilon_0} \tag{1-26}$$

式中，ρ 为等离子体中的总电荷，由下式给出

$$\rho = e(n_i - n_e) + q\delta(r) \tag{1-27}$$

式中，$\delta(r)$ 为狄拉克 δ 函数，表明 q 为点电荷。

电势 V 使电子密度发生了变化，假定电子处于温度为 T 的热力学平衡态，电子密度可以从下式求出

$$n_e = n\exp\left(\frac{eV}{kT}\right) \tag{1-28}$$

假设 $eV \ll kT$，利用式（1-27）可以将泊松方程改写为

$$\nabla^2 V = \frac{V}{\lambda_D} + q\delta(r) \tag{1-29}$$

式（1-29）的解为

$$V(r) = \frac{q}{4\pi\varepsilon_0 r}\exp\left(-\frac{r}{\lambda_D}\right) = V_0\exp\left(-\frac{r}{\lambda_D}\right) \tag{1-30}$$

式（1-30）表明等离子体使自由空间的电势 V_0 发生了变化，引起电势的衰减，其衰减长度等于德拜长度 λ_D。这种由等离子体中局域电荷产生的电势衰减就是德拜屏蔽效应。

设 T（K）$=11600\, T$（eV），可以估算出德拜长度为

$$\lambda_D(cm) = 6.93\left[\frac{T_e(K)}{n_e(cm^{-3})}\right]^{1/2} = 743\left[\frac{T_e(eV)}{n_e(cm^{-3})}\right]^{1/2} \tag{1-31}$$

在低温等离子体中，典型值为 $T_e = 1$ eV、$n_e = 10^{10}$ cm^{-3}，得到德拜长度 λ_D = 74 μm。对于日光灯辉光放电等离子体，德拜长度在 0.01 nm 左右，而宇宙空间等离子体的德拜长度大致在 2～30 m 范围内。

由式（1-24）可见，德拜长度随电子密度的增大而减小。只有电离气体中带电粒子密度足够大以至于德拜长度远小于放电系统的尺寸 L 时，即 $\lambda_D \ll L$，电离气体才可以作为等离子体。如果这个条件满足，在距离小于德拜长度的空间，由于德拜屏蔽效应，等离子体中可能出现局域电荷受到屏蔽。在距离大于德拜长度的空间，等离子体则是准电中性的。因此，德拜长度是等离子体中保持电中性的特征尺寸。

与德拜长度相关的另一个等离子体参数是德拜球内的粒子数 N_D，德拜球就是半径等于 λ_D 的球。假定屏蔽效应只是由大量电子产生的，即屏蔽效应出现在德拜球内只有大量电子的情况，可以得到式（1-30）的泊松方程解。由于电势按指数衰减，可以假定屏蔽是由德拜球内的电子所引起的，德拜球内的电子数 N_D 为

$$N_D = \frac{4\pi}{3}n_e\lambda_D^3 = \frac{1.38 \times 10^3\, T_e^{3/2}(K)}{n_e^{1/2}} = \frac{1.718 \times 10^9\, T_e^{3/2}(eV)}{n_e^{1/2}} \tag{1-32}$$

要满足等离子体的宏观碰撞特性，N_D 必须远大于 1。当电子温度 $T_e > 1$eV 且 $n_e < 10^{12}$ cm^{-3} 时，$N_D \gg 1$ 的条件易于满足。在低温等离子体中，德拜球内的电子数 N_D 为 $10^4 \sim 10^7$。

1.4.4　等离子体频率

对于宏观上呈准中性的等离子体，当出现某种破坏电中性的局部扰动时，正负电荷发生分离形成局部空间电场，由于质量较小的电子对这种扰动产生的电场响应比离子快，在电场作用下，电子向着使空间电荷中和的方向移动。由于惯性作用，电子会越过平衡位置，然后再向平衡方向返回。结果电子在自身惯性作用和正负电荷分离所产生的静电恢复力作用下，以特征频率围绕平衡位置来回运动，形成等离子体振荡[1,8]，如图 1-8 所示。电子的振荡频率称为等离子体频率或朗缪尔频率 ω_p，由下式给出

$$\omega_p = \left(\frac{n_e e^2}{m_e \varepsilon_0}\right)^{1/2} = 18000\pi n_e^{1/2} \quad (Hz) \tag{1-33}$$

等离子体频率反映了等离子体对其内部发生电场而产生屏蔽作用的时间响应尺度。对于典型的等离子体密度 10^{10} cm^{-3}，等离子体频率为 9×10^8 Hz，远高于常用的产生并维持等离子体的射频放电电源频率 13.56 MHz。

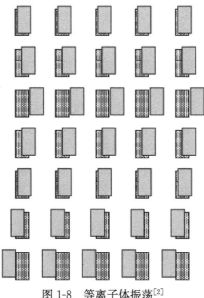

图 1-8　等离子体振荡[2]

1.4.5　等离子体的时空特征量

等离子体的电中性有其特定的空间和时间尺度[3]。德拜长度是等离子体具有电中性的空间尺度下限，在小于德拜长度的空间范围，存在着电荷的分离，此时，等离子体不具有电中性。

电子通过一个德拜长度所需的时间 τ_p 是等离子体保持电中性的时间尺度下限。在小于 τ_p 的时间间隔内，由于存在等离子体振荡，体系中正负电荷总是分离的。只有在大于 τ_p 的时间间隔下，等离子体才是宏观电中性的。τ_p 由下式给出

$$\tau_p = \left(\frac{\lambda_D}{kT_e/m_e}\right)^{1/2} \tag{1-34}$$

τ_p 是描述等离子体时间特征的一个重要参量。如果由无规则热运动等扰动因素引起等离子体中局部的电中性破坏，那么等离子体就会在量级为 τ_p 的时间内去消除它，即 τ_p 可作为等离子体电中性成立的最小时间尺度。

1.5　等离子体中带电粒子的扩散

通常等离子体是不均匀的，即具有密度梯度。由于密度梯度，等离子体粒子具有通过扩散向低密度区运动的倾向[1-3]，如图 1-9 所示。

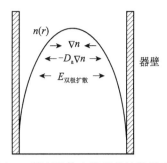

图 1-9　等离子体中粒子的扩散运动[2]

在非常低的电荷密度下，德拜长度与扩散距离或系统尺寸处于相同数量级，电子和离子将分别独立扩散，各自的通量由各自的扩散系数 D_e、D_i 决定。当带电粒子密度增大到 $n_e \approx n_i \geqslant 10^8 \ cm^{-3}$ 且德拜长度远小于系统尺寸时，电子和离子的分别独立扩散将不再发生。

如果存在电场，带电粒子在电场中的扩散速度或漂移速度 v 与电场强度 E 成正比，比例因子称为粒子的迁移率 μ

$$\mu = \frac{v}{E} \tag{1-35}$$

电子的迁移率 μ_e、离子的迁移率 μ_i 分别如下

$$\mu_e \approx \frac{e\overline{\lambda_e}}{m_e v_e} \tag{1-36}$$

$$\mu_i \approx \frac{2}{\pi} \frac{e\overline{\lambda_i}}{m_i v_i} \tag{1-37}$$

由于电子的质量远小于离子的质量，因此，电子的迁移率远大于离子的迁移率。带电粒子的迁移率与扩散系数 D 之间的关系由爱因斯坦方程给出

$$\mu = \frac{|q|D}{kT} \tag{1-38}$$

当电场强度较小时，μ_e、μ_i 与电场强度无关。当电场强度较大时，迁移率与带电粒子在每个自由程中获得能量的 1/2 次方成反比，其关系式如下

$$\mu_e = K_{oe} \left(\frac{E}{p}\right)^{-1/2} \tag{1-39}$$

$$\mu_i = K_{oi} \left(\frac{E}{p}\right)^{-1/2} \tag{1-40}$$

式中，K_{oe}、K_{oi} 为与电子质量 m_e、离子质量 m_i 及电子能量损失分数有关的系数。

由于电子的迁移率远大于离子的迁移率，根据式（1-38），电子的扩散系数远高于离子。结果电子向低密度区的扩散比离子扩散更快，这种快扩散导致在小

于 λ_D 的范围内形成空间电荷，相应地也形成了空间电场 E_{sc}。

电子的快扩散运动受到空间电场的限制，同时，限制电子的电场又会引起离子加速扩散，最终两种带电粒子以相同的速度扩散。由于假设 $n_e = n_i = n$，因此电子通量 Γ_e 等于离子通量 Γ_i

$$\Gamma_e = \Gamma_i = \Gamma \tag{1-41}$$

由于带相反电荷的粒子一起扩散，这种行为称为双极扩散。

带电粒子的通量由两项组成：①与扩散运动相关的通量，$-D\,\nabla n$。而扩散是由密度梯度 ∇n 引起的，它不受粒子电荷影响。②与带电粒子受电场影响的漂移相关通量，$\pm n\mu E_{sc}$，它受粒子电荷影响。因此，电子、离子的通量分别为

$$\Gamma_e = -D_e\,\nabla n_e - n_e\mu_e E_{sc} \tag{1-42}$$

$$\Gamma_i = -D_i\,\nabla n_i + n_i\mu_i E_{sc} \tag{1-43}$$

式中，D_e 为电子的扩散系数，D_i 为离子的扩散系数，分别如下

$$D_e = \frac{1}{2}\overline{v_e\lambda_e} = \frac{kT_e}{e}K_e \tag{1-44}$$

$$D_i = \frac{1}{2}\overline{v_i\lambda_i} = \frac{kT_i}{e}K_i \tag{1-45}$$

假设 $n_e = n_i = n$，则 $\Delta n_e = \Delta n_i = \Delta n$，解式（1-42）、式（1-43），得到空间电场和带电粒子通量分别为

$$E_{sc} = -\left(\frac{D_e - D_i}{\mu_e + \mu_i}\right)\frac{\nabla n}{n} \tag{1-46}$$

$$\Gamma = -\left(\frac{D_i\mu_e + D_e\mu_i}{\mu_e + \mu_i}\right)\nabla n = -D_a\,\nabla n \tag{1-47}$$

因此，等离子体中带电粒子的扩散不是受电子、离子各自扩散系数控制，而是由双极扩散系数 D_a 控制

$$D_a = \frac{D_e\mu_i + D_i\mu_e}{\mu_i + \mu_e} \tag{1-48}$$

一般情况下，$\mu_e \gg \mu_i$，所以

$$D_a \approx D_e\frac{\mu_i}{\mu_e} + D_i \tag{1-49}$$

将电子的扩散系数 D_e、离子扩散系数 D_i 公式分别代入上式，可得

$$D_a = \frac{\mu_i k}{e}(T_i + T_e) \tag{1-50}$$

在低气压时，$T_e \gg T_i$，所以

$$D_a = \frac{k}{e}\mu_i T_e \tag{1-51}$$

在高气压时，$T_e \approx T_i$，所以

$$D_a = 2D_i \tag{1-52}$$

1.6 低温等离子体诊断方法概述

低温等离子体是微纳电子器件加工、材料加工与处理、等离子体环境应用、等离子体医学应用等方面的重要工具。在实际应用时，放电等离子体中存在许多随工艺变化的参量，例如等离子体密度、电子温度、电子能量分布、离子能量分布、离子通量密度，以及正离子、负离子、各种激发基团种类及其浓度，它们决定着等离子体与材料相互作用的物理、化学过程，决定着等离子体应用的效果。而这些参量取决于等离子体产生的宏观条件和参数，例如放电功率、放电气压、驱动频率、气体流量。因此，对放电等离子体的参量进行测量诊断，可以获得放电条件对等离子体状态影响的基本信息，了解等离子体中发生的物理与化学过程，为分析等离子体与材料的相互作用机理以及材料性能变化的原因提供依据，从而建立等离子体产生的宏观条件与等离子体应用效果之间的桥梁（图 1-10）。

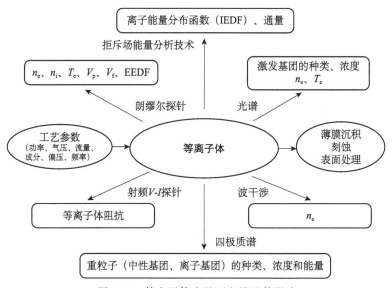

图 1-10 等离子体中的可变量及其影响

等离子体诊断技术可以分为离位技术和原位技术两大类。离位技术是将等离子体反应器中的等离子体取样引出，转移至反应器外面用仪器来检测。用于等离子体诊断的离位（或离线）技术主要有质谱技术。由于等离子体中包括许多高反应性基团，采用离位技术对等离子体进行诊断时，从反应器转移到诊断设备的等离子体成分可能会发生变化。原位（或在线）技术包括侵入式和非侵入式方法，侵入式诊断技术对等离子体有扰动，例如朗缪尔探针技术；非侵入式诊断技术对等离子体的扰动可以忽略，例如光谱技术。

在低温等离子体诊断中，常用的技术包括探针技术、光谱技术、质谱技术、拒斥场离子能量分析技术、射频 *V-I* 探针技术以及波干涉技术（图 1-11）。近年来，随着技术的进步，等离子体诊断技术也得到发展，例如，高速电荷耦合器件（CCD）相机的出现实现了等离子体瞬态性能的观测；增强 CCD 相机的发展使相位分辨的发射光谱（phase-resolved optical emission spectroscopy，PROES）和射频调制光谱（radio-frequency modulation spectroscopy，RF-MOS）的研发成为可能[9]。另外，低温等离子体放电技术的发展也对等离子体诊断技术提出了更高的要求，例如，大气压介质阻挡放电等离子体的离子能量诊断，液体放电等离子体性能的诊断。因此，等离子体诊断技术在不断发展中。本书作为低温等离子体诊断的基础书籍，主要介绍几种常用低温等离子体诊断方法的基本原理、实验技术和重要应用。

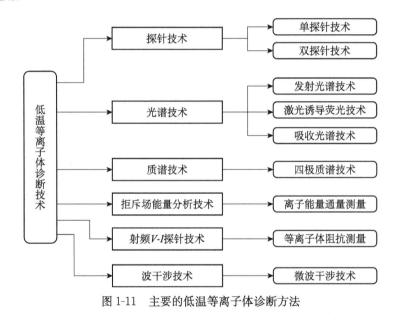

图 1-11　主要的低温等离子体诊断方法

参 考 文 献

[1] Grill A. Cold Plasma in Materials Fabrication：From Fundamentals to Applications [M]. New York：IEEE Press，1994.

[2] Chen F F, Chang J P. Lecture Notes on Principles of Plasma Processing [M]. New York：Plenum/Kluwer Publishers，2002.

[3] 许根慧，姜恩永，盛京，等. 等离子体技术与应用 [M]. 北京：化学工业出版社，2006.

[4] Spitzer L, Härm R. Transport phenomena in a completely ionized gas [J]. Physical Review，1953，89（5）：977-981.

［5］Lieberman M A，Lichtenberg A J. Principles of Plasma Discharges and Materials Processing
　　［M］. 2nd ed. New York：John Wiley & Sons Inc，2005.

［6］Canal G P，Luna H，Galvão R M O，et al. An approach to a non-LTE Saha equation based
　　on the Druyvesteyn energy distribution function：a comparison between the electron temper-
　　ature obtained from OES and the Langmuir probe analysis［J］. Journal of Physics D：Ap-
　　plied Physics，2009，42（13）：135202.

［7］Druyvesteyn M J. The low arc volt［J］. Z Physics，1930，64：781-798.

［8］李定，陈银华，马锦绣，等. 等离子体物理学［M］. 北京：高等教育出版社，2006.

［9］Samukawa S，Hori M，Rauf S，et al. The 2012 plasma roadmap［J］. Journal of Physics
　　D：Applied Physics，2012，45（25）：253001.

第2章 气体放电等离子体基础

最广泛使用的产生等离子体的方法是利用电场击穿中性气体。带电粒子在电场中被加速，通过与其他粒子的碰撞，将能量耦合给等离子体。低温等离子体通常使用直流、射频与甚高频（1～100 MHz）、微波（2.45 GHz）电场激励气体放电来产生。本章介绍几种气体放电等离子体产生的基本原理及方法。

2.1 直流放电

2.1.1 直流放电基本过程

在低压气体中插入两个金属电极并施加直流电压（图 2-1），逐步增加电压到某个值时就会发现气体导电并发光了，这就形成了直流辉光放电等离子体[1-2]，如图 2-2 所示。

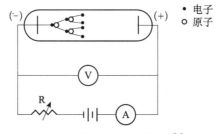

图 2-1 直流辉光放电装置[1]

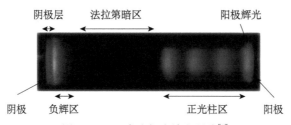

图 2-2 N$_2$ 直流辉光放电照片[3]

直流辉光放电的基本过程如下：由于宇宙射线作用，空气可以自然电离，产生自由电子。当在放电电极上施加直流电压并逐步提高电压时，自由电子在电场中被加速，获得动能。具有一定能量的电子在运动中与气体中的原子、分子发生碰撞。在非弹性碰撞过程中，电子将能量传递给原子、分子使其电离。电离过程中产生的新的电子再被电场加速获得能量，进一步电离气体中的原子、分子产生更多的带电粒子。这个过程称为电子的增殖过程。电子的增殖过程用第一汤森系数 α_T 来表征，表示电子在 1 cm 路径中形成的平均离子-电子对数目。第一汤森系数 α_T 与电场、气压和气体的性质有关。

在增加电压时气体所发生的变化用放电电流与电压之间的关系（即放电的 I-V 特性）来描述，典型的直流放电 I-V 特性如图 2-3 所示。在电压较低时，由于带电粒子产生的电流很小，可以忽略。随着电压的升高，气体电离产生了更多的带电粒子，电流逐步增大。当电压达到某个阈值 V_b 时，进入汤森放电过程。

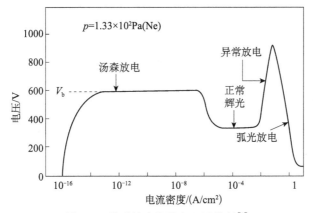

图 2-3　典型的直流放电 I-V 特性[1]

汤森放电不仅包括发生在空间的气体电离过程，而且包括发生在电极表面的过程：①被电场加速的离子撞击阴极引起阴极的二次电子发射，二次电子接着碰撞电离气体中的中性原子而产生更多的电子和离子；②新形成的电子和离子分别向着阳极和阴极加速，通过碰撞产生更多电子和离子；③产生的电子和离子可能在空间复合，或在器壁和电极表面上复合从而从等离子体中消失。

通过增加施加的电压，当电子和离子的增加数与等离子体中消失的电子和离子数相等时，放电就实现了自持。这时，气体被电击穿，变成了导电流体，同时发光，称作辉光放电。进入辉光放电时，电压下降到几百伏，电流急剧增大至几毫安到几百毫安，这时的放电模式称为正常辉光。产生辉光放电所需的最小电压阈值称为击穿电压 V_b。

自持的辉光放电取决于二次电子发射程度，使用二次电子发射系数表征。定义为发射的二次电子数与碰撞的离子数之比，通常也称为二次电子增益。由于绝大多数情况下，二次电子发射系数在 0.1 的数量级，要产生一个二次电子，必须要有十个左右的离子撞击阴极。在直流辉光放电中，离子轰击阴极是二次电子的主要来源，同时其他机理也对二次电子发射有贡献，主要有：①在离子-电子复合过程中发射出的光子引起的气体原子或分子的电离（光电离）；②光子辐照阴极造成的二次电子发射（光发射）；③亚稳态激发原子轰击阴极造成的二次电子发射等。

当电压达到击穿电压 V_b 并实现辉光放电后，在放电功率较低时，放电只覆盖阴极边缘部分。随着功率的升高，电流增大，放电扩展到整个阴极表面。当阴极表面被放电完全覆盖之后，继续增加放电电流，电压开始上升，进入异常辉光放电区。这时，放电电流受到电极表面积、电路阻抗的限制。进一步增加功率，将引起阴极加热，产生热电子发射，这时电压急剧下降而电流迅速增加，辉光放电转变为低电压大电流的弧光放电。

2.1.2 帕邢定律

在距离为 d 的两块平行板电极间施加电压 V，假定极间电场是均匀的，其值为 V/d。根据汤森气体放电理论，直流放电的击穿电压 V_b 与压强 p 和电极间距 d 的乘积 pd 之间的函数关系如下：

$$V_b = \frac{Bpd}{\ln(pd) + \ln\dfrac{A}{\ln\left(1+\dfrac{1}{\gamma}\right)}} \tag{2-1}$$

式中，$A = 1/\lambda_e$；$B = u_t/\lambda_e$，λ_e 是电子的平均自由程，u_t 是气体的电离电势；γ 为离子轰击阴极的二次电子发射系数。V_b 与 pd 之间的函数关系称为帕邢定律（Paschen law）。几种气体的帕邢曲线（V_b 和 pd 值的关系曲线）如图 2-4 所示。

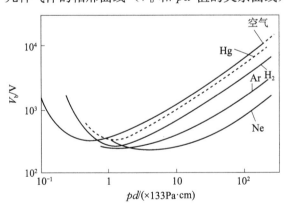

图 2-4　几种气体的 V_b 和 pd 之间的关系[1]

帕邢定律指出击穿电压与 pd 乘积相关。当压强过低或电极间距很小时，阴极发射的二次电子与气体分子没有发生碰撞就到达阳极，电离效率较低，因而击穿电压较高。如果压强过高，电子和气体分子频繁碰撞而损失了能量，电子在两次碰撞之间难以积累起足够的能使气体分子电离的能量，因此，击穿电压 V_b 增大。只有在适当的 pd 乘积之下，气体放电的击穿电压才最低。

2.1.3　直流辉光放电特性

图 2-5 为放电管中辉光放电区域的示意图，以及沿放电管的电压、电场分布。从阴极到阳极大致可分为：阿斯顿暗区、阴极辉光区、阴极暗区（克鲁克斯暗区）、负辉区、法拉第暗区、正光柱区、阳极暗区和阳极辉光区等区域。

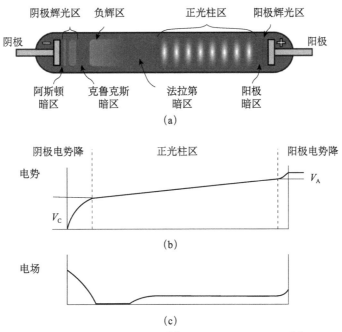

图 2-5　放电管中辉光放电区域的示意图 (a)[4] 沿放电管的电压 (b)[1] 及电场分布 (c)[1]

阿斯顿暗区是紧靠阴极的极薄区域，电子刚从阴极发出，能量很小，不能使气体分子电离和激发，因而没有发光。电子经过阿斯顿暗区被电场加速，具有了较大的能量，当部分电子遇到气体分子时会激发气体分子使其辐射发光，形成阴极辉光区。其他电子经过阴极辉光区时没有和气体分子碰撞，因此积累了较大的能量。但过高能量的电子激发气体分子发光的概率反而小，因此形成阴极暗区。在阴极暗区，形成了极强的正空间电荷，构成等效阳极。正空间电荷的存在使电场严重畸变，它和阴极之间形成阴极位降区。在该区域电场强度很大，正离子被加速进而轰击阴极，产生二次电子发射。这些电子又从阴极向阳极方向运动，再次产生上述的激发和电离过程。在阴极暗区后面是负辉区，在阴极暗区电离产生的电子进入负辉区后，通过碰撞激发或与离子复合，产生激发发光和复合发光，形成很强的辉光。大部分电子由于碰撞在负辉区损失了能量后，进入电场强度很弱的区域，由于电子能量很低，不足以引起明显的激发发光，因此形成法拉第暗区。在法拉第暗区之后是正光柱区，在该区域中电子密度和正离子密度几乎相等，因此也称为等离子体区。等离子体区在气体放电中的作用就是传导电流。正光柱区的场强比阴极区小几个数量级，因此在该区域中带电粒子主要是做无规则的随机运动，发生大量的非弹性碰撞。在正光柱区末端与阳极表面的辉光之间存在一个薄的暗区，为阳极暗区。从正光柱区流向阳极的电子由于经过阳极暗区，此区域为负电荷区。在等离子体区的阳极端，电子被处于正电势的阳极吸引，离子被阳极排斥。电子在阳极区被加速，在阳极前产生激发和电离发光，形成阳极辉光区。

2.2 射频放电

与直流放电相比，射频放电具有如下优点[1]：①射频放电等离子体既可以用导电的电极激发，也可以用不导电的电极激发；②射频放电等离子体既可以用内电极维持，也可以用外电极维持；③射频放电等离子体具有较高的离化效率；④射频放电等离子体可以在较低的气压下维持。

2.2.1 射频放电基本过程

当在放电管的两个电极上施加低频（<100 Hz）交流电场时，每个电极交替作为阴极或阳极。如果半周期中施加的电压超过击穿电压，就得到交流辉光放电[1,5-6]。

若电场频率高于式（2-2）定义的临界离子频率 f_{ci}，则正离子在电极之间的运动时间大于交变电场的半周期。在瞬间阳极附近产生的离子，在电场极性反转前就不能到达阴极。在这个频率下，部分正电荷被保留在空间，极间气体的电阻率降低，使放电变得容易。临界离子频率（或离子输运频率）f_{ci} 定义为

$$f_{ci} = \frac{\langle v \rangle_{di}}{2L} \tag{2-2}$$

式中，$\langle v \rangle_{di}$ 为离子平均迁移速度，L 为电极间距。

同样，临界电子频率 f_{ce} 定义为

$$f_{ce} = \frac{\langle v \rangle_{de}}{2L} \tag{2-3}$$

式中，$\langle v \rangle_{de}$ 为电子平均迁移速度。

由于电子的迁移速度远大于离子迁移速度，因此 f_{ce} 远大于 f_{ci}。若外加电场的频率高于 f_{ce}，在一个周期内，部分正、负电荷都被保留在空间中，结果放电击穿电压比直流辉光放电电压有很大的降低。交流放电使用的频率通常在射频频段，例如 13.56 MHz，因此称为射频放电。

在射频电场 $E\sin(\omega t+\theta)$ 的作用下，质量为 m_e、电量为 e 的粒子在电极之间往返运动的振幅 A 由下式给出

$$A=\cfrac{E}{\omega\sqrt{\left(\cfrac{1}{\mu}\right)^2+\left(\cfrac{m}{e}\right)\omega^2}}\qquad(2\text{-}4)$$

式中，μ 是带电粒子的迁移率。如果忽略粒子惯性的影响，则式（2-4）可以写成

$$A=\frac{\mu E}{\omega}\qquad(2\text{-}5)$$

若电极间距离为 d，当 $2A>d$ 时，带电粒子会到达电极上；当 $2A<d$ 时，带电粒子在电极间的空间里做往复运动，称为捕获粒子。将式（2-5）用 $\dfrac{2A}{d}=\dfrac{2\mu E}{\omega d}$ 表示，则高频击穿电压就是 pd、ωd 或 fd 的函数

$$V_b=f(pd,fd)\qquad(2\text{-}6)$$

当 pd 一定时，击穿电压就是 fd 的函数，如选取在 $pd=1.33\times10^2\,\mathrm{Pa\cdot cm}$ 的条件下，则击穿电压与频率的依赖特性如图 2-6 所示。

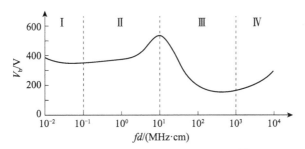

图 2-6　击穿电压与频率的依赖关系[6]

在低频段（Ⅰ区），与直流放电特性相似；在中频段（Ⅱ区），质量较大的离子跟不上电场的变化而滞留在放电空间，导致轰击阴极的离子数目减少，击穿电压上升。在高频段（Ⅲ区），由于电场频率升高到可以将电子约束在放电空间，并且频繁地和气体分子碰撞而使其电离，击穿电压急剧下降。在甚高频段（Ⅳ区），由于电子的惯性，其迁移速度的变化落后于电场的变化，电子难以从电场中得到足够能量使气体分子电离，因此击穿电压逐渐回升。

对于 13.56 MHz 激励的辉光放电，电子与气体分子的弹性碰撞频率 ν 通常在 $10^9\sim10^{11}$ 次/s，该频率远高于射频驱动频率，因此电子在一个电场周期将经历多次碰撞。射频放电中带电粒子的损失是由于双极扩散和复合，带电粒子的产生主要通过电子碰撞电离中性原子和分子。

射频放电的功率吸收可以通过碰撞过程实现，也可以是无碰撞的吸收。等离

子体中高频功率的碰撞吸收是由于频率为 ν_{ei} 的电子与离子，或频率为 ν_{en} 的电子与中性粒子之间的碰撞。当气压高于 10^3 Pa 时，电离度通常很低（$<10^{-4}$），中性粒子的密度远高于离子密度，这时以电子与中性粒子的碰撞为主。当气压低于 1 Pa 时，电离度可以高达 10^{-2}，以电子与离子的碰撞为主。当气压处于 $1\sim10^3$ Pa 时，ν_{ei} 和 ν_{en} 同时决定功率吸收。当气压非常低时，碰撞频率降低，且 $\nu/\omega\ll1$，无碰撞功率吸收成为等离子体中功率吸收的主要过程。

在无碰撞情形下，电子将在射频电场中振荡，达到速度 v、幅度 x 和能量 W 的极大值

$$v=\frac{eE_0}{m_e\omega} \tag{2-7}$$

$$x=\frac{eE_0}{m_e\omega^2} \tag{2-8}$$

$$W=\frac{m_e v^2}{2} \tag{2-9}$$

式中，E_0 为电场强度。当频率为 13.56 MHz、电场强度为 10 V/cm 时，速度 $v=2.1\times10^8$ cm/s，幅度 $x=2.42$ cm，能量 $W=11.3$ eV。

电子的平均吸收功率 $\overline{P}$ 为

$$\overline{P}=\frac{e^2 E_0^2}{2m_e}\cdot\frac{\nu_{ea}}{\nu_{ea}^2+\omega^2} \tag{2-10}$$

式中，ν_{ea} 为电子与原子或分子的弹性碰撞频率。$\overline{P}$ 与 E_0^2 之间的关系表明吸收功率与电场的正负无关，电子在沿电场方向或反向运动时均能获得能量。定义有效电场强度为

$$E_{eff}=\frac{E_0}{\sqrt{2}}\left(\frac{\nu_{ea}^2}{\nu_{ea}^2+\omega^2}\right)^{1/2} \tag{2-11}$$

从外电场传递给单位体积气体的平均射频功率 $\overline{P_\nu}$ 为

$$\overline{P_\nu}=\frac{n_e e^2 E_0^2}{2m_e}\cdot\frac{m}{\nu^2+\omega^2} \tag{2-12}$$

对于 $\omega\approx10^7$ Hz 的射频频率，且 $\nu>10^9$ s^{-1} 时，碰撞频率远大于电场频率，即 $\nu\gg\omega$，这时平均射频功率 $\overline{P_\nu}$ 实际不受驱动频率 ω 的影响。

2.2.2 射频等离子体中的自偏压

对于图 2-7（a）和（c）所示的两个平行电极产生的射频等离子体，假设一个电极的面积远比另一个大，电极相对于等离子体分别处于负电势 V_1 和 V_2，并在面积为 A_1、A_2 的电极附近建立厚度分别为 d_{s1}、d_{s2} 的鞘层。如果射频电源直接与电极相连，如图 2-7（a）所示，由于等离子体是等电势的，相对于等离子

体，两个电极将处于相同的电势，如图 2-7 （b） 所示

$$V_1 = V_2 \tag{2-13}$$

$$d_{s1} = d_{s2} \tag{2-14}$$

如果在射频电源与电极之间接入耦合电容，如图 2-7 （c） 所示，情况发生了变化，出现了非对称的电势分布，如图 2-7 （d） 所示。

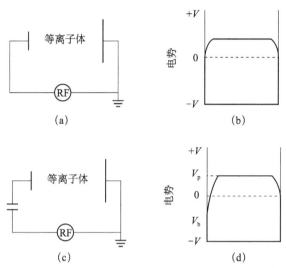

图 2-7　两平行电极产生的射频等离子体及电势分布[1]

将图 2-8 （a） 所示的幅度为 V 的方波电压通过电容加到电极上，跨越等离子体的电压波形将如图 2-8 （b） 所示。开始时，跨越等离子体的电压等于外加电压 V，当外加电压改变极性时，跨越等离子体的电压下降了 $-2V$。电子和离子的质量有巨大差异，造成等离子体中电子的迁移率远大于离子的迁移率。因此，在电压的正半周流入电极的电子电流大，电容将通过电子流而快速充电，电势将下降。在电压的负半周，由于离子迁移率低，离子充电电流小，电压以一个较慢的速率衰减。这个过程经过若干个周期一直持续到平均的离子电流和电子电流相等，净电流等于零为止。由于充入的负电荷远高于正电荷，因而这时电极相对等离子体处于负偏压。这个过程导致的小电极上产生的对时间平均的负偏压，称为自偏压[1,5-7]，如图 2-7 （d） 所示。

如果在电极上施加正弦波电压，如图 2-9 （a） 所示，将出现类似的情形。等离子体电势（如图中曲线 2 所示）在交变电场（曲线 1）中是变化的，依赖于所施加的交变电场的频率。在正半周，等离子体电势比射频电极电势（曲线 3）稍高；在负半周，等离子体电势比接地的基片架电势稍高。如果电极面积相同，系统保持对称，如图 2-9 （b） 所示。

当两个不同面积的电极之间用电容联结时，电极的自偏压取决于两个电极的

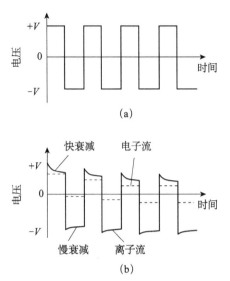

图 2-8　通过电容加到电极上的方波电压及跨越等离子体的电压波形[1]

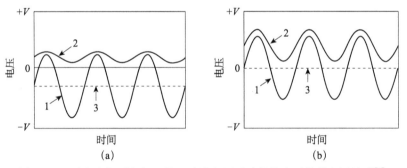

图 2-9　通过电容加到电极上的正弦波电压及跨越等离子体的电压波形[1]

相对面积。根据 Koenig 和 Maissel 的结果，存在下列关系

$$\frac{V_1}{V_2} = \left(\frac{A_1}{A_2}\right)^4 \tag{2-15}$$

$$\frac{d_{s1}}{d_{s2}} = \left(\frac{V_1}{V_2}\right)^{3/4} \tag{2-16}$$

式中，V_1、V_2 为两个电极的自偏压，A_1、A_2 为两个电极的面积。通常一个电极与接地的反应室器壁相接，使有效面积变得非常大，导致另一个电极上产生的负偏压较大。

　　获得式（2-15）的前提是离子通过鞘层时无碰撞，且两个电极的离子流密度相等。前一个假设只在气压为零点几帕下是正确的，后一个假设的问题在于电极面积的差异。式（2-15）中的面积是电极总面积，其中包括了与电极相连接的反应器器壁面积。但是，等离子体的极大部分是限制在电极之间的，而器壁实际并未完全暴露在等离子体中。实验结果表明，V_1/V_2 值还与放电气体种类、外加电压的峰–峰值、面积比的 n 次方 $(A_1/A_2)^n$ 有关。式 (2-15) 的 4 次方关系只在面积比为 0.1 至 0.6 之间满足。对于 Ar 放电，当面积比为 0.3 时，n 值在 1.2~2.5。

自偏压 V_b 与加到电极上的射频功率 P_{RF} 和反应器的气压 p 有关，如下式所示

$$V_b \propto \left(\frac{P_{RF}}{p}\right)^{1/2} \tag{2-17}$$

2.2.3　射频放电的产生方法

射频等离子体的产生方法与电极方式、功率耦合和驱动频率有关[5-9]。电极的设置可以是内电极，也可以是外电极，从反应室外部把功率供给负载而产生放电。功率的耦合可以采用电容耦合方式，也可以采用电感耦合方式，如图 2-10 所示。常用的放电频率为 13.56 MHz，也可以采用更高频率的功率源驱动放电，例如 27.12 MHz、40.68 MHz、60 MHz、100 MHz 等。

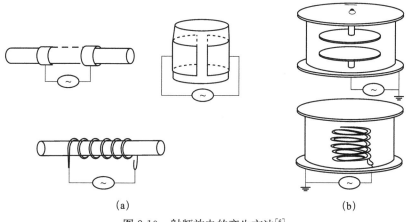

(a)　　　　　　　　　　　　　　　　　(b)

图 2-10　射频放电的产生方法[6]

1. 电容耦合放电等离子体

电容耦合放电等离子体（CCP）是最简单的等离子体产生方式，装置结构如图 2-11 所示。主要由两个圆形平行电极组成，一般圆形电极直径为 20 cm、间距 2~10 cm。放电功率可以加到其中一个或两个电极上，从而产生等离子体。器壁可以采用绝缘材料（如氧化铝），也可以采用接地的金属（如不锈钢）。射频功率通过电容耦合的方式输入，电极间可以获得比较均匀的电场分布，大面积均匀性是其最大的优点。用 13.56 MHz 射频电源产生的等离子体，电子密度为 $10^9 \sim 10^{11}$ cm^{-3}，电子温度在 3 eV 左右。

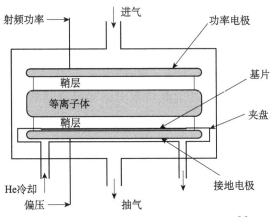

图 2-11　电容耦合放电等离子体装置结构[1]

在电容耦合放电等离子体反应器中，等离子体鞘层电压可以达到几百伏甚至几千伏，当离子通过鞘层时，会被鞘层电压加速获得很高的能量轰击基片，所以容易引起器件损伤。

在单频电源驱动的平行板放电中，等离子体的密度和自偏压是耦合的，即为了提高等离子密度需要采用高的输入功率，但与此同时，鞘层的自偏压也随之增加，从而使离子轰击基片的能量也升高。为了解决这个问题，双频电容耦合放电等离子体（DF-CCP）得到发展，结构如图 2-12 所示。由高频、低频两个电源施加在一个电极（双频单极）或两个电极（双频双极）上来产生等离子体，高频电源主要控制等离子体的产生，而低频电源主要控制电极表面鞘层。一般认为当高频频率远大于低频频率，即 $\omega_{HF} \gg \omega_{LF}$ 时，高频、低频互相解耦，因此，实际采用的高频或甚高频功率源频率为 13.56 ~ 500 MHz，低频功率源的频率为 800 kHz~2 MHz。等离子体的密度主要取决于高频功率，而到达基片上的离子能量则主要由低频功率决定。这种相对独立控制离子通量和能量的技术可以实现更精确的、尺寸更小的电子器件的加工。

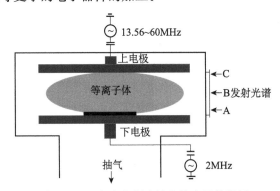

图 2-12　双频电容耦合放电等离子体装置

除了双频电容耦合放电等离子体外，还发展了三个不同频率的射频电源或两个不同频率的射频电源加一个直流电源共同驱动的多频电容耦合放电等离子体，如图 2-13 所示。

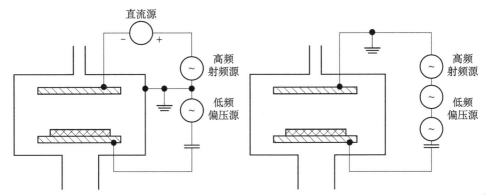

图 2-13　多频电容耦合放电等离子体装置[6]

2. 电感耦合放电等离子体

把射频功率输入到非谐振感应线圈通过电感耦合将能量输送给等离子体叫做电感耦合放电等离子体（ICP）。电感耦合放电等离子体源是一种高密度等离子体源。优点在于：①不需要 CCP 装置中的内电极；②不需要外加磁场。典型结构如图 2-14 所示。

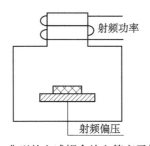

图 2-14　典型的电感耦合放电等离子体装置[6]

ICP 装置中，天线由一匝或几匝水冷线圈组成，放在石英玻璃反应器的顶端或盘绕在反应器的侧壁上，如图 2-15 所示。当线圈中加上射频电流时，通过石英玻璃介质窗在反应器真空室内产生了射频交变磁场 $\dot{B}$，根据法拉第定律

$$\nabla \times E = -dB/dt \equiv \dot{B} \tag{2-18}$$

交变的磁场感应出交变的电场，从而使气体电离产生等离子体。射频磁场 $\dot{B}$ 垂直于天线电流，射频电场 E 或多或少与天线电流平行或反平行。因此，采用形状合适的天线，等离子体中的射频电场 E 将处于方位角方向。

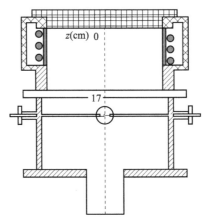

图 2-15 简单的电感耦合放电等离子体装置[7]

常见的 ICP 装置有两种：圆筒形和平面形，如图 2-16 所示。圆筒形装置在石英圆柱形放电室外绕有线圈，连接射频电源。平面形装置的线圈是从轴心附近向放电腔体半径方向螺旋绕成，放置在平板石英介质窗上。为了提高径向等离子体密度的均匀性，可以在腔体周围设置多个永磁体，形成多极磁场以约束等离子体。线圈也可以放置在真空室内部靠近基片的位置，这种近距离耦合产生的等离子体，即使在没有外加永磁体的情况下也有着较好的均匀性。对于大面积的放电室，为了改善等离子体的径向均匀性，线圈要非均匀绕制，从而在低气压下得到较大面积的等离子体，并可以使空间电场和电子温度都比较均匀。

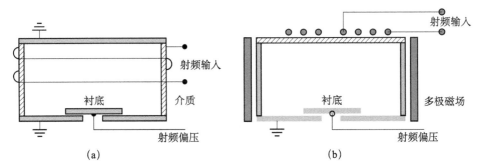

图 2-16 两种电感耦合放电等离子体装置圆筒形（a）和平面形（b）[6]

射频电源的频率一般为 13.56MHz，输出电阻为 50Ω，通过阻抗匹配网络连接到感应线圈来驱动放电。线圈还可以通过一个平衡变压器实行推挽驱动，位于线圈中间的接地端可以连接到变压器上，这样可以降低线圈与等离子体之间产生的最高电压值，也可以降低电容耦合产生的射频电流值。在线圈与等离子体之间可以设置静电屏蔽，它可以进一步降低电容耦合阻抗，使感应电场高效耦合给等离子体。

2.3　波加热放电

2.3.1　微波放电

用频率为 2.45 GHz 的功率源放电产生的等离子体为微波等离子体[1]。微波等离子体与射频等离子体的激发方式是类似的，主要区别在于驱动频率处于微波波段。

在典型的微波等离子体中，电场强度为 $E_0 \approx 30$ V/cm，因此根据式（2-8）和式（2-9），在无碰撞时，电子的最大幅度 $x < 10^{-3}$ cm，一个周期内电子获得的最大能量约为 0.03 eV。这个能量太低，不能维持等离子体。因此在低气压下（<133 Pa）微波放电是非常困难的。在提高气压形成碰撞放电时，在固定电场和功率密度下，当 $\nu = \omega$ 时，式（2-12）有极大值。因此，微波功率吸收是电子与重粒子碰撞频率的函数，取决于放电气压。一般气体的微波放电最佳气压在 $1.33 \times 10^2 \sim 1.33 \times 10^4$ Pa。

微波源产生的微波功率通过微波传输系统传递给等离子体。微波传输系统由微波波导管、环行器、定向耦合器、阻抗匹配器和水负载组成。环行器防止反射波造成磁控管损伤，定向耦合器用于测量前行波和反射波的功率，阻抗匹配器用于调节阻抗的匹配。2.45 GHz 的高功率微波信号可通过微波传输系统由石英介质窗引入放电室，在放电室放电产生等离子体，微波传输系统如图 2-17 所示。

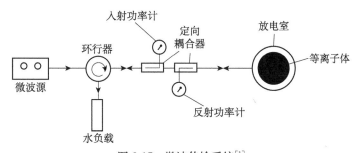

图 2-17　微波传输系统[1]

将微波功率传递给等离子体的最简单方式是波导耦合。在矩形波导宽面的中央插入一个介质管反应室，如图 2-18 所示。反应室的轴与波导中电场最强的位置一致，有助于电子在微波电场中的加速。为防止微波的泄漏，放电区的两侧用金属管包裹，金属管的尺寸小于微波波长的截止尺寸。

2.3.2　微波电子回旋共振放电

微波可以在谐振腔体中产生较高的电场，从而把低气压下的气体电离形成等离子体。但是它产生的等离子体密度存在一个限度：$n_c (\mathrm{m}^{-3}) = 0.012 f^2$（频率

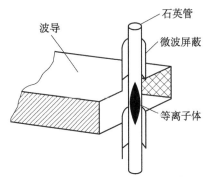

图 2-18 波导耦合微波放电[1]

f 单位为 Hz）。为了突破密度极限，可以引入磁场。随着磁场 B 的引入，如果在放电区域内，输入的微波频率 ω 和电子回旋频率 ω_{ce} 相等就会产生共振，即电子回旋共振（ECR）[6-7,10-11]，这时微波的能量可以高效率地耦合给电子，从而形成高密度的等离子体。电子回旋共振等离子体是在更低气压（1～10^{-2}Pa）下激发的、电离度更高（>10%）的高密度等离子体。

电子回旋共振等离子体的基本原理如下。在图 2-19 所示的等离子体系统中，施加一个垂直于电场的磁场，由于电场改变带电粒子的速度，磁场改变带电粒子的运动方向，因此，在电场、磁场的共同作用下，带电粒子将沿着磁力线做拉莫尔（Larmor）回旋运动，回旋半径 r_L 为

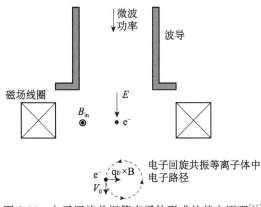

图 2-19 电子回旋共振等离子体形成的基本原理[11]

$$r_L = \frac{mv_\perp}{eB} = \frac{1}{eB}\sqrt{2\frac{W_\perp}{m}} \tag{2-19}$$

式中，m 为带电粒子质量，$v_\perp$ 为垂直于磁力线的粒子速度分量，$W_\perp$ 为与 $v_\perp$ 相对应的能量分量。回旋角频率 ω_c 为

$$\omega_c = \frac{eB}{m} \tag{2-20}$$

因此，电子回旋频率取决于磁场 B 的大小。

对于 875 Gs($1\ \text{Gs} = 10^{-4}\ \text{T}$) 的磁场，电子的回旋频率为 2.45 GHz。如果采用 $\omega = 2.45$ GHz 的微波来激发并维持等离子体，当电子回旋频率 ω_c 等于输入微波的固有频率 ω 时，即在磁场为 875 Gs 处，就会发生回旋共振，微波能量高效率地耦合给电子，使其获得能量，通过碰撞电离中性气体，从而产生高密度等离子体。典型的电子回旋共振装置可产生密度为 $10^{11} \sim 10^{12}\ \text{cm}^{-3}$ 的等离子体，并且可以通过改变微波功率的大小来调节电子温度、电子密度和电子能量分布。

图 2-20 所示的是典型的电子回旋共振等离子体装置和磁场分布。2.45 GHz 的微波沿着磁场方向通过石英窗口输入到放电室中。放电室外面绕制的线圈产生磁场，在 875 Gs 磁场强度区域，电子回旋共振条件得到满足，形成高密度等离子体。由于磁场沿放电室的轴向是发散形的，利用发散磁场的磁场梯度可以将等离子体引到沉积室中。

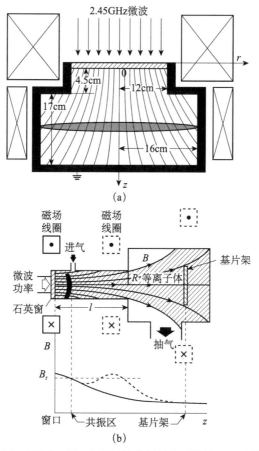

图 2-20 典型的纵向（a）和横向（b）电子回旋共振等离子体装置以及横向装置的磁场分布[7]

B_r 代表共振面磁场，R 代表半径，l 代表长度

图 2-21 是不同形式的电子回旋共振装置结构图。其中图 2-21（a）装置有着高的纵横比，等离子体源离基片较远，微波沿着磁场方向传播，电子回旋共振区域呈环形或者圆盘形，距离基片约 50 cm。等离子体从共振区域输运到基片的过程中减少了离子通量，增加了离子与基片的碰撞能量。图 2-21（b）装置减小了纵横比，电子回旋共振区域进入了沉积室里面，距离基片只有 10~20 cm。由于等离子体的均匀性与轴向磁场的分布有很大关系，为了进一步提高均匀性，在图 2-21（c）装置中，沉积室的周围安置了 6~12 个永磁体，形成多极场，以提高对等离子体的约束，减少损失。另一个提高等离子体密度和均匀性的方法是把微波源和放电室连在一起，并且使得共振区域靠近基片位置，如图 2-21（d）所示。可以看出它有低的纵横比。通过相对平坦、径向均匀的共振区域可以提高等离子体的均匀性。图 2-21（e）是多极分布的电子回旋共振放电装置，微波沿着垂直于多极磁场的方向传播，将微波调控器安置在腔体的周围来提高等离子体均匀性。图 2-21（f）是在源的顶端和侧面各有一个微波调谐器，分别调控微波在轴向和径向的分布。位于等离子体产生区下方的栅极主要是为了阻挡微波的传输，便于等离子体扩散出去。与图 2-21（e）类似，由分布在腔体周围的 8~12 个永磁体产生共振区域。

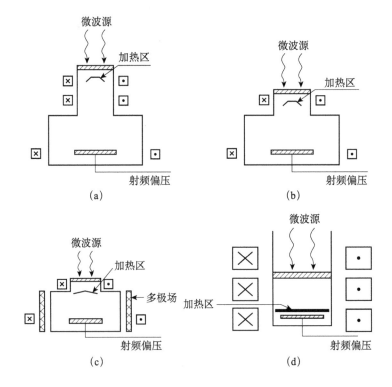

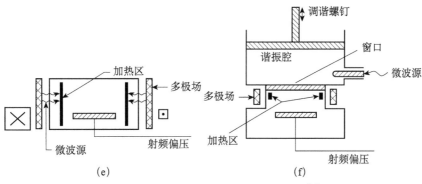

图 2-21　各种电子回旋共振装置结构图[6]

2.3.3　螺旋波放电

螺旋波放电等离子体（helicon discharge plasma，HDP）是一种具有高离化率的高密度等离子体，这种源需要 $50\sim1000$ Gs 的磁场，通过射频天线激发。等离子体密度一般可达到 10^{13} cm^{-3}。磁场的作用是：①提高趋肤深度，使感应电场能够进入整个等离子体；②有助于将电子限制在更长的时间内；③调节等离子体参数，如密度均匀性。螺旋波放电等离子体的典型结构如图 2-22 所示。

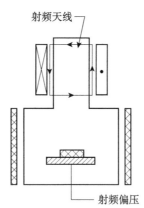

图 2-22　螺旋波放电等离子体装置典型结构图[16]

螺旋波是一种在有限直径、轴向磁化的圆柱形等离子体中传播的具有哨声波模式的波，它最早由 Aigrain 提出，用以描述在高电导率的介质中传播的低频电磁波，如处于磁场中的低温金属、气体放电等离子体等。螺旋波的频率 ω 处于杂化频率 ω_{LH} 与电子回旋频率 ω_{ce} 之间，即

$$\omega_{\text{LH}} \ll \omega \ll \omega_{\text{ce}} \tag{2-21}$$

在低温、无限的等离子体中，没有波能够在这个频率区域传输。但是

Harding 和 Thonemann 在有限的等离子体中发现了螺旋波。Boswell 等在气压 0.2 Pa、约束磁场 450 Gs 的条件下，实现了螺旋波放电，在 1～2 kW 的射频功率下获得了几乎全电离的等离子体，等离子体密度高达 $n \geqslant 10^{14}$ cm^{-3}[12-13]。F. F. Chen 提出螺旋波是通过朗道（Landau）阻尼的方式加热电子的理论，解释了螺旋波放电的机理[14-15]。

螺旋波的色散关系可以从等离子体中右旋极化、左旋极化波的色散关系导出[14-15]。对于在低温等离子体中右旋极化、左旋极化波，基本色散关系为

$$\frac{c^2 k^2}{\omega^2} = 1 - \frac{\omega_p^2 / \omega^2}{1 \mp (\omega_c / \omega) \cos\theta} \tag{2-22}$$

式中，θ 为波传输相对于 B_0 的角度。对于 $\omega \ll \omega_{ce}$，只有右旋极化波可以传输，因此得到螺旋波的色散关系为

$$\frac{c^2 k^2}{\omega^2} = + \frac{\omega_p^2}{\omega_c \omega \cos\theta} \tag{2-23}$$

其中，$k^2 = k_\perp^2 + k_z^2$，k 为波矢的大小，$k_\perp$ 和 k_z 分别为波矢的径向与轴向分量。

取 $k_z = k\cos\theta$，则

$$k = \frac{\omega}{k_z} \frac{\omega_p^2}{\omega_c c^2} = \frac{\omega}{k_z} \frac{n_0 e \mu_0}{B_0} \tag{2-24}$$

在圆柱状几何形态下，在螺旋波模式中，既有电磁场（$\nabla \cdot E \approx 0$），又有准静电场（$\nabla \times E \approx 0$），波具有如下形式

$$E, H \sim \exp[\mathrm{i}(m\theta + kz - \omega t)] \tag{2-25}$$

其中，m 代表不同的方位角模式。假设等离子体密度的分布是均匀的，在一个绝缘（或导电）的器壁处，总径向电流密度幅度满足边界条件 $\widetilde{J}_r = 0$（或 $\widetilde{E}_\theta = 0$），可以得到[16]

$$m\beta \mathrm{J}_m(Ta) = -ka \mathrm{J}_m'(Ta) \approx 0 \quad (ka \ll 1) \tag{2-26}$$

其中，$\beta^2 = T^2 + k_z^2$ 用 $k^2 = k_\perp^2 + k_z^2$ 替换；J_m' 为贝塞尔函数 J_m 对其自变量的导数。对于 $m = 1$，最低的贝塞尔函数根为 $Ta = 3.83$，因此对于 $T \gg k$，具有下列近似

$$\frac{3.83}{a} = \frac{\omega}{k} \frac{n_0 e \mu_0}{B_0} \propto \frac{\omega}{k} \frac{n_0}{B_0} \tag{2-27}$$

对于给定的 n_0、B_0，色散关系 $\omega(k)$ 就是一条直线，或者对于给定的 ω、k，n/B 就是常数。例如，实验上如果 ω、B_0 固定，k 就由天线长度确定，当密度达到式（2-27）给定的值时，螺旋波传播的条件满足，这时射频功率的吸收达到最大。

螺旋波由射频驱动天线激发，通过绝缘器壁发射到等离子体中，在等离子体中螺旋波具有横波模式结构并沿着 B_0 方向传播，相速度可以与 50～200 eV 电子的相速度相比。电磁波的能量通过无碰撞的朗道阻尼被电子吸收，导致非常有效

的电离。为了有效地激发螺旋波，人们设计了各种结构的天线，如图 2-23 所示。这些天线主要靠 $m=0$ 和 $m=1$ 两种模式激发，其中环状天线、盘绕形天线为 $m=0$ 激发模式，Boswell 形、螺旋形、名古屋形天线为 $m=1$ 激发模式。在 $m=0$ 模式中，场强是轴对称的，而在 $m=1$ 模式中，场强沿螺旋方向变化，这两种模式都可以产生时间平均轴对称的场强，图 2-24 为 $m=0$、$m=1$ 两种激发模式中横向电场模式以及这些模式沿 z 方向传播时的变化方式[14-15]。天线将电磁波的能量耦合给横向电场或磁场来产生等离子体中的螺旋波。

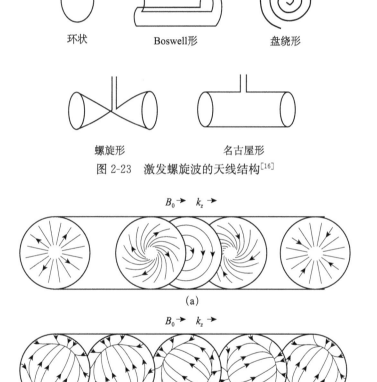

环状　　　　　　　　Boswell形　　　　　　　盘绕形

螺旋形　　　　　　　　　　名古屋形
图 2-23　激发螺旋波的天线结构[16]

B_0 →　k_z →

(a)

B_0 →　k_z →

(b)

图 2-24　$m=0$（a）、$m=1$（b）激发模式中横向电场模式以及这些模式沿 z 方向
传播时的变化方式[14]

以 $m=1$ 激发模式的名古屋形天线为例（图 2-25），天线将电磁波的能量耦合给横向电场或磁场来产生等离子体中螺旋波的基本过程如下[14-15]。当天线施加射频功率时，在天线的轴向长度 l_a 方向产生了一个磁场 $\widetilde{B}_x$，该磁场将能量耦合

给螺旋波模式中的横向磁场，同时在天线的每根水平导线下方的柱状等离子体区中，还会感应出与导线中电流方向相反的电流，在天线两端产生符号相反的电荷，从而形成一个将能量耦合给螺旋波模式中的横向准静电场 $\widetilde{E}_y$

$$\widetilde{E}_y(z) \sim \widetilde{E}_{y1}\Delta z\left[\delta\left(z+\frac{l_a}{2}\right)-\delta\left(z-\frac{l_a}{2}\right)\right] \tag{2-28}$$

取傅里叶变换（FFT），有

$$E_y(k_z) = \int_{-\infty}^{\infty}\widetilde{E}_y(z)\exp(-jk_z z)\mathrm{d}z \tag{2-29}$$

将式（2-29）两边取平方，得到天线在 k 空间的功率谱

$$E_y^2(k_z) = 4\widetilde{E}_{y1}^2(\Delta z)^2\sin^2\frac{k_z l_a}{2} \tag{2-30}$$

当天线与螺旋波模式耦合较好时，$E_y^2(k_z)$ 取最大值，着意味 $k_z\approx\pi/l_a$、$3\pi/l_a$ 等，对应的波长 $\lambda\approx 2l_a$、$2l_a/3$ 等；当天线与螺旋波模式耦合不好时，$E_y^2(k_z)\approx 0$，因此 $k_z\approx 0$、$2\pi/l_a$、$4\pi/l_a$ 等，对应的波长 $\lambda\approx l_a$、$l_a/2$ 等。

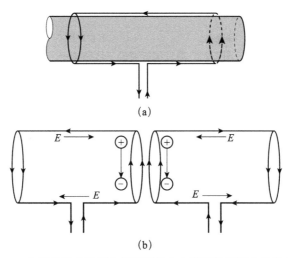

图 2-25　$m=1$ 激发模式的名古屋形天线中电磁波能量耦合的基本过程[15]

由于天线与螺旋波模式耦合的变化，当源参数改变时，等离子体密度不会发生平滑的变化，而是出现许多所谓的"模式跳变"[16]，如图 2-26 所示。当天线与螺旋波模式耦合不好时，增加功率或磁场并不能使等离子体密度成比例增大，而当天线与螺旋波模式耦合较好，存在共振耦合模式时，等离子体密度则发生跳变。对于一个给定的螺旋波放电系统，这一特性限制了其工作参数的运行范围。

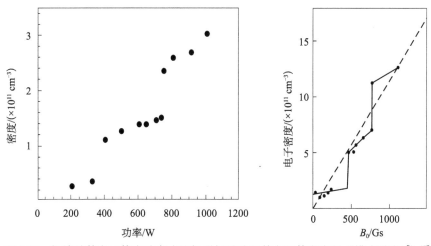

图 2-26　螺旋波等离子体中功率或磁场增加导致的等离子体密度的 "模式跳变"[13,17]

　　典型的螺旋波等离子体装置如图 2-27 所示[17]，螺旋波天线典型的驱动频率范围是 1～50 MHz，通常采用的是 13.56 MHz 的射频电磁波。为了使哨声波能在等离子体中传播并被吸收，需要外加一个大约为 100 Gs 或更强的磁场。与 ECR 相同，螺旋波等离子体源也需要借助于外加磁场来放电。由于螺旋波等离

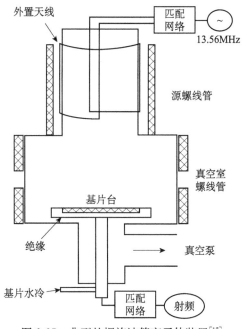

图 2-27　典型的螺旋波等离子体装置[17]

子体源所需的磁场（100 Gs）较 ECR 装置（875 Gs）小得多，因此其成本较ECR 源低。此外，螺旋波等离子体源采用射频源作为电源，而不是微波源，这也使得其成本比 ECR 源低很多。但是，近年来高磁场（几千 Gs）螺旋波等离子体源得到发展，使得实验装置成本显著增加。目前所有的螺旋波等离子体材料处理设备中，材料处理室都被设计在源区的下游。

2.4 磁控放电

2.4.1 磁控放电基本过程

磁控放电是一种磁场增强的辉光放电，特征是电子的封闭漂移运动[18]。由于存在非均匀的电场、磁场，实际的电子运动路径非常复杂。如果忽略瞬态的电场，电子将在磁场中做回旋运动，回旋频率为

$$\omega_e = eB/m_e \tag{2-31}$$

式中，B 为磁感应强度，e 为电子电荷，m_e 为电子质量。垂直于磁场矢量 B 方向的电子速度分量为 $u_{e\perp}$，因此电子的回旋运动半径为

$$r_{g,\,e} = \frac{u_{e\perp}}{\omega_e} = \frac{m_e u_{e\perp}}{eB} \tag{2-32}$$

一般情况下，电子在与另一个粒子碰撞之前，将绕着磁力线做多次回旋运动。因此，这种回旋运动将束缚在磁力线附近，被认为是"磁化的"电子运动。若在阳极与阴极之间施加一个电场，电子的每次回旋运动将受到加速和减速作用，回旋路径不再是一个完整的圆形，而是在垂直于矢量 B 和 E 的方向有一个净的漂移，这就是 $E \times B$ 漂移。对于图 2-28 所示的平面靶磁控溅射结构，电子的漂移沿着方位角方向，并呈封闭状态。阳极与阴极之间的电场实际上很不均匀，一旦放电确立，绝大部分的电压（典型值为几百 V）将落在靶面附近的空间电荷层（即鞘层）上，只有大概 10% 的电压落在鞘层以外区域。因此，来自靶面的电子（离子碰撞靶面产生的二次电子）在穿越鞘层时可以获得极大的能量，而放电等离子体中的电子（典型能量为几 eV）不能渗透进入鞘层而是被反弹回等离子体区域。获得能量的电子在溅射靶表面附近与中性粒子碰撞，使之离化而产生离子。离子在靶表面鞘层区受到鞘电势作用，被加速而获得能量。当离子轰击靶面时，产生中性基团、离子、二次发射电子等，如图 2-29 所示。当二次电子进入鞘层时，也受到鞘电势作用而获得能量，并通过鞘层内离化过程而增殖[3]，这些电子在靶表面附近继续与中性粒子碰撞产生离子，维持磁控放电。

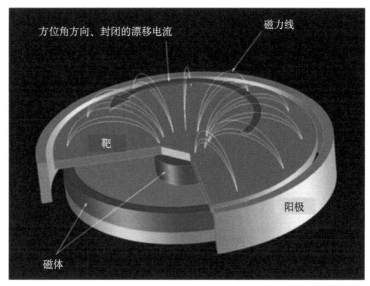

图 2-28　平面靶磁控溅射结构[18]

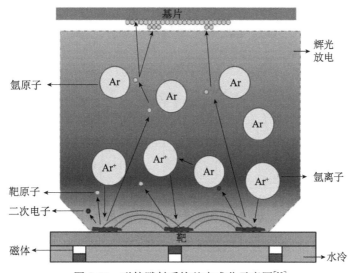

图 2-29　磁控溅射系统基本成分示意图[19]

2.4.2　磁控放电技术

最简单的溅射设备是直流（DC）两极板型，如图 2-30 所示。在两个平行极板之间点火产生低气压辉光放电。基片置于阳极，溅射靶置于阴极。当气体放电中产生的荷能氩离子轰击溅射靶时，产生溅射基团（原子、离子、活性物种、二次电子），这些基团向基片运动（对于直流溅射，典型的气压为 100 Pa，粒子平均自由程为 1 mm），在基片上吸附沉积形成薄膜。平板磁控放电技术的发明（图 2-31），标志着真空薄膜沉积技术新时代的开始，磁控放电从直流磁控放电到射频（13.56 MHz）磁控放电（图 2-32）、脉冲磁控放电（图 2-33）、甚高频（60 MHz、71 MHz）磁控放电（图 2-34、图 2-35）[20-23]，在不断发展之中。

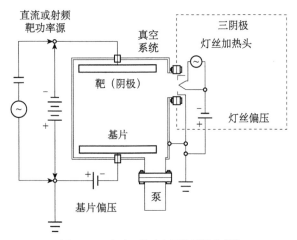

图 2-30　直流两极板型溅射设备[10]

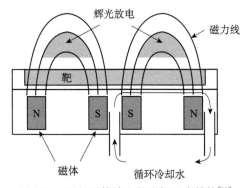

图 2-31　平板磁控放电的磁场基本结构[10]

非平衡磁控放电（图 2-36（a））的发展使磁控溅射在薄膜沉积中得到了广泛应用。在非平衡磁控放电中，外环的磁场比中间部分强，这时，并非所有的磁力线都在外环极与中间极之间封闭，而是有一些磁力线直接指向基片，于是一些电子将沿着这些磁力线运动，等离子体将不再限制在溅射靶区域，而是向基片区域流动。结果在不对基片施加外部偏压的情况下，可以从等离子体引出较高的离子流，高达 5 mA/cm² 或更高，这比常规磁控放电（图 2-36（b））高一个数量级。

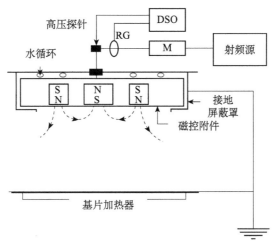

图 2-32 射频磁控放电的基本结构[20]

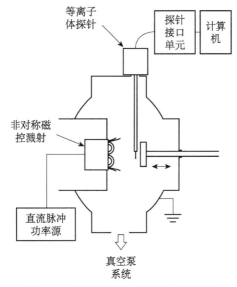

图 2-33 脉冲磁控放电的基本结构[21]

低气压预离化磁控放电是将磁控溅射与其他低气压放电等离子体源相结合的磁控放电技术。在磁控溅射的溅射靶和基片台之间引入一个放电等离子体源，提供溅射的离化"种子"，实现低气压下的磁控放电。低气压预离化磁控溅射有下列几种：①电感耦合放电等离子体辅助的预离化磁控溅射（图 2-37）[24-25]；②多线圈电感耦合放电等离子体辅助的预离化磁控溅射（图 2-38）[26]；③电子回旋共振等离子体辅助的预离化磁控溅射（图 2-39、图 2-40）[27-28]；④紧凑型等离子体源（CPS）预离化高功率脉冲磁控溅射（图 2-41）[29]。

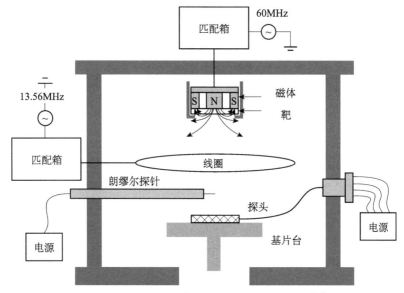

图 2-34　60MHz 甚高频磁控放电的基本结构[22]

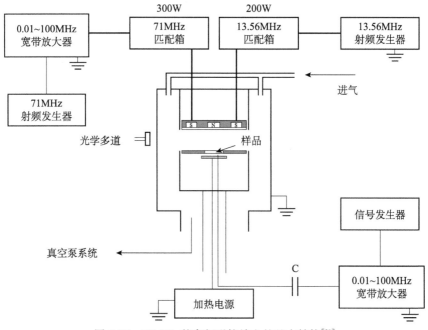

图 2-35　71MHz 甚高频磁控放电的基本结构[23]

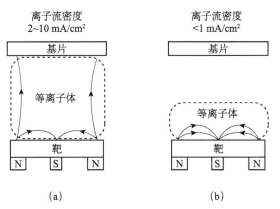

图 2-36　非平衡磁控放电技术（a）和常规磁控放电技术（b）[10]

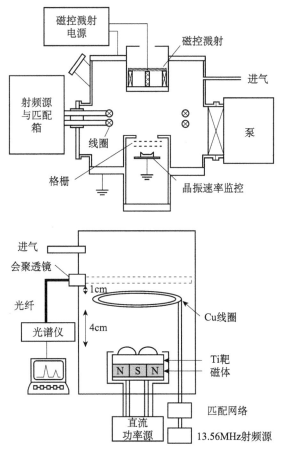

图 2-37　电感耦合放电等离子体辅助的预离化磁控溅射装置[24-25]

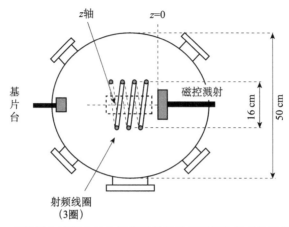

图 2-38　多线圈电感耦合放电等离子体辅助的预离化的磁控溅射装置[26]

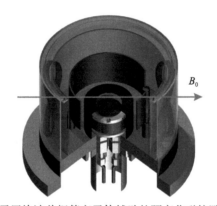

图 2-39　电子回旋波共振等离子体辅助的预离化磁控溅射装置图[27]

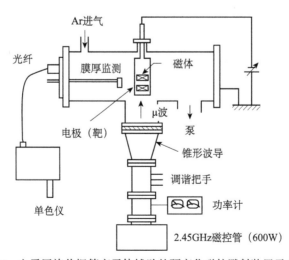

图 2-40　电子回旋共振等离子体辅助的预离化磁控溅射装置示意图[28]

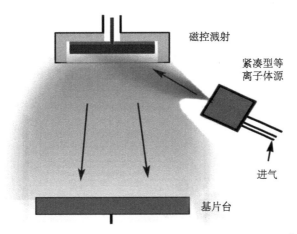

图 2-41　紧凑型等离子体源预离化高功率脉冲磁控溅射装置[29]

2.5　介质阻挡放电

2.5.1　介质阻挡放电基本过程

介质阻挡放电（DBD）是近十几年发展迅速的大气压放电等离子体技术[30-33]，它采用两个放电电极，将其中一个或两个电极用绝缘介质覆盖，在两个放电电极之间充满工作气体（如 Ar 气），然后在两个电极间施加足够高的电压，使电极间的气体击穿放电形成等离子体。介质阻挡放电的激发功率 $\overline{P}$ 为[30]

$$\overline{P} = 2fa\sigma\overline{E_\mu}$$

(2-33)

式中，f 为施加到介质阻挡放电装置的交流电压频率，a 为微放电面积，σ 为单位面积的微放电束的数目，$\overline{E_\mu}$ 为单位微放电的能量。

介质阻挡放电的形成与电子雪崩过程有关[31]。由宇宙射线、辐射等产生的初始自由电子，通过外加电场 E 的加速作用，与气体分子直接碰撞电离，开始初始放电。放电产生的自由电子，随后再被加速并与气体碰撞电离，产生电子雪崩效应。电子雪崩产生的空间电荷增强了局部外加电场，触发气相中的二次电子雪崩。电场中的电离区及其扰动迅速增长，最终形成一个独特的等离子体通道，即所谓的束流。对于大气压下空气和其他分子气体放电，束流的形成时间在纳秒尺度。图 2-42 示意了介质阻挡放电的束流形成过程。束流内部由一个导电的、大致呈准中性的等离子体组成，而其尖端为一个薄而弯曲的空间电荷层，对屏蔽内部电离区、增强束流头部（典型半径 ≈ 100 μm）的电场起主要作用。束流产生的条件用 Meek 判据来描述，即束流的形成条件与产生显著空间电荷场扰动所需的初级雪崩中的电荷数密度有关，即 $\exp[\alpha_{\text{eff}} \cdot d] = 10^8$，其中 α_{eff} 是第一汤森有效电离系数。在空气中，该判据通常在 pd 值高于 1.33×10^5 Pa·cm 时达到。束流可看作是任何非电离介质（气体、液体和固体）电击穿的初始阶段，是许多大气压非平衡等离子体中丝状放电结构的主要部分。束流的发展需要一个较强的局域空间电荷梯度，该梯度可导致足够的电场增强，从而导致束流的扩展、放电的形成。

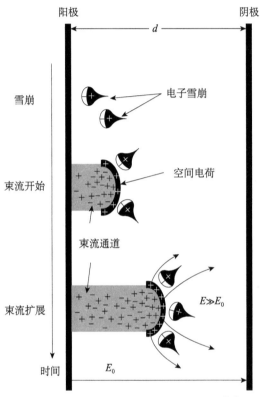

图 2-42　介质阻挡放电的束流形成过程[31]

2.5.2　介质阻挡放电技术

介质阻挡放电等离子体的基本结构如图 2-43 所示。为了获得大气压放电等离子体，在基本结构的基础上，人们研发了多种大气压放电等离子体源，图 2-44 是从直流辉光放电到射频放电等离子体的基本结构图和放电照片[32-34]。根据放电的激发模式，大气压放电等离子体源主要分为三类：①直流和低频激发的大气压等离子体；②射频激发的大气压等离子体；③微波激发的大气压等离子体。

直流和低频激发的放电基本是在放电电极之间施加一个高电压，使气体击穿放电而产生等离子体。这种放电既可以是连续放电模式也可以是脉冲放电模式。脉冲放电模式可以提高放电的能量而保持有限的系统温升，但是脉冲功率源的制作技术比直流源复杂。连续放电主要是电弧放电形成的等离子体炬，脉冲放电则

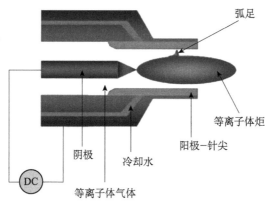

图 2-43　介质阻挡放电等离子体的基本结构[32]

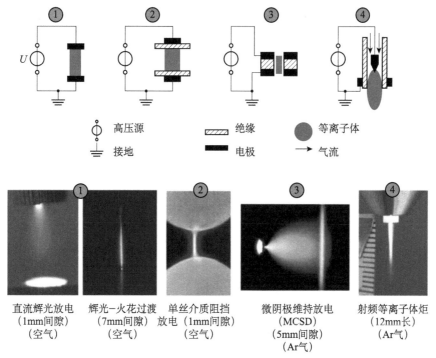

图 2-44　直流辉光放电到射频放电等离子体的基本结构图和放电照片[33]

包含了电晕放电、介质阻挡放电和微等离子体放电等方式。

射频激发的放电主要用高功率和低功率射频源两种方式驱动，它可以影响等离子体的性能，从而影响其应用。射频激发的放电需要采用合适的阻抗匹配，阻抗匹配可以采用感性耦合，也可以采用容性耦合。

高功率射频源驱动的放电主要采用感性耦合，采用一个螺旋线圈，在线圈上施加射频功率，流经线圈的电流在等离子体区附近感生一个交变磁场，环形电场加速电子，产生放电。产生等离子体的射频频率要高于 1 MHz，使电子能够跟随电场振荡，避免离子和电子到达器壁而损失，从而维持放电。产生等离子体的射频功率为 20～1000 kW，气体流量为 10～200 slm。图 2-45 是感性耦合射频激发大气压等离子体的典型装置图。

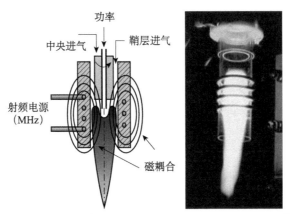

图 2-45　感性耦合射频激发大气压等离子体的典型装置图[32]

　　低功率射频源驱动的放电主要采用容性耦合，要产生放电，需要在两个电极间施加电压，而放电击穿电压取决于 pd（p 为气压、d 为电极间隙）。对于大气压放电，电极间隙必须非常小，大约为几 mm。采用容性耦合的低功率射频放电主要有大气压等离子体射流（APPJ）、冷等离子体炬、中空阴极放电和微等离子体等方式。图 2-46 是容性耦合射频激发大气压微等离子体的典型装置图。

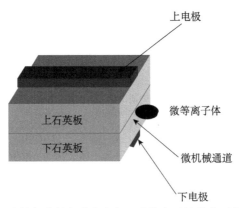

图 2-46　容性耦合射频激发大气压微等离子体的典型装置图[32]

　　微波激发的大气压等离子体采用无电极的微波系统，用波导将微波能量传输给电子，电子与重粒子发生弹性碰撞。由于重粒子质量较大，碰撞的电子发生反弹而重粒子保持静止，于是电子被加速而获得动能，重粒子则被稍稍加热。经过多次弹性碰撞，电子获得足够的能量而产生非弹性的激发甚至离化碰撞。气体被部分电离形成等离子体。图 2-47 是微波激发大气压等离子体典型装置图。

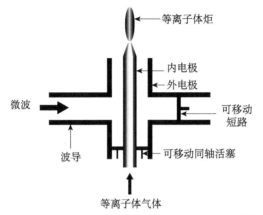

图 2-47　微波激发大气压等离子体典型装置图[32]

以上述三类大气压放电等离子体源为基础，为了不断提高等离子体性能，也为了适应各种大气压放电等离子体的应用需求，人们在大气压放电等离子体源的研制方面仍在不断探索，双频率驱动激发的大气压等离子体技术成为近年来新的研发热点[35-36]，例如 Kim 等为了提高大气压放电等离子体的性能，将 2 MHz 低频与 13.56 MHz 射频激发模式相结合形成了双频率驱动激发的大气压等离子体技术，利用低频激发产生等离子体，利用射频激发提高放电等离子体的性能，有效地增加了等离子体束流的长度（图 2-48），并有效地提高了电流密度和电子激发温度。

图 2-48　2 MHz、13.56 MHz、(2+13.56)MHz 大气压放电等离子体束流长度的变化[35]

参 考 文 献

[1] Grill A. Cold Plasma in Materials Fabrication：From Fundamentals to Applications ［M］. New York：IEEE Press，1994.

[2] 田民波 . 薄膜技术与薄膜材料 ［M］. 北京：清华大学出版社，2006.

[3] Lisovskiy V A，Koval V A，Artushenko E P，et al. Validating the Goldstein-Wehner law for the stratified positive column of dc discharge in an undergraduate laboratory ［J］. Euro-

pean Journal of Physics, 2012, 33 (6): 1537-1545.

[4] Gudmundsson J T, Hecimovic A. Foundations of DC plasma sources [J]. Plasma Sources Science and Technology, 2017, 26 (12): 123001.

[5] 小沼光晴. 等离子体与成膜基础 [M]. 张光华, 编译. 北京: 国防工业出版社, 1994.

[6] 宁兆元, 江美福, 辛煜, 等. 固体薄膜材料与制备技术 [M]. 北京: 科学出版社, 2008.

[7] Chen F F, Chang J P. Lecture Notes on Principles of Plasma Processing [M]. New York: Plenum/Kluwer Publishers, 2002.

[8] Ye C, Xu Y J, Huang X J, et al. Effect of low-frequency power on etching of SiCOH low-k films in CHF$_3$ 13.56MHz/2MHz dual-frequency capacitively coupled plasma [J]. Microelectronic Engineering, 2009, 86 (3): 421-424.

[9] 黄晓江. 双频容性耦合等离子体特性的发射光谱研究 [D]. 苏州: 苏州大学, 2009.

[10] Campbell S A. The Science and Engineering of Microelectronic Fabrication [M]. 2nd ed. Beijing: Publishing House of Electronics Industry, 2003.

[11] 叶超. SiCOH 低 k 薄膜的 ECR 等离子体沉积与介电性能研究 [D]. 苏州: 苏州大学, 2006.

[12] Boswell R W. Very efficient plasma generation by whistler waves near the lower hybrid frequency [J]. Plasma Physics and Controlled Fusion, 1984, 26 (10): 1147-1162.

[13] Boswell R W, Chen F F. Helicons-the early years [J]. IEEE Transactions on Plasma Science, 1997, 25 (6): 1229-1244.

[14] Chen F F. Plasma ionization by helicon waves [J]. Plasma Physics and Controlled Fusion, 1991, 33 (4): 339-364.

[15] Chen F F. Physics of helicon discharges [J]. Physics of Plasmas, 1996, 3 (5): 1783-1793.

[16] Chen F F. Experiments on helicon plasma sources [J]. Journal of Vacuum Science and Technology A, 1992, 10 (4): 1389-1401.

[17] Perry A J, Boswell R W. Fast anisotropic etching of silicon in an inductively coupled plasma reactor [J]. Applied Physics Letters, 1989, 55 (2): 148-150.

[18] Anders A. Discharge physics of high power impulse magnetron sputtering [J]. Surface and Coatings Technology, 2011, 205: S1-S9.

[19] Maurya D K, Sardarinejad A, Alameh K. Recent developments in R. F. magnetron sputtered thin films for pH sensing applications—an overview [J]. Coatings, 2014, 4 (4): 756-771.

[20] Kakati H, Pal A R, Bailung H, et al. Investigation of the $E \times B$ rotation of electrons and related plasma characteristics in a radio frequency magnetron sputtering discharge [J]. Journal of Physics D: Applied Physics, 2007, 40 (22): 6865-6872.

[21] Pajdarová A D, Vlček J, Kudláček P, et al. Electron energy distributions and plasma parameters in high-power pulsed magnetron sputtering discharges [J]. Plasma Sources Science and Technology, 2009, 18 (2): 025008.

[22] Huang F, Ye C, He H, et al. Effect of driving frequency on plasma property in radio frequency and very high frequency magnetron sputtering discharges [J]. Plasma Sources Science and Technology, 2014, 23 (1): 015003.

[23] Prenzel M, Kortmann A, von Keudell A, et al. Formation of crystalline gamma-Al₂O₃ induced by variable substrate biasing during reactive magnetron sputtering [J]. Journal of Physics D: Applied Physics, 2013, 46 (8): 084004.

[24] Rossnagel S M, Hopwood J. Magnetron sputter deposition with high levels of metal ionization [J]. Applied Physics Letters, 1993, 63 (24): 3285-3287.

[25] Nouvellon C, Konstantinidis S, Dauchot J P, et al. Emission spectrometry diagnostic of sputtered titanium in magnetron amplified discharges [J]. Journal of Applied Physics, 2002, 92 (1): 32-36.

[26] de Poucques L, Imbert J C, Vasina P, et al. Comparison of the ionisation efficiency in a microwave and a radio-frequency assisted magnetron discharge [J]. Surface and Coatings Technology, 2005, 200 (1-4): 800-803.

[27] Stranak V, Herrendorf A P, Drache S, et al. Highly ionized physical vapor deposition plasma source working at very low pressure [J]. Applied Physics Letters, 2012, 100 (14): 141604.

[28] Yonesu A, Takemoto H, Hirata M, et al. Development of a cylindrical DC magnetron sputtering apparatus assisted by microwave plasma [J]. Vacuum, 2002, 66 (3-4): 275-278.

[29] Anders A, Yushkov Y G. Plasma "anti-assistance" and "self-assistance" to high power impulse magnetron sputtering [J]. Journal of Applied Physics, 2009, 105 (7): 073301.

[30] Rosocha L A. Nonthermal plasma applications to the environment: Gaseous electronics and power conditioning [J]. IEEE Transactions on Plasma Science, 2005, 33 (1): 129-137.

[31] Bruggeman P J, Iza F, Brandenburg R. Foundations of atmospheric pressure nonequilibrium plasmas [J]. Plasma Sources Science and Technology, 2017, 26 (12): 123002.

[32] Tendero C, Tixier C, Tristant P, et al. Atmospheric pressure plasmas: A review [J]. Spectrochimica Acta Part B-Atomic Spectroscopy, 2006, 61 (1): 2-30.

[33] Bruggeman P, Brandenburg R. Atmospheric pressure discharge filaments and microplasmas: Physics, chemistry and diagnostics [J]. Journal of Physics D: Applied Physics, 2013, 46 (46): 464001.

[34] Balcon N, Aanesland A, Boswell R. Pulsed RF discharges, glow and filamentary mode at atmospheric pressure in argon [J]. Plasma Sources Science and Technology, 2007, 16 (2): 217-225.

[35] Kim D B, Moon S Y, Jung H, et al. Study of a dual frequency atmospheric pressure corona plasma [J]. Physics of Plasmas, 2010, 17 (5): 053508.

[36] Cao Z, Nie Q Y, Kong M G. A cold atmospheric pressure plasma jet controlled with spatially separated dual-frequency excitations [J]. Journal of Physics D: Applied Physics, 2009, 42 (22): 222003.

第 3 章　等离子体化学基础

在低温等离子体中存在着多种化学反应，利用这些反应可以沉积和刻蚀材料、对材料表面处理改性、合成新的材料、降解废气与废水。这些反应可能是由等离子体和气体组分参与的化学反应，也可能是由等离子体中的组分与固体或液体相互作用的化学反应。因此，低温等离子体化学是研究等离子体诊断的基础，也是研究等离子体与表面相互作用、薄膜制备、表面改性、化学合成的基础。

3.1　化学反应的表征

化学反应千变万化，但本质上都是通过原子或原子团的重新组合而得到新物质。通过气体放电产生的等离子体中，富集了电子、离子、激发态的原子、分子及自由基等粒子，这些粒子都是极为活泼的反应物种。这些活泼反应物种的存在使得一些常规条件下不易实现的反应，在等离子体中得以进行，同时等离子体中存在的光、热辐射也可以有效地激活一些反应体系[1-2]。等离子体条件下的化学反应过程一般如下：①通过气体放电产生等离子体；②等离子体中的自由电子与气体中的原子和分子碰撞，由此引发原子、分子的内能变化，产生激发、离解和电离；③所产生的物质具有不稳定性，它们之间会发生各种化学反应，生成新的化合物。

在放电等离子体中，通过分子分解产生的电中性、化学上不稳定的碎片称为活性基团。不稳定且具有活性的中性单原子、多原子碎片也是活性基团。在本章描述化学反应的式中，原子用 A、B 表示，分子用 M 表示，活性基团用 R 表示，激发基团用 R^* 表示，原子、分子、活性基团的正离子表示为 A^+、M^+、R^+。有些基团被激发到量子力学选择定则限制的能级，在这些能级上不能通过电偶极辐射跃迁到较低的能态，结果这些基团有很长的寿命，称为亚稳基团。有些气体，在热力学上有利于电子附着在原子或分子上，这种类型的附着称为电子亲和，这种气体称为电负性气体。

表征化学反应过程的参数主要有：反应有效截面、平均自由程、碰撞频率、反应速率。

1）反应有效截面

气相中基团之间的相互作用概率取决于相互作用的总有效截面。由于等离子体中的相互作用有多种类型，如弹性碰撞、电离、激发、电荷转移、分解、复合等，每一种相互作用需要用特定的截面来表征。

2）平均自由程

对于存在相互作用的粒子 a 和粒子 b，粒子 a 在与粒子 b 发生碰撞前所经过的平均距离，定义为相互作用的平均自由程，由下式给出

$$\lambda_{ab} = \frac{1}{\sigma_{ab} n_b} \tag{3-1}$$

式中，σ_{ab} 为相互作用的截面，n_b 为粒子 b 的密度。

3）碰撞频率

以速度 v_a 运动的粒子 a 与一组静止的粒子 b 发生碰撞作用的频率用碰撞频率 ν_{ab} 表示

$$\nu_{ab} = \frac{v_a}{\lambda_{ab}} = v_a \sigma_{ab} n_b \tag{3-2}$$

4）反应速率

如果粒子 a 的密度为 n_a，则粒子 a 和粒子 b 的反应速率 R 为

$$R = n_a \nu_{ab} = n_a n_b \sigma_{ab} v_a \quad (\text{cm}^{-3} \cdot \text{s}^{-1}) \tag{3-3}$$

3.2　等离子体中的化学反应

等离子体中的化学反应可以分为同相反应和异相反应[1,3]。同相反应出现在气相中的基团之间，是电子与重粒子之间的非弹性碰撞或重粒子之间的非弹性碰撞过程所致。异相反应出现在等离子体基团与浸没在等离子体中或与等离子体接触的固体或液体表面之间。

3.2.1　同相反应

1. 电子与重粒子之间的反应

等离子体中的电子从外电场获得能量，并通过碰撞将能量转移给气体来维持放电等离子体。从电子到重粒子的能量转移主要通过非弹性碰撞过程。这些非弹性碰撞导致了各种反应，主要的反应如下。

1）激发

一定能量的电子与原子和分子等重粒子之间的碰撞可以产生原子和分子的受激态，如图 3-1 所示。反应如下

$$e + A \longrightarrow e + A^* \tag{3-4}$$

$$e + A_2 \longrightarrow A_2^* + e \tag{3-5}$$

$$e + AB \longrightarrow e + AB^* \tag{3-6}$$

重粒子的激发可能是振动、转动或电子激发。原子只能达到电子激发态，而分子

还可以达到振动和转动激发态。

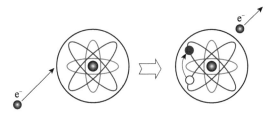

图 3-1 电子激发[3]

电子激发态通过电磁辐射发射能量可回到基态，这种辐射就是等离子体的紫外至可见光发射。受激基团在辐射衰减前的寿命较短，排除了这些基团参与附加反应的可能性。亚稳基团则不一样，因为亚稳基团不能通过直接辐射跃迁而回到基态，因而具有较长的寿命，可以连续参与其他反应。

2) 分解附着

当使用电负性气体时，低能电子（＜1eV）能够附着在气体分子上，如图 3-2 所示。如果这种附着导致相斥电子激发态的产生，一般分子会很快分解（≈10^{-13} s），产生负离子，过程如下

$$e+AB\longrightarrow A+B^- \tag{3-7}$$

负离子也可以通过分解电离反应而产生，过程如下

$$e+A_2\longrightarrow A^++A^-+e \tag{3-8a}$$

$$e+AB\longrightarrow A^++B^-+e \tag{3-8b}$$

反应（3-7）也被称为分解俘获，而反应（3-8a）、（3-8b）也被称为离子对形成反应。

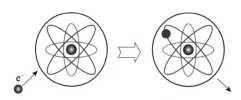

图 3-2 电子附着[3]

反应（3-8b）的阈值通常比分解俘获反应（3-7）的阈值高，因为正离子的形成需要相当高的能量。产生正离子反应的最大截面一般在 20～30 eV。分解附着反应的截面取决于电子动能和分子的性质。分解附着反应形成负离子的典型截面 σ 和最大截面处的电子碰撞能量 W_{max}，如表 3-1 所示。

表 3-1　分解附着反应形成负离子的典型截面 σ 和最大截面处的电子碰撞能量 W_{max}

分子	离子	W_{max}/eV	σ (W_{max})/($\times 10^{-17}$cm^2)
HI	I$^-$	～0.0	2300
I$_2$	I$^-$	0.3	300

续表

分子	离子	W_{max}/eV	$\sigma\,(W_{max})/(\times 10^{-17}cm^2)$
HBr	Br^-	0.28	27
HCl	Cl^-	0.81	1.99
O_2	O^-	6.7	0.143
CO_2	O^-	8.03	0.0482
H_2O	H^-	8.6	0.13
H_2	H^-	3.75	0.000016

3）分解

电子与分子的非弹性碰撞可以使分子分解而不形成离子，如图 3-3 所示。过程如下

$$e+A_2 \longrightarrow 2A+e \tag{3-9}$$

$$e+AB \longrightarrow e+A+B \tag{3-10}$$

分子分解只通过分子振动或电子激发而出现。绝大多数通过慢电子的分子分解是由电子激发诱导而产生的。只有在高于阈值时激发分子，才出现分解。处于振动激发态的分子，通过低能电子碰撞可以被进一步激发至分解态。

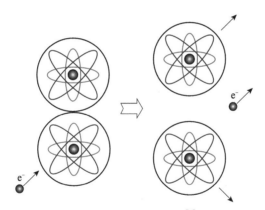

图 3-3　电子碰撞分解[3]

分解附着、分解电离和分解反应是低温等离子体中产生原子、自由基和负离子的主要来源。

4）电离

在分子气体放电中，电离主要通过电子碰撞而发生，如图 3-4 所示。电离可以产生正离子、负离子、原子离子和分子离子，过程如下

$$e+A_2 \longrightarrow A_2^+ +2e \tag{3-11a}$$

$$e+A_2 \longrightarrow A_2^- \tag{3-11b}$$

$$e+A_2 \longrightarrow A^+ +A+2e \tag{3-11c}$$

$$e+AB \longrightarrow 2e+A^+ +B \tag{3-11d}$$

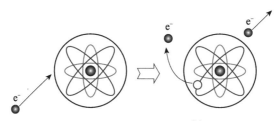

图 3-4　电子碰撞电离[3]

部分原子、分子的电离电势，如表 3-2 所示。由表可见，电离电势从 8.1 eV 到 27.6 eV，均高于低温等离子体的平均电子能量，因此在低温等离子体中，只有处于能量分布中的高能带尾处的电子对一步电离反应有贡献。有时电离可以通过分步过程而实现，低能电子碰撞引起分子一次激发到达亚稳态，亚稳态接着与电子碰撞而电离。

表 3-2　部分原子、分子的电离电势

基团	离子	电离电势/eV
Ar	Ar^+	15.8
Ar^+	Ar^{++}	27.6
F	F^+	17.4
H	H^+	13.6
He	He^+	24.6
N	N^+	14.5
O	O^+	13.6
Si	Si^+	8.1
CH_4	CH_4^+	13
C_2H_2	$C_2H_2^+$	11.4
H_2	H_2^+	15.4
HF	HF^+	17
H_2O	H_2O^+	12.6
N_2	N_2^+	15.6
O_2	O_2^+	12.2
SiH_4	SiH_4^+	12.2

反应（3-11b）也被称为共振反应或非分解俘获反应。当分子中含有大量原子时，反应（3-11d）可以产生大量不同的离子。几种处于基态的分子，其离化截面与电子能量的关系如图 3-5 所示。

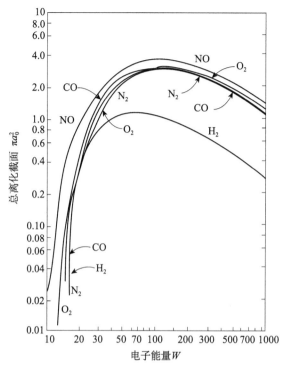

图 3-5　基态分子的离化截面与电子能量之间的关系[1]

在低温等离子体的大多数电离过程中，通常形成正离子。但是，当反应涉及的原子或分子具有电子亲和力时，低温等离子体中也能形成负离子，形成过程如式（3-7）、式（3-8a）和式（3-11b）所示。式（3-11b）的过程是一个非常慢的辐射附着，在几 eV 时典型截面为 $10^{-19}\,cm^2$。

5）复合

通过带相反电荷的粒子复合反应，带电粒子（电子和离子）会从等离子体中消失，如图 3-6 所示。电子与原子离子之间发生的复合会伴随着电磁辐射的光发射，这称为辐射复合，如图 3-7 所示，即

$$e + Ar^+ \longrightarrow A + h\nu \tag{3-12}$$

式中，h 为普朗克常量，ν 为辐射频率。$h\nu$ 表明释放的辐射能量。

另一方面，电子与分子离子复合过程中的能量释放，能够引起分子的分解，称作分解复合反应

$$AB^+ + e \Longleftrightarrow AB^* \longrightarrow A^* + B \tag{3-13a}$$

$$e + A_2^+ \longrightarrow 2A \tag{3-13b}$$

式（3-12）的电子与原子离子复合速率非常低，在 $10^{-13}\,cm^{-3} \cdot s^{-1}$ 左右。式（3-13a）、式（3-13b）电子与分子离子复合速率非常高，在 $10^{-10} \sim 10^{-9}\,cm^{-3} \cdot s^{-1}$。

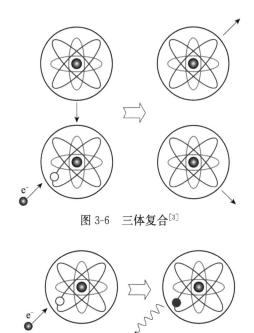

图 3-6 三体复合[3]

图 3-7 辐射复合[3]

2. 重粒子之间的反应

重粒子之间的反应出现在分子、原子、基团和离子的碰撞过程中。重粒子之间的反应可以分为离子-分子反应和基团-分子反应。离子-分子反应至少涉及一个离子，基团-分子反应只出现在中性基团之间。

气压为 1.33×10^2 Pa 时的气体分子密度为～3.5×10^{16} cm^{-3}。对于分解能量约 5 eV、电离能量为 10 eV 的气体维持的等离子体，在平均电子能量为 1 eV 时，分解分子的密度估计为 10^{14} cm^{-3}。在低温等离子体中，离子和电子的密度一般为 $10^9 \sim 10^{11}$ cm^{-3}，因此低温等离子体中，气体分子密度 n_n、离子（电子）密度 n_i 和基团密度 n_r 之间的关系为

$$n_i \ll n_r \ll n_n \tag{3-14}$$

根据这些粒子密度之间的关系，可以预计基团-分子反应通常比离子-分子反应更重要。但是，离子-分子反应对等离子体化学的贡献更大，能够增强等离子体中出现的总反应速率。

等离子体中重粒子之间的主要反应类型如下。

1）离子-分子反应

A. 离子复合

两个碰撞的离子能够复合形成基态分子，如图 3-8 所示，并通过辐射光的发射释放能量

$$A^+ + B^- \longrightarrow AB + h\nu \tag{3-15a}$$

两个离子碰撞也能够通过形成两个受激原子而导致离子的中性化

$$A^+ + B^- \longrightarrow A^* + B^* + h\nu \tag{3-15b}$$

由于离子复合释放的能量通常比中性基团激发所需的能量大，因此，剩余能量通过辐射而释放。

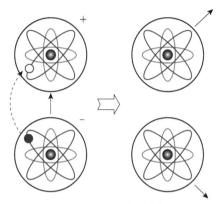

图 3-8　离子复合[3]

通过三体碰撞也可能发生离子-离子复合

$$M + A^+ + B^- \longrightarrow AB + M \tag{3-16}$$

式（3-15）的两体反应在非常低的气压时很重要，而三体复合在气压高于 1.33×10^{-1} Pa 时出现。

B. 电荷转移

在离子与中性粒子碰撞时可能发生电荷转移。电荷转移可以出现在相同物种之间

$$A + A^+ \longrightarrow A^+ + A \tag{3-17}$$

也可以出现在不同物种之间

$$B_2 + A^+ \longrightarrow B_2^+ + A \tag{3-18a}$$

$$A^+ + BC \longrightarrow A + BC^+ \tag{3-18b}$$

从式（3-17）可见，虽然电荷转移对反应产物没有影响，但事实上导致了较慢的离子和较快的中性粒子。式（3-17）对称过程的特征是大的反应截面。低能时，在式（3-18a，b）给出的反对称过程中，当参与反应的是分子时，特征一般是大的反应截面，而当参与反应的是原子时，特征是小的反应截面。电荷转移既可以发生在正离子参与的反应中，也可以发生在负离子参与的反应中。

当电荷转移发生在基团碰撞分解的过程时，如式（3-19）所示，这种反应被称为具有分解的电荷转移

$$A^+ + BC \longrightarrow A + B^+ + C \tag{3-19}$$

离子-分子电荷转移反应的典型反应速率系数在 $10^{-12}\sim10^{-10}\,\mathrm{cm^{-3}\cdot s^{-1}}$。

C. 重反应物转移

这种类型的离子-分子反应导致了新的复合基团的形成，如式（3-20）所示

$$A^+ + BC \longrightarrow \begin{cases} AB^+ + C \\ AB + C^+ \end{cases} \tag{3-20}$$

这种反应有时也被称为交换电离。发生这些重反应物转移的反应时，反应速率系数大于 $10^{-9}\,\mathrm{cm^{-3}\cdot s^{-1}}$。

D. 结合分离

在负离子与基团、离子的碰撞中，离子可以附着在基团上，通过释放电子而中性化，并形成新的化合物，结合分离反应如式（3-21）所示

$$A^- + BC \longrightarrow ABC + e \tag{3-21}$$

2）基团-分子反应

基团-分子反应只发生在中性基团起反应物作用的场合。活性基团可能是多原子基团，也可能是单原子基团，或多原子分子的碎片。基团是不稳定的，化学上非常活跃。典型的基团-分子反应如下。

A. 电子转移

这是两个中性粒子之间的反应，在中性粒子碰撞时，发生电子转移，结果形成两个离子

$$A + B \longrightarrow A^+ + B^- \tag{3-22}$$

这种反应需要至少一个分子具有很高的动能，这在低温等离子体中是很少出现的。

B. 电离

两个荷能中性粒子之间的碰撞可能引起其中一个粒子发生电离

$$A + B \longrightarrow A^+ + B + e \tag{3-23}$$

C. 潘宁电离/分解

潘宁（Penning）反应出现在荷能亚稳基团的碰撞过程中。当亚稳基团（B^*）与中性基团碰撞时，受激的亚稳基团将过多的能量传递给中性基团，引起电离或分解，如图 3-9 所示。过程如下

$$B^* + A \longrightarrow A^+ + B + e \tag{3-24a}$$

$$B^* + A_2 \longrightarrow 2A + B \tag{3-24b}$$

潘宁过程在由长寿命亚稳态气体混合物（如 Ar、He 等）维持的等离子体中特别重要。同时，潘宁电离的截面很大，可以提高这个过程的概率。

要发生潘宁反应，亚稳基团的能量必须高于其他参与反应基团的电离电势或分解电势。亚稳基团的能量在 $0\sim20$ eV 范围内（例如 Ar 为 11.5 eV、Ne 为 16.6 eV）。图 3-10 显示的是 N_2 在较低电子能量下，亚稳激发的截面远大于电离

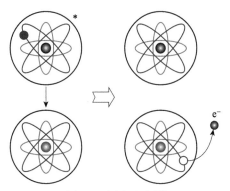

图 3-9　潘宁电离[3]

的截面。在这种条件下，电子碰撞引起大量亚稳粒子的形成。亚稳基团能够积累能量，达到比反应基团电离阈值更高的能量值。通过潘宁电离，亚稳基团可以释放能量。

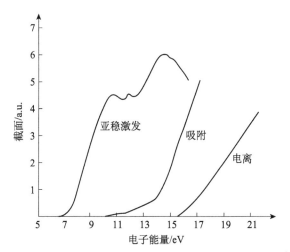

图 3-10　N_2 的亚稳激发和电离时截面与电子能量的关系[1]

潘宁分解是与潘宁电离相类似的过程，结果是使碰撞的分子分解为中性基团，而不是使其电离。

在亚稳原子与分子碰撞过程中，亚稳原子可以让自身电离而释放能量，过程如下

$$B^* + M \longrightarrow B^+ + M + e \tag{3-25}$$

当反应中涉及的分子是 SF_6 时，获释电子附着到 SF_6 分子上而形成负离子

$$B^* + SF_6 \longrightarrow B^+ + SF_6^- \tag{3-26}$$

D. 原子附着

这些反应与离子-分子反应中的结合分离反应相类似，但是只涉及中性基团

$$A+BC+M \longrightarrow ABC+M \tag{3-27}$$

E. 歧化反应

歧化反应与离子-分子反应中的重反应物转移反应相类似，但是只出现在中性基团之间

$$A+BC \longrightarrow AB+C \tag{3-28}$$

F. 基团复合

化学活性基团之间的碰撞可以引起基团的复合而形成稳定的分子。要求能量、动量同时守恒，以防止两个单原子基团直接复合。因此，单原子基团的复合只能通过多体碰撞而进行，第三个粒子可能是等离子体中的另一个粒子，或者是与等离子体接触的固体表面。多原子自由基的多自由度允许其内能重新分布，在两体复合时可以获得动量和能量的守恒。因此，多原子基团复合的碰撞效率接近于 1。

基团一般通过两种反应而复合

歧化反应 $\qquad 2C_2H_5 \longrightarrow C_2H_4 + C_2H_6 \tag{3-29}$

复合反应 $\qquad 2C_2H_5 \longrightarrow C_4H_{10} \tag{3-30}$

G. 化学发光

等离子体中原子或分子与其他原子碰撞过程中可能发生原子或分子的激发。激发可以在化学反应过程中出现，也可以在没有化学反应时出现。两种可能的过程如下

$$A^* + BC \longrightarrow A + BC^* \tag{3-31}$$

$$B + CA \longrightarrow BC^* + A \tag{3-32}$$

式 (3-31) 为潘宁型反应，受激基团 BC^* 一般通过辐射衰退，从受激态回到基态

$$AB^* \longrightarrow AB + h\nu \tag{3-33}$$

式 (3-31) ~ 式 (3-33) 是等离子体中可能出现的化学发光反应，对发光有贡献。

以 O_2 等离子体为例，可能的反应过程、反应截面和反应速率系数如表 3-3 所示。

表 3-3 O_2 等离子体的反应过程、反应截面 σ_{max} 和反应速率系数 k

反应过程	反应速率系数 $k/(cm^{-3} \cdot s^{-1})$	截面 σ_{max}/cm^2
电离		
①$e + O_2 \longrightarrow O_2^+ + 2e$		2.72×10^{-16}
②$e + O \longrightarrow O^+ + 2e$		1.54×10^{-18}
分解电离		
③$e + O_2 \longrightarrow O^+ + O$		1.0×10^{-16}

续表

反应过程	反应速率系数 $k/(\mathrm{cm^{-3} \cdot s^{-1}})$	截面 $\sigma_{max}/\mathrm{cm^2}$
分解附着		
④$e + O_2 \longrightarrow O^- + O$		1.41×10^{-18}
⑤$e + O_2 \longrightarrow O^+ + O + e$		4.85×10^{-19}
分解		
⑥$e + O_2 \longrightarrow 2O + e$		2.25×10^{-18}
亚稳基团形成		
⑦$e + O_2 \longrightarrow O_2(^1\Delta_g) + e$		3.0×10^{-20}
电荷转移		
⑧$O^+ + O_2 \longrightarrow O_2^+ + O$	2×10^{-11}	
⑨$O_2^+ + O \longrightarrow O + O_2$		8×10^{-16}
⑩$O_2^+ + O_2 \longrightarrow O_3^+ + O$		1×10^{-16}
⑪$O_2^+ + 2O_2 \longrightarrow O_4^+ + O_2$	2.8×10^{-30}	
	$2.5 \times 10^{-14} \ (E/p = 0.15 \ \mathrm{V/(cm \cdot Pa)})$	
⑫$O^- + O_2 \longrightarrow O_2^- + O$	$3.4 \times 10^{-12} \ (E/p = 0.34 \ \mathrm{V/(cm \cdot Pa)})$	
⑬$O^- + O_3 \longrightarrow O_3^- + O$	5.3×10^{-10}	
⑭$O^- + 2O_2 \longrightarrow O_3^- + O_2$	$(1.0 \pm 0.2) \times 10^{-30}$	
⑮$O_2^- + O \longrightarrow O^- + O_2$	5×10^{-10}	
⑯$O_2^- + O_2 \longrightarrow O_3^- + O$		$< 10^{-18}$
⑰$O_2^- + O_3 \longrightarrow O_3^- + O_2$	4.0×10^{-10}	
⑱$O_2^- + 2O_2 \longrightarrow O_4^- + O_2$	3×10^{-31}	
⑲$O_3^- + O_2 \longrightarrow O_2^- + O_3$		4×10^{-17}
⑳$O_4^- + O \longrightarrow O_3^- + O_2$	4×10^{-10}	
㉑$O_4^- + O_2 \longrightarrow O_2^- + 2O_2$	6×10^{-15}	
分离		
㉒$O^- + O \longrightarrow O_2 + e$	3.0×10^{-10}	
㉓$O^- + O_2 \longrightarrow O + O_2 + e$		7×10^{-16}
㉔$O^- + O_2(^1\Delta_g) \longrightarrow O_3 + e$	$\sim 3.0 \times 10^{-10}$	
㉕$O_2^- + O \longrightarrow O_3 + e$	5.0×10^{-10}	
㉖$O_2^- + O_2 \longrightarrow 2O_2 + e$		7×10^{-16}
㉗$O_2^- + O_2(^1\Delta_g) \longrightarrow 2O_2 + e$	$\sim 2.0 \times 10^{-10}$	
电子-离子复合		
㉘$e + \left\{\begin{array}{l} O \\ O_2^+ \\ O_3^+ \\ O_4^+ \end{array}\right\} \longrightarrow \left\{\begin{array}{l} O \\ 2O \\ O+O_2 \\ 2O_2 \end{array}\right\}$	$\leqslant 10^{-7}$	

续表

反应过程	反应速率系数 k/（$cm^{-3} \cdot s^{-1}$）	截面 σ_{max}/cm^2
离子-离子复合		
㉙ $\begin{Bmatrix} O^- \\ O_2^- \\ O_3^- \\ O_4^- \end{Bmatrix} + \begin{Bmatrix} O^+ \\ O_2^+ \\ O_3^+ \\ O_4^+ \end{Bmatrix} \longrightarrow \begin{Bmatrix} O \\ O_2 \end{Bmatrix}$	$\sim 10^{-7}$	
原子复合		
㉚ $2O + O_2 \longrightarrow 2O_2$	2.3×10^{-33}	
㉛ $3O \longrightarrow O + O_2$	1.5×10^{-34}	
㉜ $O + 2O_2 \longrightarrow O_2 + O_2$	$1.9 \times 10^{-35} \exp (2100/(RT))$	
㉝ $O + O_3 \longrightarrow 2O_2$	$2.0 \times 10^{-11} \exp (-4790/(RT))$	
㉞ $O \xrightarrow{\text{器壁}} O_2$	电离系数 $\gamma = 1.6 \times 10^{-4} \sim 1.4 \times 10^{-2}$ （$T = 20 \sim 600$℃）	

3.2.2 异相反应

暴露在等离子体中的固体表面（S）与等离子体基团相互作用时，结果会出现异相反应。等离子体基团可能是等离子体中形成的单原子（A、B）、单分子（M）、简单基团（R）或聚合物（P）。典型的异相反应如下。

1）吸附

当等离子体中的分子、单体或基团与暴露在等离子体中的固体表面相接触时，分子、单体或基团能够吸附在表面上。吸附反应如下

$$M_g + S \longrightarrow M_s \tag{3-34}$$

$$R_g + S \longrightarrow R_s \tag{3-35}$$

式中，下标 g、s 分别表示气相或固相中的基团。绝大多数基团可能与表面相互作用，结果沉积的薄膜成分将主要取决于所有成膜基团的相对通量。

2）复合或形成化合物

等离子体中的原子或基团能够与吸附在表面的基团反应而结合形成化合物，过程如下

$$S-A + A \longrightarrow S + A_2 \tag{3-36a}$$

$$S-R + R_1 \longrightarrow S + M \tag{3-36b}$$

S—A 表明原子 A 吸附在表面 S 上。在复合过程中，参与反应的粒子能量一般以对表面加热的方式而释放。表面复合的速率取决于表面的接触性质。

3）亚稳基团的退激发

等离子体中的受激亚稳基团 M* 通过与固体表面的碰撞释放能量而回到基

态，如图 3-11 所示。亚稳基团的退激发反应如下

$$S+M^* \longrightarrow S+M \tag{3-37}$$

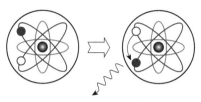

图 3-11 退激发[3]

4）溅射

暴露在等离子体中的固体表面相对于等离子体通常为负电势，会引起等离子体中的正离子加速向表面运动。如果离子 A^+ 到达表面时具有足够的能量，可能使固体表面的原子离开表面，即

$$S-B+A^+ \longrightarrow S^+ +B+A \tag{3-38}$$

这个过程被称为溅射。式（3-38）中的原子 B 可能从固体表面离开，也可能吸附在固体表面上。被溅出的中性原子进入等离子体时带有几电子伏的动能。作为固体内碰撞歧化反应的结果，几乎 95% 的溅出原子来源于表面几埃的薄层。

5）聚合

等离子体中的基团可以与表面吸附的基团发生反应，形成聚合物

$$R_g+R_s \longrightarrow P_s \tag{3-39a}$$

$$M_g+R_s \longrightarrow P_s' \tag{3-39b}$$

在固体表面吸附的基团之间，也可能发生聚合或基团的形成

$$R_s+R_s' \longrightarrow P_s \tag{3-40a}$$

$$M_s+R_s \longrightarrow R_s' \tag{3-40b}$$

3.3　化学反应链

等离子体中的化学过程有几个步骤：起始、增殖、终止、再起始，这些步骤组成化学反应链[1]。在起始阶段，荷能电子或离子与分子碰撞产生自由基或原子。通过气相中分子的分解或通过基片表面吸附分子的分解或通过沉积薄膜表面吸附分子的分解，形成基团。这些分子和基团都是吸附在暴露于等离子体的表面上。反应的增殖步骤可以在气相中和固体表面上同时发生。在气相中，增殖涉及离子-分子反应和基团-分子反应中基团、离子及分子之间的相互作用。在固体表面，增殖可以通过表面自由基与气相或吸附的分子、基团或离子之间的相互作用而进行。在终止步骤，类似于增殖过程的反应导致最终产物的形成。当沉积的薄膜或聚合物受到荷能粒子的碰撞或吸收光子，引起薄膜或聚合物分解，产生的基

团再次进入反应链，又开始重复起始阶段。

以 $Ar+H_2+SiCl_4$ 的等离子体增强化学气相沉积（PECVD）法制备非晶 Si 为例，化学反应链的复杂性如图 3-12 所示。图中给出了起始、增殖、终止步骤中所发生的各种类型反应。在 PECVD 沉积薄膜工艺中，防止同相气体中主反应链的终止，或防止出现可以导致固体粉末形成的同相反应是非常重要的，因为这些同相反应将影响薄膜沉积速率和薄膜质量。

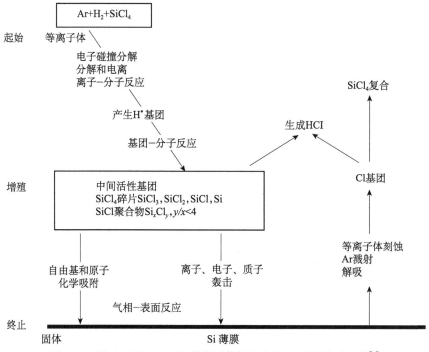

图 3-12　以 $Ar+H_2+SiCl_4$ 等离子体沉积非晶 Si 的化学反应链[1]

在低温等离子体反应器中可能发生的不同反应类型如图 3-13 所示。在等离子体条件下的反应可能形成一些等离子体基团和最终产物，这些基团和最终产物在常规热力学平衡条件下是得不到的。

3.4　等离子体与表面相互作用

在等离子体中，由于存在荷能粒子和电磁辐射，需要考虑荷能粒子和电磁辐射与暴露在等离子体中的固体表面之间的相互作用，包括粒子的吸附与解吸附、离子注入、粒子表面扩散、离子辅助过程、碰撞作用等。这些相互作用可以导致各种物理作用、表面反应、能量传递、薄膜沉积和等离子体诱导损伤，对表面化学反应和被处理表面性能具有显著影响[1,3-5]。

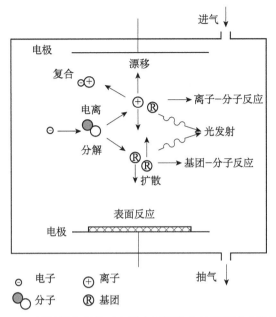

图 3-13　低温等离子体反应器中可能发生的不同反应类型[1]

3.4.1　等离子体与固体表面的作用

等离子体中包含了电子、离子（正离子、负离子）、中性基团（原子、亚稳基团、活性基团）和光子等多种粒子，各种粒子与固体表面的基本作用如图 3-14 所示。根据粒子的通量密度和动能（图 3-15），等离子体与固体表面的相互作用大致可以分为以下三种情况：①以电子激发为主的、距固体表面较远的反应；②以表面吸附粒子为主的固体表面反应；③以荷能粒子为主的、在固体表面内浅层中的动能传递与反应。

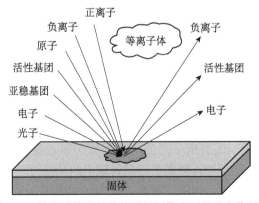

图 3-14　等离子体中各种粒子与固体表面的基本作用[4]

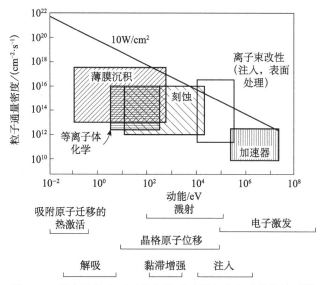

图 3-15　等离子体表面反应与粒子通量密度和动能的关系[1]

在等离子体的原子激发或电离过程中，通过辐射发光的退激发、双电子俄歇过程的退激发、共振过程，产生电子跃迁，将能量传递给固体表面，形成以电子激发为主的、距固体表面较远的反应。

以表面吸附粒子为主的固体表面反应与吸附粒子的化学状态有关。粒子在固体表面上的停留分为物理吸附和化学吸附，物理吸附物种通过范德瓦耳斯键发生键合，化学吸附物种则通过共价键等发生键合。在低温等离子体中，反应气体发生了离解、电离和其他过程，因此会产生反应物种，它们可以通过化学吸附与表面紧密结合，与表面原子形成共价键。

在固体表面内浅层中的动能传递及反应与较高能量的离子有关。在很多等离子体应用中会涉及较高能量（100～1000 eV）的离子。当这些离子作用到固体表面时，离子通过与固体材料的原子核和电子的相互作用，将能量传递给晶格原子，产生非常短暂的（10^{-12}～10^{-11} s）晶格原子碰撞歧化反应。这种空间上非常小、时间上非常短的歧化反应，可以促进在室温条件下根本不能进行或进行得非常慢的化学反应。离子能量的传递可以导致低温等离子体工艺在材料合成和蚀刻过程中产生一些独特效果，例如薄膜的柱状生长结构、材料的垂直刻蚀特性。荷能离子与固体材料的相互作用，还可以引起材料从固体表面喷发，这种现象称为溅射，如图 3-16 所示。入射离子产生的溅射原子数目定义为溅射增益。溅射增益取决于入射离子的能量和入射离子与溅射原子的质量比。溅射性能用阈值能表征，取决于入射离子和表面原子。溅射阈值能在 10～50 eV。高于阈值能时，溅射增益随离子能量的增加而增大。

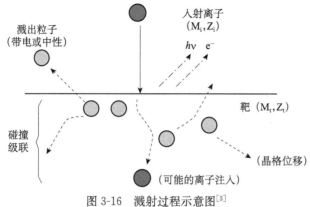

图 3-16　溅射过程示意图[3]

3.4.2　离子和电子诱导的表面化学反应

对于暴露在等离子体中的表面，紫外线和软 X 射线的能量足以使化学键断裂，因此，表面发生的反应主要受紫外线和软 X 射线影响。但是，荷能粒子对固体表面的轰击作用，也对表面的化学反应和反应速率具有影响。

当固体表面暴露在等离子体中时，电子轰击可以引起：①固体表面的二次电子发射；②电子激活的气相基团与固体表面之间的化学反应；③电子诱导的吸附分子分解与解吸，即电子轰击表面吸附的基团，引起基团碎裂，部分碎片继续附着在固体表面，其他碎片解吸后进入气相；④敏感材料的晶格损伤。

由于离子动能远比电子动能大，当离子轰击固体表面时，可以引起更有效的表面增强作用：①反应基团的产生；②离子向表面内的扩散；③气相基团在固体表面的非分解吸附；④吸附基团的分解，吸附基团与固体表面反应形成吸附分子；⑤挥发基团从固体表面解吸进入气相，非反应基团从表面去除；⑥挥发基团远离表面的扩散。这些过程如图 3-17 所示。

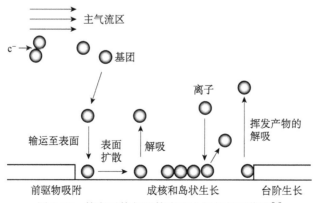

图 3-17　等离子体与固体表面之间的相互作用[3]

挥发产物的形成及其从被处理的表面去除过程，就是基本的刻蚀过程。以碳氟等离子体刻蚀 Si 或 SiO$_2$ 为例，刻蚀过程如图 3-18 所示。在过程（3）和（5）中，电子激活的气相基团（F）与固体（Si）表面之间发生化学反应，形成 SiF$_4$；在离子轰击作用下，SiF$_4$ 从固体表面解吸附，进入气相。

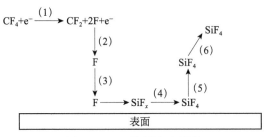

图 3-18　Si 的刻蚀过程[3]

在荷能粒子对固体表面的轰击作用中，离子轰击改变和促进基片上的化学反应是最有效的。除了物理溅射，离子增强的化学过程是荷能离子与表面碰撞最重要的结果。通过动量传递和增强扩散，离子轰击可以促进近表面层的原子混合。这种轰击对改善薄膜的质量特别重要。同时，离子轰击还可以增强材料的刻蚀。

3.4.3　能量传递

等离子体与表面的相互作用还包含能量的传递。通过光辐射和中性粒子、离子的作用，能量可以从等离子体传递到固体表面。

光辐射可能是红外、紫外–可见光、软 X 射线。当辐射被固体表面吸收时，辐射一般转变成热。若表面是聚合物，紫外辐射的吸收也可以使聚合物断裂而产生自由基，自由基与等离子体基团发生反应。

中性粒子的能量包括动能、振动能、分解能（自由基）和激发能（亚稳态）。动能和振动能的传递可以引起固体表面的加热效应。分解能也可以通过聚合物表面的分解反应或固体表面的基团吸附与复合而传递。亚稳基团只能通过碰撞释放能量，引起固体表面的加热效应或聚合物表面自由基的形成。

离子的能量包括动能、振动能和激发能。在负偏压或外加偏压的作用下，离子向暴露在等离子体中的表面做加速运动。如果离子能量足够高，离子轰击能够影响固体表面的性质。在射频等离子体中，离子到达固体表面时的动能取决于在半个射频周期中离子通过的距离与等离子体鞘层宽度的比值。离子通过的距离与离子迁移率、鞘电场、维持等离子体放电的电磁场频率有关。如果离子在半个周期中通过的距离大于鞘层的宽度，离子就能够带着能量撞击固体表面。对于电悬浮的表面，离子到达时能量一般接近 5 eV，能够引起烧蚀或表面产生静电。对于施加偏压的表面，离子到达时动能可以达到上百 eV，通过对表面加热或溅射而使能量消耗。

3.4.4　薄膜沉积与性能调控

采用低温等离子体在基底上形成薄膜是典型的等离子体与固体表面相互作用之一。将原子和分子等气相物质附着或吸附到表面上的过程为气相沉积。如果这些气相物质是化学反应性分子或自由基，则该过程为化学气相沉积（CVD）。通过气体放电，让电子与气相分子相碰撞，在气相中产生活性物质（即自由基或分子碎片），这个过程则称为等离子体增强的化学气相沉积（PECVD）。在 PECVD中，等离子体中产生的化学反应物质（如分子碎片或自由基）吸附在固体表面上。被吸附的物质可能扩散到表面，并可能发生反应，也可能形成挥发性物质，最终被解吸。挥发性物质解吸后，剩余的原子形成额外的悬挂键，与表面原子形成化学键。这样，表面上剩余的原子就固定在表面上，形成了表面的新层，从而形成薄膜。因此，等离子体中和固体表面的化学反应决定了最终形成的薄膜的组分、结构和性质。

在薄膜沉积过程中，最终形成的薄膜的性能除了与放电等离子体性能直接相关，还可以利用基片偏压来调控。这种调控生长的基本过程是：基片上施加偏压功率后产生适度的负的自偏压，在负的自偏压作用下离子能量增加，能量适中的离子与基片作用，将动能转移给吸附原子，从而改善吸附原子的表面迁移扩散运动，因此，通过这种等离子体表面的相互作用，可以改善薄膜的生长和性质。例如，利用基片偏压的调控作用，使薄膜结构致密化，提高薄膜的抗氧化性能，减小或消除金属层中的柱状结构，改变薄膜的应力，改善薄膜与基片之间的附着性能。

3.4.5　刻蚀与等离子体诱导损伤

低温等离子体刻蚀是等离子体与固体表面相互作用的又一种典型表现。等离子体刻蚀的基本过程为：低压气体中的电子被电场加速，通过与原子和分子的非弹性电子碰撞产生离子、原子、自由基、激发态物种等。中性粒子和离子吸附在与等离子体接触的表面，与表面原子发生反应。对于等离子体刻蚀，要根据被刻蚀的材料和掩模选择反应分子，反应产物必须在室温附近具有良好的挥发性。为了加速刻蚀反应并使蚀刻具有方向性，可以采用离子轰击。

但是，在等离子体刻蚀或处理固体表面时，离子通过加热作用，释放大部分能量。如果离子能量太高或者通量太大，表面吸附的基团可以解吸，固体材料的键可能断裂，在固体中可能出现损伤。例如，在反应离子刻蚀过程中，当施加几百伏负偏压时，被刻蚀材料受到高能离子的轰击作用，可能导致键断裂，或者表面层产生缺陷，出现等离子体诱导的损伤效应。

参 考 文 献

［1］ Grill A. Cold Plasma in Materials Fabrication：From Fundamentals to Applications ［M］. New York：IEEE Press，1994.

［2］ 许根慧，姜恩永，盛京，等 . 等离子体技术与应用 ［M］. 北京：化学工业出版社，2006.

［3］ Chen F F, Chang J P. Lecture Notes on Principles of Plasma Processing ［M］. New York：Plenum/Kluwer Publishers，2002.

［4］ Oehrlein G S，Hamaguchi S. Foundations of low-temperature plasma enhanced materials synthesis and etching ［J］. Plasma Sources Science and Technology，2018，27 （2）：023001.

［5］ von Keudell A. Surface processes during thin-film growth ［J］. Plasma Sources Science and Technology，2000，9 （4）：455-467.

第 4 章　低温等离子体的探针诊断

静电探针法是最古老的但又是最常用的低温等离子体诊断方法。静电探针由朗缪尔于 1923 年发明,因此通常称为朗缪尔探针(Langmuir probe)。1926 年,莫特-史密斯(Mott-Smith)和朗缪尔对静电探针原理进行了详细的分析。随后,在扩展静电探针应用的过程中,各种静电探针的测量技术得到不断完善和发展。本章将介绍探针的测量方法、基本原理及其主要应用。

4.1　朗缪尔探针诊断的基本方法

4.1.1　朗缪尔探针的结构与工作电路

将一根金属探针插入等离子体中,在它上面相对另一个金属电极施加正或负的偏置电压以收集电子或离子电流,这就构成了朗缪尔探针[1-6],如图 4-1 所示。如果以接地的金属真空室器壁为另一个电极,称为单探针方法。这时与等离子体接触的两个探针表面积相差几个数量级。如果向等离子体中插入两个面积相同的金属探针,则称为双探针方法。

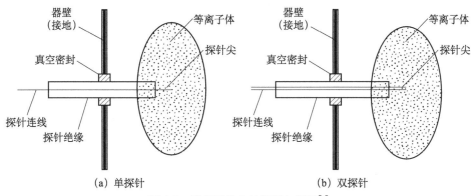

(a) 单探针　　　　　　　　　　　　(b) 双探针

图 4-1　等离子体中的朗缪尔探针[3]

单探针的基本结构如图 4-2 所示。一个简单的圆柱状朗缪尔探针为一根细钨丝,直径在零点零几毫米至 1 mm 之间,钨丝外面包有薄的绝缘材料,通常为氧化铝陶瓷管,直径为几毫米。暴露在等离子体中的探针头(即从绝缘外套中伸出的部分)长度为 2~10 mm。在直流放电情况下,该绝缘层可以装在接地的金属屏蔽管内。在制作探针时要求探针收集面的尺寸和绝缘保护部分的尺寸与等离子体的尺寸相比要很小,因为这些部分对探针周围的等离子体存在干扰。

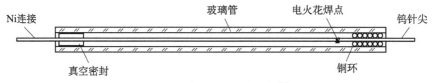

图 4-2　单探针的基本结构[4]

图 4-3 为一种商售的探针结构。它包括探针头、补偿电极和参考电极三个部分。探针头采用插入式,易于更换。

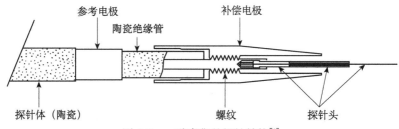

图 4-3　一种商售的探针结构[6]

探针头部应采用高熔点的金属材料(如钨、钽、铂、金等)或石墨制作,通常采用钨丝。图 4-4 为采用石墨探针头的探针结构。探针头可以是球形、圆柱形和平面形等简单结构,如图 4-5 所示,例如,将一个小平板焊在探针尖端,可得到一个平面探针;将一个圆球焊在尖端,可得到一个球探针。由于探针对等离子体会产生干扰,因此要求探针头的尺寸尽可能小,目前已有直径为微米量级的探针,但是,太细的探针在制作时比较困难。

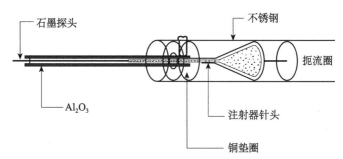

图 4-4　采用石墨探针头的探针结构[4]

在实际应用中,由于要求探针头可更换、探针体可移动以及真空密封,因而使得探针结构变得复杂,图 4-6 是典型的实用探针结构示意图。探针装置被置于一个不锈钢或玻璃管内,然后在探针位于真空室的外端处作真空密封处理。

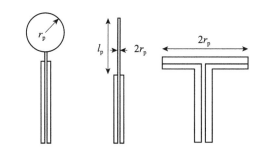

图 4-5　球形探针、圆柱形探针和平面形探针的简单结构[1]

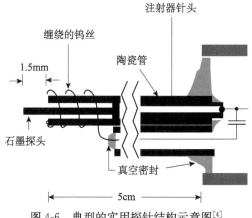

图 4-6　典型的实用探针结构示意图[4]

　　测量探针电流（I）-电压（V）特性的简单实验装置如图 4-7 所示。除了探针，还需要一个电压可扫描的直流电源（通常电压扫描范围为±100 V）和一个 I、V 测量数据的采集处理设备。它可以采用示波器、X-Y 记录仪、电压表或计算机。

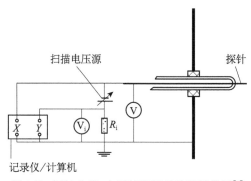

图 4-7　探针电流-电压特性测量装置结构图[3]

4.1.2 朗缪尔探针的电流-电压特性

典型的单探针电流-电压特性曲线如图 4-8 所示。设探针相对于地的偏置电压为 V，等离子体相对于地的电势为 V_p，探针 I-V 特性曲线分为三个区域[4]。

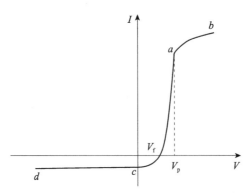

图 4-8 典型的单探针电流-电压特性曲线[4]

1. 饱和电子电流区 (ab 段)

当 $V \geqslant V_p$ 时，探针收集的电流主要来自电子，定义这时的电流方向为正（即从探针流向等离子体的电流方向为正）。在 $V = V_p$ 处，I-V 特性曲线发生急剧转变，这个转变点称为拐点。当增加 V 并使其超过 V_p，即 $V > V_p$ 时，全部正离子都受鞘层拒斥场的作用不能到达探针表面，只有电子能被探针收集，探针电流将趋于饱和而达到电子饱和电流值。

2. 饱和离子电流区 (dc 段)

在该区，探针电势远低于等离子体空间电势，即 $V \ll V_p$。此时，全部电子都受鞘层拒斥场的作用不能到达探针表面，只有正离子能被探针收集，离子电流逐渐变为探针电流的主要来源（相当于流向等离子体的负电流），探针电流趋向于离子饱和电流值。由于离子的质量远大于电子，所以离子饱和电流远小于电子饱和电流。

3. 过渡区 (ac 段)

在该区，探针电势低于等离子体空间电势，即 $V < V_p$，根据玻尔兹曼关系式，电子将被排斥。落在鞘层表面的正离子全部能到达探针表面，构成探针电流（I_p）的一部分，但比电子电流小很多。过渡区的 I-V 曲线呈指数函数关系，当采用与探针电压的半对数关系时，如果电子是麦克斯韦分布，它应该是一条直线

$$I_e = I_{es} \exp\left[\frac{e(V_p - V)}{kT_e}\right] \tag{4-1}$$

$$I_{es} = \frac{eAn_e v}{4} = e n_e A \left[\frac{kT_e}{2\pi m}\right]^{1/2} \tag{4-2}$$

其中，A 是暴露在等离子体中的探针面积，I_{es} 是饱和电子流。从方程式（4-1）可见，$\ln I$-V 呈线性关系，其斜率为 $1/(kT_e)$，因此从斜率可以获得电子温度。

当偏压减小到 V_f 时，探针电势相对于等离子体电势足够负，从而使得电子和离子电流相等，即 $I=0$。V_f 称为悬浮电势，也就是绝缘探针（它不能收集电流）处的电势。

根据探针 I-V 特性曲线，当 $V \geqslant V_p$ 时，探针电流到达电子饱和电流；而当 $V < V_p$ 时，探针电流按指数函数衰减。因此，在 I-V 曲线上的 $V = V_p$ 处会出现一拐点，此拐点对应的电压值即为等离子体空间电势 V_p。原则上讲，朗缪尔单探针 I-V 特性曲线从过渡区到电子饱和电流区应该有明确的拐点；在低温、无磁场、直流放电的理想情况下，曲线的"拐点"非常尖锐并且成为测量 V_p 的好方法。但是，这种明显拐点的情况非常少。由于探针的边缘效应（即有限表面积）等原因，当 $V > V_p$ 之后，V 继续增大时，鞘层表面积随 V 而增大。因此进入整个鞘层表面的电子数继续增加。由于进入鞘层表面的电子都落到探针上，故探针电流 I_p 也继续增加，使得拐点位置变得难以确定。这就是用单探针难以准确测定等离子体空间电势 V_p 的主要原因。同时，外界因素的影响，如碰撞和磁场，会降低 I_{es} 的大小和拐点的弯曲度，也使 V_p 很难测量。实际的电感耦合放电等离子体中，探针 I-V 特性曲线如图 4-9 所示，通常没有明显的拐点。

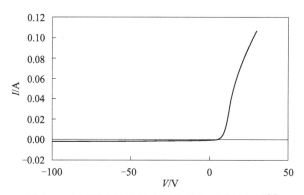

图 4-9　电感耦合放电等离子体的 I-V 特性曲线[4]

4.1.3　从探针 *I*-*V* 特性曲线获取等离子体参数

借助于探针电流-电压关系，可以确定等离子体的基本参数：电子密度 n_e、离子密度 n_i、电子温度 T_e、等离子体空间电势 V_p、悬浮电势 V_f 和电子能量分布函数[5]。

1. 等离子体空间电势 V_p、悬浮电势 V_f

I-V 特性曲线与横坐标（V）的交点（即 $I=0$ 处的电势值）为悬浮电势 V_f。此时流经探针的电子电流与离子电流大小相等而方向相反。

在 I-V 特性曲线的过渡区和电子饱和区分别画直线，两条直线的相交点对应的电势即为等离子体空间电势 V_p。

如果 I_{es} 是弯曲的，可以采用下列两种方法获得等离子体空间电势 V_p。

第一种方法是先测量 V_f，然后用方程（4-3）来计算 V_p

$$V_f = V_p - \frac{kT_e}{2e} \ln\left[\frac{2M}{\pi m}\right] \tag{4-3}$$

第二种方法是取 I_e 开始偏离指数增长的那一点，也就是 $I_e'(V)$ 最大或 $I_e''(V)$ 为 0 的点对应的电势，即为等离子体空间电势 V_p。

2. 电子温度 kT_e

在过渡区，探针电流 I_p 与鞘层电场之间呈指数函数关系

$$I_p = I_e - I_i \approx I_e = I_{e0} \exp\left[\frac{e(V - V_p)}{kT_e}\right] \quad (\text{mA}) \tag{4-4}$$

对上式取对数，可得

$$kT_e = \frac{e(V - V_p)}{\ln I_p - \ln I_{e0}} \quad (\text{eV}) \tag{4-5}$$

因此，将实验测得的 I-V 特性曲线取半对数，获得的 $\ln I_p$ 与 V 在过渡区内呈线性关系，由该直线斜率的倒数可获得等离子体的电子温度 kT_e。

在从 I 中获取 I_e 之前，需要从 I 中减去离子电流 I_i。离子电流 I_i 是将经过 I_{sat} 的直线外延到电子区而近似得到的。

3. 电子密度 n_e 与离子密度 n_i

在饱和电子电流区，电子饱和电流 I_{e0} 的表达式为

$$I_{e0} = j_{e0} A = \frac{1}{4} e n_e A \overline{v}_e = 2.7 \times 10^{-9} n_e A \sqrt{kT_e} \quad (\text{mA}) \tag{4-6}$$

由此可得电子密度 n_e 为

$$n_e = 3.7 \times 10^8 I_{e0}/(A\sqrt{kT_e}) \quad (\text{cm}^{-3}) \tag{4-7}$$

其中探针的表面积 A 的单位为 cm^2。

根据等离子体的电中性条件，可得离子密度 n_i 为

$$n_i = n_e \quad (\text{cm}^{-3}) \tag{4-8}$$

4. 电子能量分布函数

在过渡区，探针电流（电子电流）来自于对电子能量分布函数的积分，因此，对实验测得的 I-V 特性曲线的过渡区部分求微分，可以得到电子的能量分布函数。

4.1.4 双探针技术

双探针是在没有合适接地电极的等离子体诊断中通常采用的方法[2]。图 4-10（a）为双探针的测量原理图，图 4-10（b）为典型的双探针 I-V 特性曲线。由于两个

探针收集的净电流为零，因此它们的电势均低于等离子体电势。如果两个探针之间的电势差 $V \neq 0$，电流将在两个探针间流动。当 V 变得很大时，电势偏低的探针（在此处为探针 2）基本上收集离子饱和电流，它等于探针 1 收集的净电子电流。此探针系统的优点是其净电流值绝不会超过离子饱和电流，所以能最大限度地降低对放电的干扰，但是每个探针都只收集处于分布函数高能尾部的电子，这些电子的分布不能代表放电中主体电子的分布。

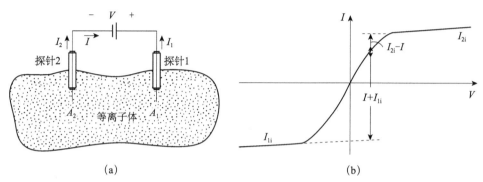

图 4-10　双探针的测量原理图（a）和典型的双探针 I-V 特性曲线（b）[1]

双探针的工作原理如下：设探针 1 和 2 收集的离子电流和电子电流分别为 I_{1i}、I_{2i}、I_{1e}、I_{2e}，那么系统悬浮（整个探针系统流向等离子体的净电流为零）的条件为

$$I_{1i} + I_{2i} - I_{1e} - I_{2e} = 0 \tag{4-9}$$

回路中的电流为

$$I = I_{1e} - I_{1i} = I_{2i} - I_{2e} \tag{4-10}$$

对于电子电流，有

$$I_{1e} = A_1 J_{esat} e^{V_1/T_e}, \qquad I_{2e} = A_2 J_{esat} e^{V_2/T_e} \tag{4-11}$$

其中，J_{esat} 为电子饱和电流密度，V_1 和 V_2 为相对于等离子体电势的探针电势。由 $V = V_1 - V_2$，并将式（4-11）代入式（4-10）中，得到

$$\frac{I + I_{1i}}{I_{2i} - I} = \frac{A_1}{A_2} e^{V/T_e} \tag{4-12}$$

若 $A_1 = A_2$，则 $I_{1i} = I_{2i} \equiv I_i$，式（4-12）简化为

$$I = I_i \tanh\left(\frac{V}{2T_e}\right) \tag{4-13}$$

将式（4-13）与实验得到的数据曲线相拟合，可以得到 T_e 和 I_i，并由 I_i 得到 n。也可以采用更简单方法测定 T_e，取 $A_1 = A_2$，计算 I-V 特性曲线在原点（$V = 0$）处的斜率可得

$$\left.\frac{\mathrm{d}I}{\mathrm{d}V}\right|_{V=0} = \frac{I_i}{2T_e} \tag{4-14}$$

对于圆柱形探针，式（4-13）和式（4-14）的 I_i 都是由延长线得到，即图 4-10 （b）中的虚线。

4.1.5 探针诊断的条件、优点与缺点

1. 探针的使用条件[1]

探针应在以下条件下使用：

（1）不存在强磁场；

（2）电子和离子的平均自由程 λ_e、λ_i 大于探针尺寸，即等离子体是稀薄的；

（3）探针周围的空间电荷鞘层的厚度比探针尺寸小；

（4）空间电荷鞘层以外的等离子体基本上不受探针干扰，其中的电子和离子速度分布都服从麦克斯韦分布；

（5）电子和离子到达探针表面后都被完全吸收，不产生次级电子发射，也不与探针材料发生反应；

（6）被测空间是电中性的等离子体空间。

2. 探针诊断的优点与缺点[1]

与其他诊断方法相比较，探针诊断的最重要的优点如下：

（1）探针测量所需的实验装置比较简单；

（2）从探针数据可以获得等离子体的大量参量（如 n_e、n_i、T_e、f_e、V_p、V_f）及其时间、空间分布。

探针诊断方法的缺点如下：

（1）探针数据的处理方法有一定的任意性，取决于对等离子体性质的假设；

（2）探针的存在可以使等离子体受到扰动；

（3）在包含了波动、振荡和波的等离子体中，探针方法的应用非常困难，有时不能应用探针诊断；

（4）难于评估探针表面的二次电子和光发射的影响，以及探针表面的反射对带电载流子的影响；

（5）在测量过程中，重粒子能够沉积在探针表面形成薄膜或破坏探针表面，这会改变探针表面的性质，使探针数据难于准确分析；

（6）探针直接与等离子体相接触，这使得探针的应用局限于低温等离子体，在高温等离子体设备中，探针仅局限于在边界等离子体中应用。

4.2 朗缪尔探针的基本理论

4.2.1 无碰撞鞘层

等离子体与探针壁之间是通过电势鞘层连接的，如图 4-11 所示。从左至右

分别为等离子体区、预鞘层、德拜鞘层、蔡尔德-朗缪尔鞘层以及探针壁。

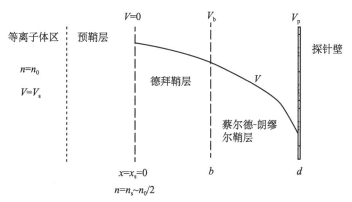

图 4-11 等离子体与探针壁之间的鞘层与电势分布[2]

在等离子体区，电子和正离子密度相等，保持电中性，无电场分布。正、负带电粒子由于热运动进入到预鞘层。在预鞘层区存在一个指向德拜鞘层的弱电场，在该电场的加速下，离子以一定的初速度进入德拜鞘层。在德拜鞘层中，电子密度 n_e 随电势的下降而呈指数减少。当进入蔡尔德-朗缪尔鞘层后，其密度几乎可以忽略，在该鞘层中以离子分布为主，是个离子鞘。

上述这种关于鞘层分布的理论是建立在低气压、无碰撞的基础之上，所以也被称作无碰撞鞘层模型[2]。其具体的假设为：

（1）电子具有麦克斯韦分布，且温度为 T_e；

（2）离子是冷的（$T_i = 0$）；

（3）等离子体-鞘层边界（即电中性与非中性两区域的界面）的位置是 $x = 0$，且有 $n_e(0) = n_i(0)$。

4.2.2 平面探针

对于平面探针[2]，假设探针的面积为 A，且 $A \gg s^2$（s 为鞘层厚度），$s \gg \lambda_D$，λ_D 为德拜长度，则探针的收集面积基本上等于面积 A，且不随 s 而变化。为满足上述条件，A 必须足够大。此时若将探针偏置于高的正电压收集电子电流，会对等离子体产生强烈的干扰。因此，常常将探针偏置于负电压下收集离子电流。这时探针收集的电流为

$$I = -I_i = -e n_s \mu_B A \tag{4-15}$$

其中，μ_B 称为玻姆速度，当 $T_i \ll T_e$ 时由下式给出

$$\mu_B = \left(\frac{e T_e}{M}\right)^{1/2} \tag{4-16}$$

如果 T_e 已知，由 I_i 的测量值即可求得鞘层边界的密度 n_s。根据鞘层理论，在探

针附近的等离子体密度 n_0 为

$$n_0 \approx \frac{n_s}{0.61} \qquad (4\text{-}17)$$

在低气压等离子体中，电子温度约在 $2 \sim 5$ eV 的范围内，因此在 T_e 未知的情况下，仍可对密度进行合理估计。同时，通过改变探针电压也可以容易地测量 T_e。当探针电势低于等离子体电势时，得到探针电流中的电子电流分量为

$$I + I_i = I_e = \frac{1}{4} en_0 v_e A \exp\left(\frac{V - V_p}{T_e}\right) \qquad (4\text{-}18)$$

其中，$v_e = (8eT_e/(\pi m))^{1/2}$。在 $V - V_p < 0$ 的电压范围内，当 V 增加时，I_e 呈自然指数增加。定义饱和电子电流为

$$I_{esat} = \frac{1}{4} en_0 v_e A \qquad (4\text{-}19)$$

对式（4-18）求对数得到

$$\ln\left(\frac{I_e}{I_{esat}}\right) = \frac{V - V_p}{T_e} \qquad (4\text{-}20)$$

由式（4-20）可见，对探针电子电流的对数随 V 变化的斜率取倒数，可以得到 T_e。

以上结果虽然简单，但它的适用性取决于式（4-18）的参数范围。因为 I_e 是将测量出的 I_i 和 I 相加得到的。当 I_e 太小时，会给 I_e 的测定带来误差。当 V 太大时，由于电子电流趋于饱和，玻尔兹曼指数关系式将不再正确。

4.2.3　圆柱形探针

1. 受限轨道运动理论

为获得饱和离子流 I_i，必须增大施加在探针上的负偏压，这时圆柱形和球形探针上的鞘层发生扩展，不能用平面探针理论来描述。朗缪尔及合作者提出了受限轨道运动（OML）理论[2]。

假设一个正离子从无限远处、以速度 v_0 沿着一个方向进入探针区，如图 4-12 所示。在无穷远处，等离子体电势为 0，而其他地方等离子体电势为负值，并逐渐变化至负的探针电势 V_p。利用能量守恒和角动量守恒得到

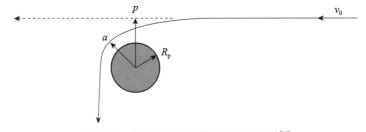

图 4-12　有心吸引探针附近的离子运动[4]

$$\frac{1}{2}mv_0^2 = \frac{1}{2}mv_a^2 + eV_a \equiv -eV_0 \tag{4-21}$$

$$pv_0 = av_a \tag{4-22}$$

其中，$eV<0$，p 是离子入射轨道距探针的距离，a 为被探针吸引后距探针最近的距离，R_p 为探针半径。解上述方程组，得到

$$\frac{1}{2}mv_a^2 = \frac{1}{2}mv_0^2\left[1 + \frac{V_a}{V_0}\right] \tag{4-23}$$

$$p = a\frac{v_a}{v_0} = a\left[1 + \frac{V_a}{V_0}\right]^{1/2} \tag{4-24}$$

如果 $a \leqslant R_p$，离子能够到达探针表面而被收集，因此有效的探针半径为 R_p。对于单一能量的粒子，到达长度为 L 的探针的粒子通量为

$$\Gamma = 2\pi R_p L(1 + V_a/V_0)^{1/2}\Gamma_r \tag{4-25}$$

其中，Γ_r 为具有特定能量离子的随机通量。接着，朗缪尔将这个结果扩展到离探针距离为 $r=s$ 范围内等离子体能量呈麦克斯韦分布的情况。随机通量 Γ_r 为

$$\Gamma_r = n\left[\frac{kT_i}{2\pi M}\right]^{1/2} \tag{4-26}$$

如果取探针面积为 A_p，对整个速度积分，得到

$$\Gamma = A_p\Gamma_r\left\{\frac{s}{a}erf(\Phi^{1/2}) + e^\chi\left[1 - erf(\chi + \Phi)^{1/2}\right]\right\} \tag{4-27}$$

其中，$\chi \equiv -eV_p/(kT_i)$，$\Phi \equiv \left[\dfrac{a^2}{s^2-a^2}\right]\chi$，$a=R_p$。当 $s \gg a$ 时，应用 OML 理论，必须使 $\Phi \ll \chi$，并且对于 $T_i \to 0$ 时，$1/\chi \ll 1$。利用泰勒多项式展开，χ 和 Γ_r 对 T_i 的关系消失，而存在一个有限的、与 T_i 值无关的 OML 电流

$$I \xrightarrow[T_i \to 0]{} A_p ne\frac{\sqrt{2}}{\pi}\left(\frac{|eV_p|}{M}\right)^{1/2} \tag{4-28}$$

因此，OML 电流正比于 $|V_p|^{1/2}$，I-V 曲线呈抛物线形，而 I^2-V 曲线呈线性关系。这个规律是能量和角动量守恒的结果。在远处离子虽然速度较小，但因为有较大的角动量，在探针电场作用下，会绕探针做轨道运动，但没有被探针收集。在数学上就表现为 T_i 值 $\to 0$，但在物理上，T_i 值必须是有限的。

OML 理论的结果虽然简单，但在应用上受到很大限制。因为必须取鞘层厚度 s 无限大、密度非常低的条件，才可以使鞘层尺寸远大于探针尺寸。电势 $V(r)$ 必须平缓变化以确保在强电场的内部不存在吸收半径。

2. Allen-Boyd-Reynolds 理论

OML 理论必须对从探针表面到 $r=\infty$ 处解泊松方程获得电势分布。Allen、Boyd 和 Reynolds（ABR）不考虑轨道运动，认为所有离子都沿径向进入探针，提出了简化的算法[4]。ABR 理论最初只适用于球形探针，后来 F. F. Chen 将其

扩展至圆柱形探针。

假设探针中心位于 $r=0$，离子在 $V=0$ 的 $r=\infty$ 处从静止状态开始运动。在柱坐标系中泊松方程为

$$\frac{1}{r}\frac{\partial}{\partial r}\left(r\frac{\partial V}{\partial r}\right)=\frac{e}{\varepsilon_0}(n_e-n_i)\ ,\quad n_e=n_0\,e^{eV/(kT_e)} \tag{4-29}$$

假设电子呈麦克斯韦分布，为了得到 n_i，令 I 为单位探针长度收集到的总的离子通量。根据电流连续性，在任何半径 r 处单位长度上的离子通量为

$$\Gamma=n_i v_i=I/(2\pi r) \tag{4-30}$$

其中，

$$v_i=(-2eV/M)^{1/2}$$

因此

$$n_i=\frac{\Gamma}{v_i}=\frac{I}{2\pi r}\left(\frac{-2eV}{M}\right)^{-1/2} \tag{4-31}$$

于是，泊松方程可以写为

$$\frac{1}{r}\frac{\partial}{\partial r}\left(r\frac{\partial V}{\partial r}\right)=-\frac{e}{\varepsilon_0}\left[\frac{I}{2\pi r}\left(\frac{-2eV}{M}\right)^{-1/2}-n_0\,e^{eV/(kT_e)}\right] \tag{4-32}$$

定义

$$\eta\equiv-\frac{eV}{kT_e}\ ,\quad c_s\equiv\left(\frac{kT_e}{M}\right)^{1/2} \tag{4-33}$$

可以将泊松方程写为

$$\frac{kT_e}{e}\frac{1}{r}\frac{\partial}{\partial r}\left(r\frac{\partial\eta}{\partial r}\right)=-\frac{e}{\varepsilon_0}\left[\frac{I}{2\pi r}\frac{(2\eta)^{-1/2}}{c_s}-n_0\,e^{-\eta}\right] \tag{4-34}$$

或者

$$-\frac{\varepsilon_0 kT_e}{n_0 e^2}\frac{1}{r}\frac{\partial}{\partial r}\left(r\frac{\partial\eta}{\partial r}\right)=\frac{I}{2\pi r}\frac{(2\eta)^{-1/2}}{n_0 c_s}-e^{-\eta} \tag{4-35}$$

取德拜长度为

$$\lambda_D\equiv\left[\frac{\varepsilon_0 kT_e}{n_0 e^2}\right]^{1/2} \tag{4-36}$$

将 r 对 λ_D 归一，得到一个新的变量 ξ

$$\xi\equiv\frac{r}{\lambda_D} \tag{4-37}$$

方程 (4-35) 变为

$$\frac{\partial}{\partial\xi}\left(\xi\frac{\partial\eta}{\partial\xi}\right)=\frac{I\xi}{2\pi r}\frac{(2\eta)^{-1/2}}{n_0 c_s}-\xi e^{-\eta}$$

$$=\frac{I}{2\pi n_0}\frac{(2\eta)^{-1/2}}{\lambda_D c_s}-\xi e^{-\eta}$$

$$= \frac{I}{2\pi n_0} \left(\frac{n_0 e^2}{\varepsilon_0 k T_e} \frac{M}{k T_e} \right)^{1/2} (2\eta)^{-1/2} - \xi e^{-\eta}$$

$$= \frac{eI}{2\pi k T_e} \left(\frac{M}{2\varepsilon_0 n_0} \right)^{1/2} (2\eta)^{-1/2} - \xi e^{-\eta} \tag{4-38}$$

定义

$$J \equiv \frac{eI}{2\pi k T_e} \left(\frac{M}{2\varepsilon_0 n_0} \right)^{1/2} \tag{4-39}$$

可以得到圆柱形探针的 ABR 方程

$$\frac{\partial}{\partial \xi} \left(\xi \frac{\partial \eta}{\partial \xi} \right) = J \eta^{-1/2} - \xi e^{-\eta} \tag{4-40}$$

对于每个设定的归一化探针电流值 J，方程可以从 $\xi = \infty$ 积分到任意小的 ξ。曲线上 $\xi = \xi_p$ 的点给出了 J 所对应的探针电势 η_p。通过计算不同 J 下的一组曲线，就可以得到探针半径为 ξ_p 时的 J-η_p 曲线。

3. Bernstein-Rabinowitz-Laframboise 理论

同时描述鞘层的形成和轨道运动的探针理论最早由 Bernstein 和 Rabinowitz 提出，他们假设单一能量 E_i 的离子呈各向同性分布。接着，Laframboise 将这种计算方法扩展到在温度 T_i 时呈麦克斯韦分布的离子[4]。Bernstein-Rabinowitz-Laframboise（BRL）理论的处理方法比 ABR 理论更复杂。在 ABR 理论中，所有离子都撞击到探针上，因此在任何半径上的通量只取决于无限远处的条件，而与探针半径无关。但是，在 BRL 理论中，探针半径必须预先给出，因为绕探针做轨道运动的离子在任何给定的半径 r 处对离子密度有两次贡献，而被探针收集的离子只有一次贡献。在解泊松方程之前必须先知道离子密度，这取决于探针的存在。因此，存在一个与 J 有关的“吸收半径”（图 4-13），在这个半径以内的离子全部被探针收集。

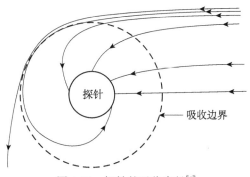

图 4-13　探针的吸收半径[4]

Bernstein 用能量 E 和角动量 L 替代 v_r 和 $v_\perp$ 来描述离子分布，从而解决了问题。具有特定 L 的离子与探针之间存在一个有效的势垒。离子必须具有足够的能量越过这个势垒才能被收集。对于圆柱形探针，BRL 理论需要解下列方程

$$\frac{1}{\xi}\frac{\mathrm{d}}{\mathrm{d}\xi}\left(\xi\frac{\mathrm{d}\eta}{\mathrm{d}\xi}\right)=1-\frac{1}{\pi}\sin^{-1}\left(\frac{\iota/\xi^2}{1+\eta/\beta}\right)^{1/2},\quad \xi>\xi_0$$

$$=\frac{1}{\pi}\sin^{-1}\left(\frac{\iota/\xi^2}{1+\eta/\beta}\right)^{1/2},\quad \xi<\xi_0 \tag{4-41}$$

其中，β 为高于 kT_e 的离子能量，ι 为单位长度上无维数的探针电流。

4.3 探针诊断的误差分析与数据处理

4.3.1 探针测量误差的估算

探针测量结果的不确定度是测量可信度的依据。Ruzic 对朗缪尔探针测量结果的不确定度给出了基本的估计，并分析了数据处理过程中误差的可能来源[7]。

1. 测量结果的不确定度

不确定度是实验工作中应该给出的评判实验结果优劣的指标。例如，如果给出一个电子温度为 4.2081 eV，人们就会问如何肯定电子温度是 4.2081 eV 而不是 4.2082 eV？实际上，给出了一个有一定位数的数字，就隐含了误差的大小，例如，如果给出的电子温度为 $T_e=4.20$ eV，意味着 $T_e=$（4.20±0.05）eV。

采用朗缪尔探针测量电子温度和密度时，由于涉及许多不确定度因素，一般认为测量结果的最大不确定度为±20%。最大不确定度的来源之一是探针的存在对体等离子体的影响。例如，如果将两个理想探针同时插入一个等离子体，当第二个探针插入时，第一个探针特性的变化无疑是由第二个探针的插入改变了等离子体特性的缘故。如果这两个探针做相对运动，还需要确定这种变化的空间尺度。

当探针的存在对体等离子体产生的影响最小时，可以定量确定探针测量的误差，得到的不确定度远小于 20%，并通过仔细分析，等离子体平均能量的不确定度可以在百分之几以内。

2. 数据处理过程的误差来源

在探针 I-V 特性曲线上，每个点都有与电流、电压相关的误差。一般读电压的误差较小，而读电流的误差则较大。实验中，通常在很短的时间里要读取几组 I-V 特性曲线数据，并在某个给定的电压下对电流求平均。读单个电流的误差主要来源于数字转换器的最小单位，或者示波器读数时的最小屏幕分格。但是，在一个给定电压下对电流做多次测量时，由等离子体波动或测量系统其他因素产生的误差就变得明显。结果在某个电压 V 下读到的电流值 I 就有个变化范围 ΔI。

数据读完后需要进行平滑。取 n 个点进行平滑可以使电流的误差降低 $\sqrt{n}$ 倍，但是增加了电压的不确定度。一般情况下探针电压可以非常准地测量，对信号进行数字化或者记录测量数据点时，电压的间隔为 ΔV。但是，当取 n 个点进行平滑处理时，电压误差会增加 $\sqrt{n}\,\Delta V$，这对于接下来的等离子体电势 V_p 的确定，就会产生一个 ΔV_p，因此，电压误差 $\sqrt{n}\,\Delta V$ 会带来很大影响。

如果采用二次微分计算电子能量分布函数 $f(E)$，对原始数据进行的平滑会导致较大的不确定度。但是，对于多次测量，原始数据噪声会比较大，数据平滑处理是必须的过程。数据平滑对电子温度和密度计算具有一定的影响。

得到等离子体电势后，就可以计算离子电流。但是，在某个等离子体电势处，等离子体电势的误差使得离子流的数值有一个分布范围，这意味着对于每个电压，离子流 I_i 都有一个相关的误差 ΔI_i。若在每个电压下从测量的电流中扣除离子流来得到了电子流，就给每个点的电子流带来了误差

$$\Delta I_e = \sqrt{(\Delta I)^2 + (\Delta I_i)^2} \tag{4-42}$$

在电子流非常小的地方，即分布函数的带尾，电子能量较高，测量的电流误差可能会相当大。

要得到电子温度，需要从 $\ln I_e$ 与 V 的关系图中得到斜率 m。最好的方法是对 $\ln I_e$ 进行加权最小二乘法拟合。每个点的权重函数是 $\ln I_e$ 均方差的倒数。这样做可以使具有最大不确定度的数据被引入得最少。由于 $\ln I_e$ 的误差为

$$\Delta(\ln I_e) = \frac{\Delta I_e}{I_e} \tag{4-43}$$

因此，加权最小二乘法拟合的权重为

$$w = \left(\frac{1}{\Delta(\ln I_e)}\right)^2 = \left(\frac{I_e}{\Delta I_e}\right)^2 \tag{4-44}$$

通过加权最小二乘法拟合，可以得到斜率 m 以及与斜率相关的误差 Δm。由于电子温度与斜率成反比，因此电子温度的误差 ΔT_e 为

$$\Delta T_e = \frac{\Delta m}{m^2} \tag{4-45}$$

4.3.2　探针测量误差的主要来源

在探针测量中，许多非理想效应可能产生各种误差，成为探针测量误差的主要来源[8]。

1. 探针支架的影响

在探针测量中，探针必须采用绝缘支架做支撑。由于支架的表面积远大于探针的表面积，支架对等离子体的影响比探针尖的影响要大得多。因此，支架的设计必须尽可能减小对局域等离子体和探针测量的干扰。在磁化等离子体中，探针

支架应与磁力线垂直。

2. 探针表面污染的影响

探针表面的杂质可能污染等离子体。同时，在适当条件下，探针表面杂质会造成电子反射或二次电子发射，这将使 $I\text{-}V$ 特性曲线发生变形。探针表面的杂质主要来源于化学活性等离子体中探针表面的薄膜沉积。

3. 探针表面功函数的不均匀性影响

探针材料的功函数在表面的不同位置会不同，例如多晶结构的探针材料。在确定探针电势时，功函数的不均匀性会产生不确定性。一般来说，差异不超出百分之几 eV。但是，在精度为 $\sim$ 0.1 eV 量级的探针测量时，会引起探针特性的展宽。在测量非常低的电子、离子温度（$T_{e,i} < 0.1$ eV）时，如等离子体余辉，功函数的不均匀性会成为重要的因素。

4. 参考电极与等离子体之间的阻抗有限性影响

在探针上加偏压时，通常假定等离子体电势是一个固定值，与探针电流的大小是无关的。实际上，探针与参考电极之间的等离子体阻抗 R_p 是有限的，同时参考电极鞘层上的电压降 V_R 也与探针电流 I 有关，即 $V_R = V_{R0} + R_R I$，其中，R_R 为参考电极鞘层阻抗。于是，等离子体电势变为 $V_p = V_{R0} + (R_p + R_R) I$。因此，应将 $(R_p + R_R) I$ 的影响减小到可能忽略的程度。通常，可以通过减小探针尖尺寸（即降低 I）或采用较大的参考电极（降低 R_R）实现。

5. 等离子体电势振荡的影响

在射频激发的等离子体中，等离子体电势的振荡（$\widetilde{V}_p$）可以造成探针特性曲线的变形。对于有噪声干扰的等离子体，需要做多次扫描对特性曲线平均来获得平滑的曲线。当 $e\widetilde{V}_p \geqslant T_e$ 时，取平均会导致过渡区展宽和电子温度偏大。为避免特性曲线的变形，必须采用补偿电路来消除探针鞘层中的干扰信号。

6. I_e 对 I_i 测量或 I_i 对 I_e 测量的影响

从 I_e 或 I_i 可以获得等离子体参数，但是只有特性曲线的饱和区是完全由 I_e 或 I_i 决定的。在过渡区，探针电流是 I_e 与 I_i 之和。因此，如果用过渡区来测量 T_e、T_i 和带电粒子的速度分布，需要将 I_e 与 I_i 分开。将离子电流作线性外延或指数外延是最简单且最实用的方法。

7. 探针测量仪器乱真效应的影响

一些仪器的乱真效应对探针测量 I、I'、I'' 会带来影响。仪器的乱真效应与测量时间的有限性、探针表面的电子反射或二次电子发射、探针电势的振荡等因素有关。

8. 碰撞对探针诊断的影响

基本的探针理论均建立在无碰撞鞘层的基础上，无碰撞的受限轨道运动模型在比较宽的范围内对探针收集电子过程的描述都是合适的。但是，无碰撞的受限轨道运动模型对正离子电流的估计值偏低，导致准中性等离子体在相同条件、相同探针特性时得到的正离子密度比电子密度大。这种现象主要出现在低温放电等离子体和热等离子体的余辉中。同时，当平均自由程 λ_i 与鞘层宽度可以相比时，碰撞过程会对探针诊断产生重大影响[1]。这些差异的产生是由于模型未考虑探针周围空间电荷鞘层中正离子与中性基团的碰撞。

9. 探针形状的影响

使用 Druyvesteyn 关系对圆柱形朗缪尔探针获得的数据进行电子能量分布函数分析时，非球形探针的几何结构，特别是对于高度非麦克斯韦分布函数，可能会导致实际分布函数形状的明显畸变[9]。

10. 平面朗缪尔探针附近的虚阴极影响

平面朗缪尔探针附近的虚阴极对其 $I\text{-}V$ 特性曲线具有影响[10]。虚阴极可以通过排斥比探针偏压更多的电子来使 $I\text{-}V$ 特性曲线更平坦，并导致电子电流在电压扫描过程中系统性的降低，从而导致虚高的电子温度。

4.3.3 探针 $I\text{-}V$ 特性的二次微分方法

从探针 $I\text{-}V$ 特性得到电子能量分布函数时，需要得到 $I\text{-}V$ 特性的二次微分 $I''=\mathrm{d}^2 I/\mathrm{d}V^2$。通常用于确定二次微分 I'' 的方法主要包括：微分电路法、交流测量法和数值微分法。

1. 探针 $I\text{-}V$ 特性二次微分的微分电路法

微分电路法[11] 的工作原理如下：在图 4-14 所示的二次微分电路中，根据集成运放的特性，第一级集成运放的输出电压为

$$V_{o1} = -i_{R_3} R_3 = -i_{C_3} R_3 = -R_3 C_3 \frac{\mathrm{d}V_i}{\mathrm{d}t} \tag{4-46}$$

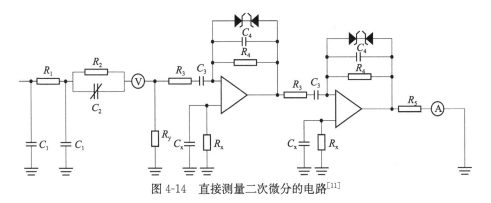

图 4-14 直接测量二次微分的电路[11]

测量时，加在探针上的偏压是随时间线性增大的，即在 Δt 时间间隔内，电压增加了 ΔV

$$\frac{\mathrm{d}V}{\mathrm{d}t} = K \quad (K \text{ 为常数}) \tag{4-47}$$

因此，第一级集成运放的输出电压为

$$V_{o1} = -R_3 C_3 \frac{\mathrm{d}V_i}{\mathrm{d}t} = -R_3 C_3 \frac{\mathrm{d}V_i}{\mathrm{d}V}\frac{\mathrm{d}V}{\mathrm{d}t}$$

$$= -K R_3 C_3 \frac{\mathrm{d}V_i}{\mathrm{d}V} = -K R_3 C_3 R_y \frac{\mathrm{d}I_i}{\mathrm{d}V} \tag{4-48}$$

这样，探针特性中的电流对偏压微分就转化为求集成运放输出端对时间的微分。将第一级集成运放的输出作为第二级集成运放的输入，在第二级再进行一次微分，最后电路的输出结果即为二次微分。

2. 探针 I-V 特性二次微分的交流测量法

探针电流调制的交流测量法[12] 是在静态或呈周期性变化的等离子体中使用的方法。

这种方法在探针偏压 V 上叠加了一个交变小信号 ΔV（调制信号），然后测量探针电流的特定谐波。如果调制信号足够小，谐波信号的幅度就与 I'、I'' 成正比。实际上广泛使用的调制信号有两种

$$\Delta V_1 = 2U_1 \cos\omega t \tag{4-49}$$

和

$$\Delta V_2 = \sqrt{2}U_2(1 + \sin\omega_1 t)\sin\omega_2 t \tag{4-50}$$

其中，$\omega_1 \gg \omega_2$。

对于第一个信号，将探针电流展开

$$I(V + 2U_1\cos\omega t) = [I(V) + U_1^2 I''(V) + \cdots] + [2U_1 I' + U_1^3 I''' + \cdots]\cos\omega t$$

$$+ \left[U_1^2 I'' + \frac{1}{3}U_1^4 I'''' + \cdots\right]\cos 2\omega t + \cdots \tag{4-51}$$

可见频率 ω 分量的幅度与 I' 成正比，频率 2ω 分量的幅度与 I'' 成正比。

同样对于第二个信号，频率 ω_1 的谐波幅度与 I'' 成正比。

3. 探针 I-V 特性二次微分的数值微分法

数值微分法[11,13] 是先采用数值滤波对 I-V 曲线进行平滑处理，然后再求二次微分的方法。

I-V 特性曲线的数值滤波主要采用下列方法。

1）Savitzky-Golay 滤波

这种数值平滑技术由 Savitzky 和 Golay 于 1964 年引入。基本方法是：在一个可动窗口中用一个二阶或高阶多项式模拟基础函数。对于被平滑函数的每一个点 x_i，通过以 x_i 为中心的 $n = n_L + n_R + 1$ 个点拟合多项式，其中 n_L、n_R 分别为 x_i 左、右点的数目。接着假设 $n_L = n_R$。x_i 处的多项式给出点 x_i 处的平滑值 g_i，

多项式的其他值被丢弃。因此，Savitzky-Golay（SG）滤波需要两个参数：n 和多项式阶数 D，参数的选择对于获得最佳结果极其重要。

SG 滤波方法适用于对频率跨度较大的信号进行平滑。

2）高斯滤波

Hayden 采用高斯（Gaussian）分布函数作为滤波，引入了一个简单的数值平滑方法。这种方法的基本思想是：当实验测量一个函数 $y（x）$ 时，通过仪器测出的实际上是 $y（x）$ 对时间 t 的卷积，即

$$h(x) = y^* g = \int_{-\infty}^{\infty} y(t)g(t-x)\mathrm{d}t \tag{4-52}$$

式中，$h（x）$ 为被测函数，$g（x）$ 为由测量仪器决定的函数。在绝大多数情况下，仪器函数可以采用高斯分布函数来近似，高斯分布函数为

$$g_n(x) = \sum_{k=1}^{n} \binom{n}{k} (-1)^{k+1} \frac{1}{\sigma\sqrt{2\pi k}} \exp\left(-\frac{x^2}{2\sigma^2 k^2}\right) \tag{4-53}$$

考虑到噪声的影响，经过多次叠加和变换，最后拟合的电流为

$$R(V) = \sum_{k=1}^{n} (-1)^{k+1} C_n^k \int_{V_-}^{V_+} I(V) \frac{\sigma}{\sqrt{\pi}} \exp[-\sigma^2 h^2 (i-j)^2] \mathrm{d}V \tag{4-54}$$

式中，V_-、V_+ 分别为测量电压的起点和终点，h 为测量电压间隔。

高斯滤波需要两个参数：与高斯分布成正比的 σ 和叠加次数 n。

3）Blackman 窗

Blackman 窗由下式给出

$$w_{\mathrm{B}}(n) = 0.42 - 0.5\cos\frac{2\pi n}{M} + 0.08\cos\frac{4\pi n}{M}, \quad n = 0, 1, 2, \cdots, M \tag{4-55}$$

式中，M 为窗口的大小，控制平滑的阶。

4）多项式拟合

多项式拟合法是采用最小二乘法对噪声函数进行 N 阶多项式拟合。

对 I-V 特性曲线进行平滑处理后，根据有限微分就可以求出二次微分，即

$$I' = [I(V+\Delta V) - I(V)]/\Delta V \tag{4-56}$$

和

$$I'' = [I(V+\Delta V) + I(V-\Delta V) - 2I(V)]/\Delta V^2 \tag{4-57}$$

4.4　朗缪尔探针诊断方法的空间和时间分辨率

4.4.1　朗缪尔探针诊断方法的空间分辨率

当等离子体的空间分布不均匀时，可以使用可移动的探针测量不均匀分布的

等离子体参数[1,6]，如测量圆柱放电管中等离子体密度和电子温度的径向分布。探针方法的空间分辨率在德拜长度 λ_D 的数量级，取决于 λ_D 或探针尺寸（取两者中较大值），因此探针尺寸必须小于空间变化的特征长度。这意味着在探针尺寸内，等离子体参数不应该有显著变化。由于朗缪尔探针的最小尺寸受到其支撑部分的限制，难以做到小于十分之几 mm，因此几乎不可能用探针来测量特征尺寸小于几个 mm 空间的等离子体参数变化。但是，如果等离子体参数在某个方向保持不变，就可以获得较好的空间分辨率。例如，在圆柱形对称状态，轴向特征尺寸的变化远大于径向的变化，用垂直于径向的薄圆柱朗缪尔探针可以获得低至几百 μm 的空间分辨率。

通常采用螺纹结构的传动机构，将转动运动转变为探针的简单平移，实现探针在等离子体室中的移动。为实现探针的空间分辨率，螺纹应做得足够细。传动机构可以采用磁性传动装置或波纹管传动装置。探针的电连接可以采用一根盘旋的导线将探针与真空接口连接。

例如，某商售可动探针采用波纹管结构，用计算机控制的步进电机驱动探针的移动，探针的移动速度在 12.7～25.4 mm/s 连续可调，图 4-15 为探针结构示意图。

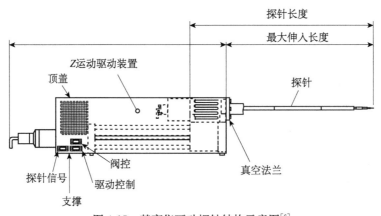

图 4-15　某商售可动探针结构示意图[6]

4.4.2　朗缪尔探针诊断方法的时间分辨率

等离子体随时间的变化是非常重要的研究内容[1]。时间分辨率可以从带电粒子的等离子体频率 ω 来确定

$$\omega = \sqrt{\frac{q_0^2 n}{\varepsilon_0 m}} \tag{4-58}$$

因此，离子的等离子体频率为 $\omega_{pi} = \sqrt{\dfrac{q_0^2 n_i}{\varepsilon_0 m_i}}$，电子的等离子体频率为 $\omega_{pe} =$

$\sqrt{\dfrac{q_0^2 n_e}{\varepsilon_0 m_e}}$。对于 Ar 等离子体，假定 $n_i \approx n_e = 10^{16}$ cm^{-3}，则 $\omega_{pe} \approx 1$ GHz，$\omega_{pi} \approx 3.16$ MHz。

由于朗缪尔探针技术依赖于探针周围空间电荷鞘层的形成，时间的分辨率不能高于离子的等离子体频率 ω_{pi}。如果等离子体变化的频率高于 ω_{pi}，用朗缪尔探针只能测量等离子体参数的时间平均值。

根据等离子体产生或变化的频率，朗缪尔探针的工作区域可以分为以下五个部分。

(1) $\omega \ll \omega_{pi}$，随所加的周期性变化的电场，离子和电子处于平衡状态。典型的低频等离子体振荡就处于这个频率范围，如离子波、周期性的开关放电。可以对等离子体参数进行时间可分辨的测量。

(2) $\omega \approx \omega_{pi}$，电子与振荡的电场处于平衡状态。振荡周期与离子穿过空间电荷鞘层的渡越时间可相比，因此在静态离子流的逐渐增大中可以观察到小的共振峰。由于共振效应难以评估，不推荐用探针在这个频率区域进行测量。当研究 PECVD 技术的频率关系时可能进入这个频率区域，即当等离子体不是由单纯的 RF 功率发生器直接驱动产生，而是由小功率信号发生器产生的信号经功率放大后驱动的情形。

(3) $\omega_{pi} < \omega \ll \omega_{pe}$，电子与振荡的电场处于平衡状态，而离子不能。电子流逐渐增大，并产生谐波。假定探针与等离子体之间的 RF 电压分量可以去除，就可能用探针测量等离子体参数的时间平均值。这个频率范围典型的是单频 RF 放电（13.56 MHz、27.12 MHz）。

(4) $\omega \approx \omega_{pe}$，振荡周期可以与电子穿过鞘层的渡越时间相比。因此，在静态电子流的逐渐增大中可以观察到小的共振峰。因为共振效应难以评估，不推荐用探针在这个频率区域进行测量。

(5) $\omega > \omega_{pe}$，离子和电子对振荡电场均不能够响应。这个频率范围典型的是磁控管产生的微波等离子体（2.45 GHz）。假定 RF 信号不影响探针电流测量装置的灵敏度，探针测量就可以采用直流放电等离子体中常规的测量方式进行。

4.5 非麦克斯韦分布的探针理论

在低气压放电中，电子能量分布经常严重的偏离麦克斯韦分布，如 Druyvesteyn 分布。图 4-16 所示的低气压射频放电的电子能量分布就是一种双温度的麦克斯韦分布。对于电子能量呈非麦克斯韦分布的状态，描述探针的理论如下[2]。

对于任意的分布函数，平面探针在 $V - V_p < 0$ 区域中收集的电子电流为

$$I_e = eA \int_{-\infty}^{\infty} dv_x \int_{-\infty}^{\infty} dv_y \int_{v_{min}}^{\infty} v_z f_e(v) dv_z \tag{4-59}$$

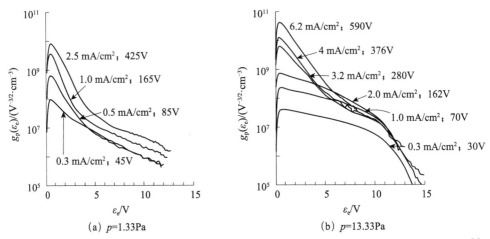

图 4-16　不同放电电流下氩气射频放电的电子能量分布（图中数据为放电电流密度和放电电压）[2]

其中，

$$v_{\min} = \left[\frac{2e(V_p - V)}{m}\right]^{1/2} \tag{4-60}$$

它是在等离子体-鞘层边界上电子沿 z 方向的最小速度。速度大于或等于这个值的电子才能到达探针。

当电子具有各向同性分布时，在球坐标表示的速度空间中，式（4-59）变为

$$I_e = eA \int_{v_{\min}}^{\infty} \mathrm{d}v \int_0^{\theta_{\min}} \mathrm{d}\theta \int_0^{2\pi} v\cos\theta v^2 \sin\theta f_e(v)\mathrm{d}\phi \tag{4-61}$$

其中，

$$\theta_{\min} = \arccos\frac{v_{\min}}{v} \tag{4-62}$$

对 ϕ 和 θ 积分，式（4-61）变为

$$I_e = \pi eA \int_{v_{\min}}^{\infty} v^3\left(1 - \frac{v_{\min}^2}{v^2}\right)f_e(v)\mathrm{d}v \tag{4-63}$$

引入替换变量 $\varepsilon = \frac{1}{2}mv^2/e$，式（4-63）变为

$$I_e = \frac{2\pi e^3}{m^2}A\int_v^{\infty}\varepsilon\left\{\left(1 - \frac{V}{\varepsilon}\right)f_e[v(\varepsilon)]\right\}\mathrm{d}\varepsilon \tag{4-64}$$

对 V 求一次微分，得到

$$\frac{\mathrm{d}I_e}{\mathrm{d}V} = -\frac{2\pi e^3}{m^2}A\int_V^{\infty}f_e[v(\varepsilon)]\mathrm{d}\varepsilon \tag{4-65}$$

对 V 求二次微分，得到

$$\frac{d^2 I_e}{dV^2} = \frac{2\pi e^3}{m^2} A f_e [v(V)] \tag{4-66}$$

引入电子能量分布函数 $g_e(\varepsilon)$

$$g_e(\varepsilon) d\varepsilon = 4\pi v^2 f_e(v) dv \tag{4-67}$$

利用 ε 和 v 间的关系，得到

$$g_e(\varepsilon) = 2\pi \left(\frac{2e}{m}\right)^{3/2} \varepsilon^{1/2} f_e [v(\varepsilon)] \tag{4-68}$$

用式（4-68）替代式（4-66）中的 f_e，得到

$$g_e(V) = \frac{2m}{e^2 A} \left(\frac{2eV}{m}\right)^{1/2} \frac{d^2 I_e}{dV^2} \tag{4-69}$$

此式给出了用 $d^2 I_e/dV^2$ 的测量值表示的 $g_e(V)$。

由 $g_e(V)$ 可以获得电子密度 n_e 和平均能量 $\langle\varepsilon\rangle$

$$n_e = \int_0^\infty g_e(\varepsilon) d\varepsilon = \left(\frac{2}{e}\right)^{3/2} \frac{m_e^{1/2}}{A} \int_0^\infty V^{1/2} \frac{d^2 I_e}{dV^2} dV \tag{4-70}$$

$$\langle\varepsilon\rangle = \frac{1}{n_e} \int_0^\infty \varepsilon g_e(\varepsilon) d\varepsilon = \frac{e \int_0^\infty V^{3/2} \frac{d^2 I_e}{dV^2} dV}{\int_0^\infty V^{1/2} \frac{d^2 I_e}{dV^2} dV} \tag{4-71}$$

由电子电流的一次导数 dI_e/dV 的最大值可以准确地得到等离子体电势 V_p。

4.6　各向异性等离子体的探针诊断

实际的放电等离子体具有某种程度的各向异性。对于各向异性等离子体，可以采用平面探针进行诊断，方法如下[1]。

假定已知探针鞘层表面带电粒子 α（$\alpha = e, i$）的速度分布函数（EVDF）f_α，则在单位时间内流过鞘边界面积元 dA_s 的电流为

$$dI_{\alpha s} = dA_s dj_{\alpha s} = dA_s q_\alpha n_\alpha v_z f_\alpha(v_x, v_y, v_z) dv_x dv_y dv_z \tag{4-72}$$

其中，q_α 和 n_α 分别为带电粒子 α 的电荷和密度，$j_{\alpha s}$ 为鞘边界的电流密度，v_z、v_x、v_y 为与面积元 dA_s 平行的速度矢量的三个垂直分量。如果速度分布 f_α 是各向同性且表面没有凹面，则空间上每个表面元的贡献与方向无关。这时，总电流就可以通过对面积元 dA_s 的简单积分得到。

对于某个探针电势，适当选择积分上下限可以确定落入探针表面的粒子比例。一般有

$$I_{p\alpha} = A_s q_\alpha n_\alpha \int_{v_{x1}}^{v_{x2}} \int_{v_{y1}}^{v_{y2}} \int_{v_{z1}}^{v_{z2}} v_z f_\alpha(v_x, v_y, v_z) \mathrm{d}v_x \mathrm{d}v_y \mathrm{d}v_z \qquad (4\text{-}73)$$

对于球形探针，将笛卡儿速度坐标 v_z、v_x、v_y 转变为球坐标 r、θ、φ，得到

$$I_{p\alpha} = \frac{A_s q_\alpha n_\alpha}{4} \int_{r_1}^{r_2} 4\pi r^3 f_\alpha(r) \left[\sin^2\theta_2 - \sin^2\theta_1\right] \mathrm{d}r \qquad (4\text{-}74)$$

其中，r_1，r_2 为积分时面积元距坐标原点的距离，θ_1，θ_2 为积分时面积元与坐标原点连线的仰角。对于各向异性等离子体，假设电子速度分布函数沿某个择优方向呈对称分布，采用平面探针，调节探针平面的角度，让探针平面的法线达到一个择优方向（如电流流动方向），就可以对电子速度分布函数进行方向可分辨的诊断。

将电子速度分布函数展开为勒让德多项式，取角度 θ 为参数，则展开式为

$$f(v_x, v_y, v_z) = \sum_k f_k(v) P_k(\cos\theta) \qquad (4\text{-}75)$$

展开式的前三项系数为 $P_0 = 1$、$P_1 = \cos\theta$、$P_2 = 3(\cos^2\theta - 1)/2$，$\theta$ 为择优方向与瞬时速度 v 之间的角度。将式（4-75）代入式（4-73），得到探针电流为

$$I_{pe} = -q_0 n_e \int \mathrm{d}A_s \int_{v_{x1}}^{v_{x2}} \int_{v_{y1}}^{v_{y2}} \int_{v_{z1}}^{v_{z2}} v_z \sum_k f_k(v) P_k(\cos\theta) \mathrm{d}v_x \mathrm{d}v_y \mathrm{d}v_z \qquad (4\text{-}76)$$

由于解的转动对称性，对于电子速度分布函数各向异性组元中具有相同取向的面积元 $\mathrm{d}A_s$，应流过相同的电流。因此，可以对 $\mathrm{d}A_s$ 积分得到 A_s。这样，式（4-76）就可以用球坐标来改写

$$I_{pe} = -q_0 n_e A_s \int_{v_1^*}^{\infty} \int_0^{2\pi} \int_0^{\arccos\theta^*} v^3 \sum_k f_k(v) P_k(\cos\theta(\vartheta, \varphi, \phi)) \cos\vartheta \mathrm{d}\vartheta \mathrm{d}\varphi \mathrm{d}v$$

$$(4\text{-}77)$$

其中，ϕ 为表面法线与各向异性组元之间的角度，v_1^*、θ^* 为电子落入探针表面的积分限。将该式对 V 作两次微分，得到

$$I_{pe\Phi}'' = I_{pe}''(f_0, f_1, f_2, \Phi) \qquad (4\text{-}78)$$

通过测量与择优方向相关的三个不同取向（0°，90°，180°）上的探针电流，并对探针电压作二次微分，可以获得一个方程组，从而能够确定展开式的前三项。

精确的关系式由 Mesentsev 获得，结果如下。

（1）对于电子密度

$$n_e = \left(\frac{1}{3}\right) (2m_e)^{1/2} q_0^{-3/2} A_p^{-1} \int_0^{\infty} V^{1/2} (I_{pe0}'' + 4I_{pe90}'' + I_{pe180}'') \mathrm{d}V \qquad (4\text{-}79)$$

（2）对于电子速度分布函数的各向同性部分

$$f_0(q_0 V) = \left(\frac{1}{3}\right) (2m_e)^{1/2} q_0^{-5/2} n_e^{-1} A_p^{-1} V^{1/2} (I_{pe0}'' + I_{pe90}'' + I_{pe180}'') \qquad (4\text{-}80)$$

（3）对于电子速度分布函数的一阶各向异性

$$f_1(q_0V) = (2m_e)^{1/2} q_0^{-5/2} n_e^{-1} A_p^{-1} V^{1/2} g_1(q_0V) \tag{4-81}$$

其中，

$$g_1(q_0V) = G_1 + (2q_0V)^{-1} \int_{q_0V}^{\infty} G_1 \, d\varepsilon$$

$$G_1 = (I''_{pe0} - I''_{pe180})$$

$$\varepsilon = q_0V$$

（4）对于电子速度分布函数的二阶各向异性

$$f_2(q_0V) = \left(\frac{2}{3}\right)(2m_e)^{1/2} q_0^{-5/2} n_e^{-1} A_p^{-1} V^{1/2} g_2(q_0V) \tag{4-82}$$

其中，

$$g_2(q_0V) = G_2 + \left(\frac{3}{2}\right)(q_0V)^{-3/2} \int_{q_0V}^{\infty} \varepsilon^{1/2} G_2 \, d\varepsilon$$

$$G_2 = (I''_{pe0} - 2I''_{pe90} + I''_{pe180})$$

4.7　磁化等离子体中的朗缪尔探针

磁化等离子体作为等离子体产生的一种重要方式，在低温等离子体领域得到越来越广泛的应用。在磁化等离子体中，磁场被用于等离子体的产生，也被用于等离子体的约束以提高其性能。磁场强度可能为几百 Gs，也可能高达几千 Gs。磁场可能是不均匀的，如平面非平衡磁控溅射中永磁体产生的磁场；也可能是非常均匀的，如线圈产生的磁场。在低温等离子体领域，常见的磁化等离子体包括微波电子回旋共振放电、螺旋波放电、磁控放电等离子体。

4.7.1　磁场的影响

在磁化等离子体系统中，用朗缪尔探针作为诊断工具，采用常规测量方法从探针数据来获得带电粒子密度、电子能量分布函数时，磁场的存在对探针 I-V 特性曲线具有影响，使部分探针特性曲线出现变形，特别是在接近等离子体电势的区域，如图 4-17 所示[14]。

造成这种影响的主要原因是磁场对等离子体中带电粒子运动过程的作用。沿磁力线方向，带电粒子的扩散运动增强；而垂直磁力线方向，粒子的扩散运动减弱。由于电子运动受磁场的影响最大，在不考虑双极扩散效应的情况下，电子垂直于磁场的扩散系数 $D_\perp$ 与沿磁场方向的扩散系数 $D_\parallel$ 之间关系如下

$$D_\perp = \frac{D_\parallel}{1 + \omega_c^2 \tau_c^2} \tag{4-83}$$

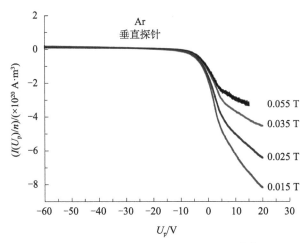

图 4-17 磁场对探针特性曲线的影响[14]

其中，$\omega_c = eB/m$ 为电子回旋频率，τ_c 为平均碰撞时间，$D_{\parallel} = v_{th}^2 \tau_c$ 中 v_{th} 为电子热运动速度。

磁场的影响主要体现在下列两个方面。

（1）如果 $\omega_c \tau_c \gg 1$，即低气压磁化等离子体，$D_{\perp}$ 的表达式变为

$$D_{\perp} \approx \frac{v_{th}^2}{\omega_c^2 \tau_c} = r_L^2 \tau_c \tag{4-84}$$

这时垂直于磁场方向的电子有效平均自由程大致等于回旋运动的半径。如果在探针电势接近于等离子体电势处探针流过太多的电流，探针吸收电子的速度大于周边区域电子扩散的速度。

（2）探针有效收集面积的变化。由于磁场的存在，流向探针的带电粒子绝大多数是沿着磁力线减小方向的定向运动，导致探针表面存在收集带电粒子的阴影部分，探针有效收集面积与原始探针面积不同，发生了变化。

这些影响导致探针特性曲线在等离子体空间电势附近的拐点变得模糊。当用常用的方法对这种受影响的探针进行数据分析时，得到的等离子体密度偏低，等离子体电势向探针减速电压区移动，从电子减速区斜率获得的电子温度偏大。

在无碰撞条件下，磁场对探针测量影响的大小，可依据参数 $\beta = r_p/r_L$（r_p 为粒子的平均自由程，r_L 为带电粒子回旋运动半径）分为以下四种情形[1]：

（1）$\beta \ll 1$，磁场 B 很弱，磁场的影响很小，可以忽略。

（2）$\beta \approx 1$，磁场 B 较弱，主要为等离子体辅助沉积的情形，需要引入小的修正。

（3）$\beta \gg 1$，磁场 B 较强，主要为托克马克边缘等离子体情形，可以对部分探针特性进行阐述。

（4）$\beta \gg 1$，磁场 B 非常强，探针特性不能解释。

4.7.2　磁化等离子体中的探针理论

根据磁场中探针电子电流的动力学理论[15]，Popov 等建立了扩散区电子到达探针时的非局域化的朗缪尔探针磁化等离子体理论[14]。探针电子电流可用一个扩展方程表示如下

$$I_e(V) = \frac{8\pi e S}{3m^2\gamma} \int_{eV}^{\infty} \frac{(W-eV)f(W)\,\mathrm{d}W}{1+\left(\dfrac{W-eV}{W}\right)\psi(W)} \tag{4-85}$$

几何因子 γ 的值在 $0.71 \sim 4/3$ 单调变化。当 λ、$R_L \gg R+d$ 时，$\gamma = 4/3$；当 λ、$R_L \ll R+d$ 时，$\gamma = 0.71$。式（4-85）中，重要参数就是扩散参数 $\psi = \psi(W)$。在存在磁场 B 的情况下，ψ 取决于电子自由程 $\lambda(W)$ 和拉莫尔半径 $R_L(B, W)$，以及探针的形状、尺寸和相对于磁场的方向。

当扩散参数处于一些极限值时，情况如下。

（1）当 $\psi(W) \ll 1$ 时，即低气压无磁场或非常弱磁场状态，忽略式（4-85）中积分项中分母的第二项（$(W-eV)/W$）$\psi(W)$，得到探针电子电流的经典表达式，EEDF 可用 Druyvesteyn 公式确定。

（2）当 $\psi(W) \sim 1$ 时，即中等气压和/或弱磁场状态，必须使用式（4-85）。求二阶导数得到

$$I''(V) = Cf(eV) - C\int_{eV}^{\infty} K''(W, V)f(W)\,\mathrm{d}W \tag{4-86}$$

其中，$K''(W,V) = \dfrac{2\psi W^2}{[W(1+\psi)-\psi eV]^3}$，$C = \dfrac{8\pi e^3 S}{3m^2\gamma}$。式（4-86）中的第一项是 Druyvesteyn 公式，第二项描述了带电粒子进入探针表面引起的等离子体耗尽效应。

（3）当 $\psi(W) \gg 1$ 时，即高气压或高磁场状态，EEDF 用一阶导数而不是二阶导数表示，如下式所示

$$I'_e(V) = -\frac{8\pi e^2 S}{3m^2\gamma}\left[\frac{eV}{\psi}f(eV) + \int_{eV}^{\infty} \frac{Wf(W)\,\mathrm{d}W}{(1+\psi)[(1+\psi)W-\psi eV]}\right] \tag{4-87}$$

在高气压或磁化等离子体情况下，式（4-86）中第二项的贡献通常假定很小，因此被忽略。

准确评估 EEDF 需要知道等离子体电势 V_p 的值，可以根据实验 I-V 特性的一阶导数对数标度的斜率来得到电子温度。利用该温度，计算式（4-86）一阶导数的模型曲线，然后对实验的一阶导数进行最佳拟合求出等离子体电势值。

在 $\psi \gg 1$ 处，EEDF 直接由探针电子电流的一阶导数表示

$$f(\varepsilon) = \frac{3\sqrt{2m}\gamma}{2e^3 S} \frac{\psi}{V} \frac{\mathrm{d}I_e}{\mathrm{d}V} \tag{4-88}$$

显而易见，对于（2）、（3）两种状态，必须知道扩散参数值。

在没有磁场的情况下，对于各向同性的 EEDF，动力学方程为

$$\nabla_r D(w) \nabla_r f(W, r) = 0 \tag{4-89}$$

式中，$D(w) = cD_r = c^2\lambda/3$。边界条件为

$$f(r \to \infty, W) = f_\infty(W) \tag{4-90}$$

$$f(R, W > eV) = \gamma f_1(R, W) \tag{4-91}$$

这里 EEDF 的各向异性部分是 $f_1(r, W) = -\lambda \nabla_r(r, W) = -\lambda \partial f/\partial r$。

将该问题推广至一般情况，将探头视为旋转椭球体，尺寸为 R、$b = L/2$（L 为探头长度）。由于探针表面是等电势的，扩散方程（4-89）取决于椭圆坐标 σ，由下式确定

$$\frac{x^2 + y^2}{R^2(\sigma^2 \pm 1)} + \frac{z^2}{R^2\sigma^2} = 1 \tag{4-92}$$

在探头表面，$\sigma = \sigma_0 = b/\beta$，$\beta = (|b^2 - R^2|)^{1/2}$，"＋" 和 "－" 符号分别指扁椭球体（$b < R$）和长条（$b > R$）椭球体。

边界条件（4-90）保持不变，但条件（4-91）可以写成

$$\sigma = \sigma_0, \quad \frac{\lambda}{S} 2\pi\beta(\sigma^2 - 1) \frac{\partial}{\partial\sigma} f = \frac{1}{\gamma} f \tag{4-93}$$

在边界条件（4-90）和（4-93）下，解方程（4-89）得到（4-85）的扩展方程，其扩散参数为

$$\psi(W) = \frac{S}{4\pi\beta\gamma\lambda(W)} \int_{\sigma_0}^{\infty} \frac{D(W)\mathrm{d}\sigma}{(\sigma^2 \mp 1)D(W - e\varphi(\sigma))} \tag{4-94}$$

这里，$D(W)$ 是体等离子体中的扩散系数，$D(W - e\varphi(\sigma))$ 是探针鞘层中的扩散系数（$\varphi(\sigma)$ 是探针引入的电势变化）。假设扩散系数恒定，对于薄鞘层，得到

$$\psi(\varepsilon) = \frac{S}{8\pi\beta\gamma\lambda(\varepsilon)} \ln\left(\frac{\sigma_0 + 1}{\sigma_0 - 1}\right), \quad b > R$$

$$\psi(\varepsilon) = \frac{S}{8\pi\beta\gamma\lambda(\varepsilon)} (\pi - 2\arctan\sigma_0), \quad b < R \tag{4-95}$$

在存在磁场时，方程（4-89）中的扩散系数 $D(W)$ 变为包含两个分量的张量：$D_\parallel(w) = c^2\lambda/3$，$D_\perp(w) = D_\parallel(w)/\rho^2$，其中，$\rho = \left[1 + \left(\frac{\lambda}{R_L}\right)^2\right]^{\frac{1}{2}}$。

在这种情况下，EEDF 的动力学方程具有各向异性扩散方程的形式

$$D_\perp(w)\Delta_r f + D_\parallel(w)\Delta_z f = 0 \tag{4-96}$$

$\psi(W)$ 的解取决于探头相对于磁场的方向。若探针沿着磁场放置，则通过改变标度 $z \to z'/\rho$，就可以将问题简化为上面所解决的问题，这样就得到扩散参数为

$$\psi_\parallel(W) = \frac{S_p}{8\pi\beta_\parallel^M\lambda(W)\gamma} \ln\left(\frac{\sigma_\parallel^M + 1}{\sigma_\parallel^M - 1}\right), \quad b' > R \tag{4-97a}$$

$$\psi_\parallel(W) = \frac{S_p}{8\pi\beta_\parallel^M \lambda(W)\gamma}(\pi - 2\arctan\sigma_\parallel^M), \quad b' < R \tag{4-97b}$$

其中，$\beta_\parallel^M = (|R^2 - b'^2|)^{1/2}$，$b' = b/\rho$，$\sigma_\parallel^M = \dfrac{b'}{(|R^2 - b'^2|)^2} = \dfrac{b'}{\beta_\parallel^M}$。

对于使用这种方法在一般椭球坐标下跨越磁场放置的探头，扩散参数为

$$\psi_\perp(W) = \frac{S_p}{4\pi\beta_\perp^M \lambda(W)\gamma} F(\phi/a) \tag{4-98}$$

其中，$F(\phi/\alpha)$ 是第一类不完整椭圆积分，$\beta_\perp^M = (|R^2 - b'^2|)^{1/2}$，$R' = R/\rho$，$\cos(\phi) = R/b$，$\cos(a) = \dfrac{(R^2 - R'^2)}{\beta_\perp^M}$。

在实际应用中，需要考虑到实际等离子体条件，对其进行简化。对于半径 $R = 1\times10^{-4}$ m、长度 $L = 5\times10^{-3}$ m 的圆柱形探头，在氩气气压 $p \sim 1$ Pa、磁场 $B = 0.01 \sim 0.1$ T 范围内的放电，探头沿磁场方向放置，得到

$$\lambda \sim 1\mathrm{m}, \quad R_L \sim 10^{-5}\mathrm{m}, \quad \rho \sim 10^5, \quad \sigma_\parallel^M \sim 10^{-3}$$

由于 $\rho = \left[1 + \left(\dfrac{\lambda}{R_L}\right)^2\right]^{1/2} \approx \dfrac{\lambda(W)}{R_L(B, W)}$，因此，$R \gg b'$，$\pi \gg 2\arctan 10^{-3}$。利用式（4-97b）得到

$$\psi_\parallel(W) = \frac{b\rho}{2\lambda(W)\gamma}\pi = \frac{\pi L}{4\gamma R_L(B, W)} = \frac{\psi_0^\parallel}{\sqrt{W}} \tag{4-99}$$

这里，对于扩散参数的能量部分 $\psi_0^\parallel$ 是常数。

当探头跨越磁场方向放置，利用式（4-98）得到

$$\psi_\perp(W) = \frac{R}{\gamma R_L(B, W)} F(\phi/a) \tag{4-100}$$

4.7.3 磁化等离子体中的探针测量

Popov 等根据磁化等离子体中的朗缪尔探针理论，使用垂直和平行于磁力线的圆柱形探针测量了低气压 Ar 和 He 气体直流放电中的电流-电压特性，获得了磁场 150~790 Gs 范围内的 EEDF 数据[14]。结果表明，在扩散参数 $\psi \sim 1$ 时，必须使用扩展二阶导数法；而在 $\psi \gg 1$ 处，探针电子电流的一阶导数可以很好地给出 EEDF；在扩散参数的中间值，这两种方法得到的结果可比较。将探头垂直或平行于磁场，都可以获得较好的结果。

在磁化等离子体中，由于电子的回旋运动半径 R_{Le} 远小于离子的回旋运动半径 R_{Li}，即 $R_{Le} \ll R_{Li}$，电子电流受磁场的影响较大，而离子电流受磁场的影响则较小。电子电流与离子电流的比值取决于探针相对于磁场的方向，这使电子电流与离子电流的分离成为可能，因此可以实现磁化等离子体中离子能量分布函数（IEDF）和 EEDF 的测量[8]。用于离子能量分布测量的探针是一种绝缘塞探

针，结构如图 4-18 所示，由带陶瓷保护层的圆柱杆（1）、钼丝（2）和陶瓷绝缘塞（3）组成。陶瓷绝缘塞的作用是防止电子到达探针两端。当探针的钼丝方向与磁场平行时，电子电流可以大大降低，这时以离子电流为主。如果 $R_{Li} \gg L$，就可以测量离子能量分布函数。当探针方向与磁场垂直时，如果被陶瓷绝缘塞覆盖的探针两端的面积与探针总面积相比非常小，探针就与一般的探针工作原理一样。这时，就可以测量 EEDF。将探针从平行方向慢慢转动到垂直方向，可以看到特性曲线上电子部分在增大，而离子部分保持不变。这样可以将离子电流与电子电流分离。

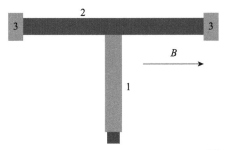

图 4-18 磁化等离子体中的绝缘塞探针[8]

4.8 射频与甚高频等离子体中的朗缪尔探针

射频放电等离子体在材料加工中得到广泛应用，当朗缪尔探针应用到射频等离子体时，由于射频干扰，得到的 I-V 特性发生变形，因此需要采用补偿技术来消除射频干扰。

4.8.1 射频等离子体中的探针特性

采用射频功率激励产生等离子体时，由于部分射频电压降在了等离子体和接地电极之间，导致等离子体空间电势 V_p 随时间振荡，在不同的 $V_p(t)$ 时刻，瞬时的探针 I-V 曲线如图 4-19 所示[4]。由于 V_p 随时间振荡，探针曲线随之沿水平方向振荡，对时间的平均形成了视在的探针 I-V 曲线，如图 4-19 中的粗线所示。与正常的 I-V 曲线比较，这种视在的 I-V 曲线发生了展宽，由此得到的电子温度 T_e 大于真实值，同时浮动电势 V_f 也向负电势方向发生了漂移。

4.8.2 射频补偿方法

为了避免从变形的探针 I-V 曲线得到错误的结果，需要采用适当方法来降低射频影响，射频补偿的主要方法如下[4,16-19]。

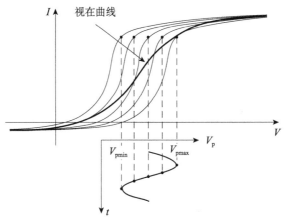

图 4-19 射频等离子体中的探针 I-V 曲线[4]

1. 被动补偿技术

被动补偿技术是利用高阻抗，迫使探针上电压与等离子体的射频振荡保持同步，从而使探针电流等于直流放电时的电流。高阻抗可以使用辅助探针、在探针外部设置可调谐的射频滤波器或在探针支架内部设置自共振的电感组来实现。

1）辅助探针

含有辅助探针的朗缪尔探针结构如图 4-20 所示，由测量探针（长 4 mm，直径 0.1 mm）和环形浮置的辅助探针组成，浮置探针收集到的射频电压通过测量探针针尖附近的电容反馈到测量探针，降低鞘层上的射频电压降，从而减小探针 I-V 曲线的射频变形。

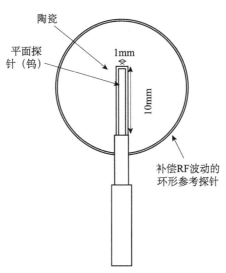

图 4-20 含有辅助探针的朗缪尔探针结构[16]

Oh 等提出了一种利用辅助双探针与主测量探针并联的射频补偿方法,用于朗缪尔探针诊断[20]。探针设计的基本思想是:增加探针鞘层的电容,降低探针的鞘层电阻,由于探针的总鞘层阻抗与测量电路部分的阻抗相比非常小,可以减小探针和等离子体之间的射频电势降。通常,辅助电极(如参考环、线圈等)与主探针并联,通过增大辅助电极面积来增加鞘层电容,但是,由于辅助电极面积和测量空间尺寸有限,这种增加鞘层电容的方法是有限的。Oh 等提出的方法是:对辅助探针施加一个相对于等离子体电势为负的直流偏压来增加探针鞘层电容。此外,该方法还可以通过提高直流偏压来降低鞘层电阻。因此,通过增加并联电容和减小电阻,降低探针鞘层的总阻抗。

图 4-21 为探针结构示意图。探头结构由一个主圆柱探头和两个辅助环形探头组成。除探针尖端外的探针体均由耐热玻璃管覆盖。主探头由钨丝制成,长 15 mm,直径 0.1 mm。由于每个辅助探针周围的鞘层不应相互重叠,因此需要根据每个探针的鞘层宽度(≈mm)来确定辅助探针 1 和辅助探针 2 之间的距离(7 cm)。辅助探针 1 由钽丝制成,长 126 mm,直径 0.6 mm,通过一个相对较大的隔离电容(100 pF)与主探针并联连接,以隔离主探针。这样,测量电路提供给主探针的直流扫描电压就不会分配给辅助探针,因此,辅助探针对主探针的测量就不会产生干扰。辅助探针 2,由钨丝制成,长 34 mm,直径 1 mm,通过直流电池与辅助探针 1 耦合。两个辅助探针之间的差分直流电压在腔室外调节。随着差分电压的增加,较大负偏压的探针(辅助探针 2)吸收离子饱和电流,而较大正偏压探针(辅助探针 1)被电子电流平衡。由于这两个探针的净电流为零,探针回路的电流不能超过离子饱和电流。这意味着辅助探针结构对等离子体的扰动最小。辅助探针结构和等离子体之间的净电流为零,即辅助双探针变为悬浮结构。因此,辅助探针的电势相对于等离子体电势可以有效地偏置而不干扰等离子体。另一方面,如果辅助探针 1 单独相对于地偏置,即不满足浮动条件,增加直流偏压会导致等离子体电势升高等干扰。

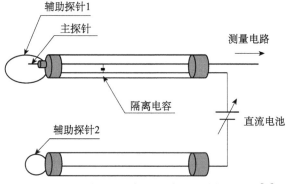

图 4-21 双辅助探针的射频补偿探针结构示意图[20]

辅助双探针之间的回路电流可以表示为

$$I = I_{1e} - I_{1i} = I_{2i} - I_{2e} \tag{4-101}$$

其中辅助探针 1 和辅助探针 2 的电子及离子电流分别为 I_{1e}、I_{1i}、I_{2e} 和 I_{2i}。当进入探针电极区的电子满足麦克斯韦分布且离子以玻姆速度进入鞘层时，式（4-101）可写成

$$A_1 J_{esat} e^{V_1/T_e} - 2\pi(r_1 + s_1)l_1 J_{isat} = 2\pi(r_2 + s_2)l_2 J_{isat} - A_2 J_{esat} e^{V_2/T_e} \tag{4-102}$$

式中，A_1、V_1、A_2 和 V_2 分别为辅助探针 1 和辅助探针 2 的电极面积以及相对于等离子体电势的偏压；$J_{esat} = \left(\dfrac{1}{4}\right) en_e \sqrt{8kT_e/(\pi m_e)}$ 为随机电子电流密度（进入鞘层的随机电子电流为 $en_e v_r$，其中 $v_r = \dfrac{1}{4}v$，v 是任意方向上的平均电子速度）；$J_{isat} = 0.6 en_e \sqrt{kT_e/M_i}$ 为离子饱和电流；l_1、l_2、r_1、r_2、s_1 和 s_2 分别为辅助探针 1 和辅助探针 2 的探针长度、探针半径、鞘层厚度。根据公式（4-102），每个探针相对于等离子体的电势可以通过微分偏置电势 $V (V = V_1 - V_2)$ 数值确定。由于每个探针的电势取决于每个探针的面积比，因此需要根据实验条件和测量空间适当选择辅助探针 1 和辅助探针 2 的面积。

探针系统的鞘层阻抗可以用主探针和辅助双探针的电阻（R_{sh_m}）和电容（C_{sh_m}）来表示。探针系统的电路图如图 4-22 所示。为了简化电路分析，忽略了辅助探针 2（因为辅助探针 2 的总电极面积与辅助探针 1 相比非常小），并且也没有考虑探针体和接地壁之间的杂散电容。当偏压增加时，辅助探针 1 的偏压电

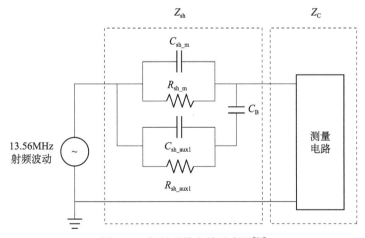

图 4-22　探针系统电路示意图[20]

Z_{sh}：探针系统总鞘层阻抗；Z_C：测量电路阻抗；C_{sh_m}：主探针鞘层电容；R_{sh_m}：主探针鞘电阻；

C_{sh_aux1}：辅助探针 1 鞘层电容；R_{sh_aux1}：辅助探针 1 鞘电阻；C_B：隔离电容

势向等离子体电势方向增加。这表明辅助探针 1 的鞘层电容（C_{sh_auxl}）增大（因为鞘层电容可以写成 $C_{sh} = A_P(\Delta\rho_S / \Delta V)$），并且辅助探针 1 和等离子体之间的鞘层电势降 ΔV 减小，这里 A_P 是探针面积，$\Delta\rho_S$ 是探针的表面电荷密度。随着鞘层电势降降低，大量的电子流流过鞘层，与鞘层电容并联的鞘层电阻（R_{sh_auxl}）减小。因此，由于鞘层电容增大，鞘层电阻减小，辅助探针 1 的总鞘层阻抗减小。结果，这种效应会导致包括辅助探针在内的探针系统的总鞘层阻抗 Z_{sh} 降低。这种双探针辅助的射频补偿探针在电感耦合等离子体的 I-V 特性曲线测量中具有很好的射频补偿性能。

2）内置滤波器技术

内置滤波器技术是在靠近探针头处串联一个电感 L，使得探针对地的阻抗远大于探针和等离子体之间的阻抗，即满足 $\omega L \gg 1/(\omega C_s)$（$\omega$ 为射频信号角频率），从而使探针电势跟随等离子体空间电势振荡。通常电感放在探针支架内，以减小杂散电容的影响，如图 4-23 所示。

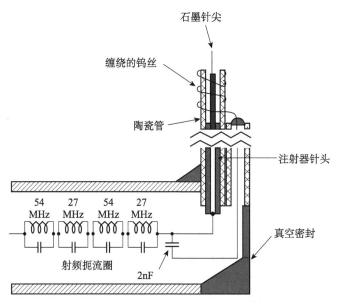

图 4-23 探针支架内的内置滤波器[4]

补偿电路的设计原则如下，在图 4-24 所示的带射频补偿的探针电路中，探针尖通过一个鞘层电容 C_{sh} 与振荡的空间电势 V_{rf} 耦合，鞘层阻抗由 R_{sh} 和 C_{sh} 给出，辅助电极阻抗由 R_x 和 C_x 给出，Z_{ck} 为扼流电感的阻抗，C_{s1}、C_{s2} 为杂散电容，V_b 为直流偏压，R_m 为电流取样电阻。为使探针电势能跟随等离子体空间电势 V_{rf} 振荡，电感 Z_{ck} 的有效阻抗 Z_{eff} 必须远大于 C_{sh} 与 C_x 的阻抗 $|Z_{sh,x}|$，Z_{eff} 为 Z_{ck} 与探针和电感之间连线的对地分布阻抗的并联，$|Z_{sh,x}|$ 为 $1/(\omega C_{sh,x})$，

其中，C_{sh} 与 C_{x} 通过解泊松方程获得如下

$$C_{\text{sh,x}} = \frac{1}{2^{7/4}} \frac{\varepsilon_0 A_{\text{sh,x}}}{\lambda_D} \left[\frac{e(V_s - V_p)}{kT_e} \right]^{-3/4} \qquad (4\text{-}103)$$

例如，1 cm 长的导线对地电容≈0.25 pF，在 2 MHz 时的分布阻抗≈330 kΩ，为了获得最好的效果，Z_{ck} 至少要达到这个数量级。

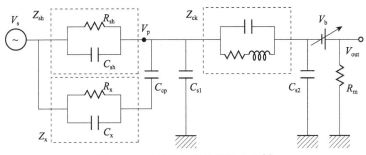

图 4-24　带射频补偿的探针电路[4]

为了有效地遏制射频信号，要求探针鞘层两端的射频电压 $V_p - V$ 幅值必须满足 $(V_p - V)/T_e \ll 1$。如果 $(V_p - V)/T_e \leqslant 1$，则相对测量误差 $\leqslant 0.2$。利用阻抗 $Z_s = \dfrac{1}{\text{j}\omega C_s}$ 与 $Z_L = \text{j}\omega L$ 分压公式，其中，C_s 为探针鞘层等效电容，L 为扼流电感，得到

$$V_p - V = V_p \frac{Z_s}{Z_L + Z_s} \qquad (4\text{-}104)$$

由此得到如下判据

$$(V_p - V)/T_e = \frac{Z_s}{Z_L + Z_s} \frac{V_p}{T_e} \leqslant 1 \qquad (4\text{-}105)$$

在实际放电中，不能简单地使用扼流电感，必须在 L 上并联一个电容 C，使并联 LC 电路在特定频率上产生共振。如果射频电源的输出存在高次谐波，则需串联共振频率为主频率的两倍频和三倍频的 LC 电路，如图 4-25 所示。

　27 MHz　　13.5 MHz　　27 MHz
图 4-25　射频滤波的并联 LC 电路[1]

3）外置可调谐滤波器技术

外置可调谐滤波器是在真空室外的探针尾部连接一个调谐网络，通过调节网络参数提高探针对地的阻抗，从而迫使探针电势跟随等离子体空间电势振荡。

图 4-26 为可调谐朗缪尔探针结构示意图。用铂丝制作的探针针尖与铜导体杆连接，铜杆置于熔融石英管内，可调谐滤波器固定在真空室外的探针尾部，这样，在探针尾部和测量仪器之间就连接了一个调谐网络。

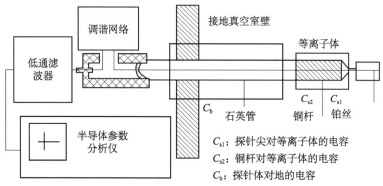

C_{s1}：探针尖对等离子体的电容
C_{s2}：铜杆对等离子体的电容
C_b：探针体对地的电容

图 4-26　可调谐朗缪尔探针结构示意图[18]

可调谐朗缪尔探针的等效电路如图 4-27 所示。设探针尖对等离子体的电容为 C_{s1}，铜杆对等离子体的电容为 C_{s2}，探针收集电子或离子流时与鞘层相关的电阻为 R_s，用阻抗 Z_1 来集中表示这三个分量。设探针体与接地的真空室壁之间的电容为 C_b，用直流电源和射频电压源的串联来表示等离子体，用固定电感 L_1 和可变电容 C_2 与 C_b 连接形成探针电路的共振单元，其有效阻抗为 Z_2。其他电感和电容形成低通滤波网络，防止测量仪器受射频电压的损坏。在图中 A 点，滤波网络可以将射频电压减小至毫伏量级。

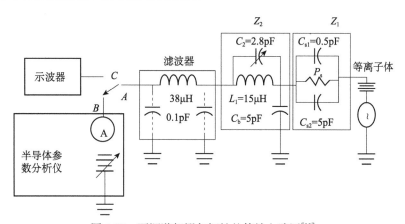

图 4-27　可调谐朗缪尔探针的等效电路图[18]

外置可调谐滤波器的工作原理如下。在没有铜导体杆和调谐滤波网络时，Z_1 由 C_{s1} 和 R_s 并联组成，Z_2 由 C_b 组成，Z_1 与 Z_2 串联。由于 $Z_1/Z_2 \gg 1$，几乎全部射频电压都落在 Z_1 上，因此产生了射频诱导的探针特性的变形。如果引入调谐滤波网络，使 $Z_1/Z_2 \ll 1$，几乎全部射频电压都落在 Z_2 上，而落在 Z_1 上的射频电压极少。通过调节可变电容 C_2 使 L_1 与 C_2、C_b 串联共振，共振使电路的 Z_2 值提高了 Q 倍。当 $Q=100$ 时，比值 Z_1/Z_2 减小到 10^{-2}。对于 100 V 的射频等离子体电压，落在探针等离子体鞘层上的电压低于 1 V，因此可以得到无变形的探针特性。

图 4-28 显示了射频干扰对探针特性的影响。图中的实线对应于完全调谐的状态，其他曲线通过 C_2 逐步解调而得到，电子收集特性发生了明显的变形。随着解调的增大，悬浮电势向较低的值移动，特性曲线的变形也加大，但是离子收集特性基本不受解调的影响，这是由于离子的运动只取决于对时间平均的鞘层电势。

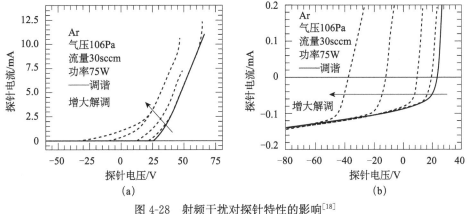

图 4-28　射频干扰对探针特性的影响[18]

2. 主动补偿技术

当加在探针鞘层的射频信号使探针特性曲线产生变形时，悬浮电势会向负电势方向移动。这时，在探针上施加一个幅度、相位与局域空间电势相匹配的同步射频信号，改变射频信号的幅度、相位来产生一个尽可能正的浮动电势，使落在探针等离子体鞘层的射频电势尽可能降低，基本消除探针特性的射频变形，从而可采用直流等离子体探针理论来确定等离子体参量，就是主动补偿技术。

图 4-29 为主动补偿法的电路图，其中直流分支主要由一个低通滤波器组成，它可以使探针施加一个缓慢增加的偏压；射频分支控制着电极射频电压分量并使之与探针针尖耦合。这种技术的前提是等离子体电势的变化正比于驱动电极上瞬间电压，但相位有延迟。由于等离子体及其边界的非线性电流-电压特性，上述条件不是总能满足。

4.8.3　无补偿的测量条件

在电子能量分布函数呈麦克斯韦分布且等离子体电势为正弦波动时，可以采

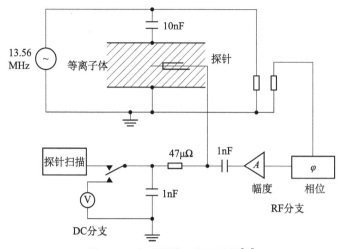

图 4-29　主动补偿法的电路图[19]

用无补偿的探针方法[21]，对探针特性曲线取半对数后直接测量等离子体参量，原理如下。

当在探针上施加一个射频波动偏压时，探针鞘层上的总偏压为直流偏压与等离子体电势之和。在一个射频周期中，平均的电子电流为

$$\langle J_e \rangle = \frac{1}{T} \int_0^T \frac{1}{4} n e v_{th} A \exp\left(\frac{\varphi + \varphi_1 \cos\omega t}{T_e}\right) \mathrm{d}t \qquad (4\text{-}106)$$

式中，$\langle J_e \rangle$ 为对时间平均的电子电流，φ 和 φ_1 分别为相对于直流电势差和相对于射频信号的探针偏压，v_{th} 为电子的热速度，ω 为射频信号的频率。对式（4-106）积分，得到

$$\langle J_e \rangle = \frac{1}{4} A e \sqrt{\frac{T_e}{2\pi m}} \exp\left(\frac{\varphi}{T_e}\right) I_0\left(\frac{\varphi_1}{T_e}\right) \qquad (4\text{-}107)$$

式中，I_0 为修正的贝塞尔函数。对平均电子电流取自然对数，得到

$$\ln(J_e) = \frac{\varphi}{T_e} + \ln\left[\frac{1}{4} A e \sqrt{\frac{T_e}{2\pi m}}\right] + \ln\left[I_0\left(\frac{\varphi_1}{T_e}\right)\right] \qquad (4\text{-}108)$$

由式（4-108）可见，从电子流半对数斜率的倒数得到的电子温度与射频波动无关，射频波动只导致半对数的 $I\text{-}V$ 特性曲线在垂直方向的移动。

无补偿的探针测量理论得到了实验的验证。图 4-30 为 ICP 等离子体中用补偿探针和未补偿探针测量得到的 $I\text{-}V$ 特性曲线，由于等离子体振荡较小，探针特性的变形也很小。将 $I\text{-}V$ 特性曲线取半对数后，在拒斥区均呈线性，如图 4-31 所示。从线性区得到未补偿探针测量的电子温度与补偿探针测量的结果一致，均为 2.5 eV。

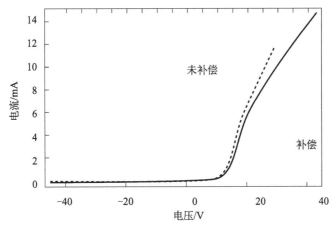

图 4-30 ICP 等离子体中用补偿探针和未补偿探针测量得到的 I-V 特性曲线[21]

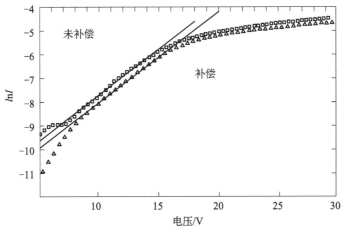

图 4-31 取半对数的 I-V 特性曲线[21]

4.8.4 射频补偿对电子能量分布函数测量的影响

Godyak 等总结了影响 EEDF 测量准确性的多种因素[22]，指出射频补偿是影响 EEDF 测量结果的因素之一。图 4-32（a）为在工业 ICP 反应器中使用改进的射频补偿探针系统测量得到的 EEPF，图 4-32（b）为使用某商用探针系统在相同等离子体中测量得到的结果。从图 4-32（a）可见，EEPF 呈现麦克斯韦分布；而从图 4-32（b）发现，EEPF 展现为类 Druyvesteyn 分布，低能部分出现了明显的扭曲，高能部分的信息丢失。因此，射频补偿的优劣对 EEDF 测量结果的好坏具有显著影响。

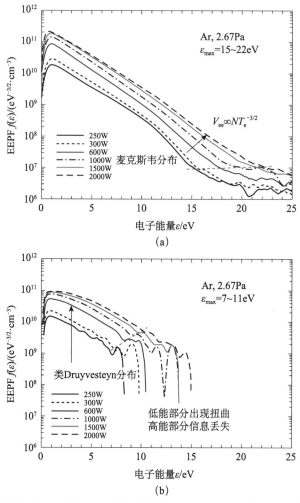

图 4-32　改进的射频补偿探针系统（a）和商用探针系统在工业 ICP 反应器中测得的 EEPF（b）[22]

4.8.5　甚高频放电等离子体的探针诊断

甚高频激发产生等离子体的技术得到人们关注的主要原因如下：①由于高频激发产生的等离子体密度近似正比于激发频率的平方，因此，甚高频（如 60 MHz）比射频（如 13.56 MHz）产生的等离子体密度更高，能给基片提供更高的离子通量；②60 MHz 甚高频的真空射频波长为 5 m，对于大尺寸（300 mm）的芯片加工，驻波效应尚不明显，不会导致等离子体不均匀现象的出现。

孙恺等[23] 采用朗缪尔探针技术测量了 60 MHz 电容耦合放电等离子体中的 EEPF，实验装置如图 4-33 所示。测量时，探针采用共振阻塞元件进行射频补

偿，对于 60 MHz 的甚高频，阻塞元件的阻抗超过 4.25 MΩ；同时采用参考探针
消除等离子体电势漂移或噪声等引起的低频效应。得到的探针特性曲线经 7 点快
速傅里叶变换平滑后取二次微分获得电子能量概率分布函数，不同放电功率和放
电气压下的 EEPF，如图 4-34 所示，发现甚高频功率源的功率增加导致 EEPF 中
电子耗尽平台向高能端漂移，放电气压的增加导致 EEPF 从双温麦克斯韦分布向
单温麦克斯韦分布转变，并最终转变为 Druyvesteyn 分布。

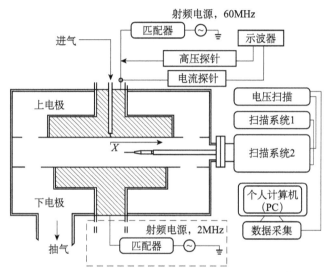

图 4-33　60 MHz 电容耦合放电等离子体实验装置[23]

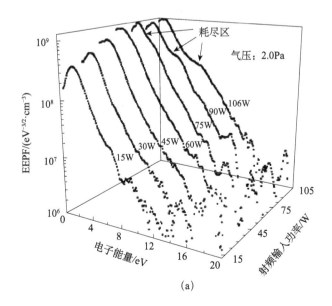

(a)

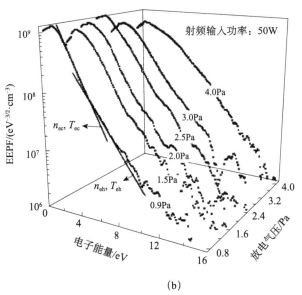

(b)

图 4-34　不同放电功率和放电气压下的 EEPF[23]

　　Ahn 等[24] 采用射频补偿的朗缪尔探针和 B 点探针测量了 90 MHz 电容耦合放电等离子体中的 EEDF 和随时间变化的角向磁场，实验装置如图 4-35 所示。B 点探针是由直径 0.15 mm 钨丝制作、外径为 6 mm 的单匝线圈和中心抽头变压器组成，中心抽头变压器用于排除不需要的容性信号。探针线圈表面的法线与电极平行，测量随时间变化的角向磁场。用亥姆霍兹线圈装置产生的已知幅度的射频磁场对 B 点探针系统进行标定。图 4-36 为 90 MHz 电容耦合放电等离子体装置中放电功率 100 W、放电气压 53.3 Pa 和 6.67 Pa 时角向磁场的径向分布。

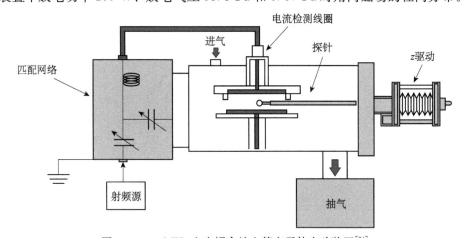

图 4-35　90 MHz 电容耦合放电等离子体实验装置[24]

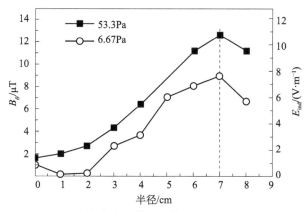

图 4-36　90 MHz 电容耦合放电等离子体装置中角向磁场的径向分布[24]

4.9　脉冲等离子体的探针诊断

4.9.1　脉冲磁控放电等离子体的探针诊断

高功率脉冲直流磁控放电在薄膜的溅射沉积中得到重要应用。峰值高达几 kW/cm² 的放电脉冲中，靶的功率负荷远高于传统直流磁控溅射中靶功率负荷的最大值（通常小于 10 W/cm²）。高的靶功率密度导致在溅射靶前产生非常致密的放电等离子体。因此，薄膜沉积可以在溅射原子的高离化通量中进行。高功率脉冲直流磁控放电是一个非常复杂的环境，具有高度不均匀的结构、快速的鞘层动力学以及脉冲过程中扩散机理和等离子体成分的瞬态变化。因此，这种放电等离子体的诊断主要涉及高功率、短脉冲放电的瞬态行为和局域的参数变化。

Pajdarová 等采用时间分辨的朗缪尔探针，测量了高功率脉冲磁控放电电子能量分布的瞬态演化和局域等离子体参数（如电子密度、等离子体电势和悬浮电势）[25]。磁控放电由脉冲直流电源驱动，脉冲重复频率为 $f_r = 1$ kHz，电压脉冲持续时间 $t_1 = 200$ μs，即占空比固定为 $t_1/T = 20\%$，其中脉冲周期 $T = 1/f_r$。$t_1/T = 20\%$ 为比较低的占空比，可以避免靶材过热以及高靶功率负载下放电的不稳定，但已高于一般的高功率脉冲磁控放电。

使用 ESPION Hiden 朗缪尔探针在基底位置进行时间分辨朗缪尔探针测量，如图 4-37 所示。钨制的圆柱形探针头（直径 0.15 mm，长度 10 mm）位于放电中心线上并与放电轴垂直。接地的真空室壁作为探针测量的参考电极。由于在高靶功率负载下沉积速率非常高（约 2 μm/min），在清洗过程中必须施加较大的探针负偏压。因此，使用附加的屏蔽罩来保护探头系统的补偿电极防止绝缘层发生电击穿。探针半径为 $r_p = 0.075$ mm，远小于电子平均自由程（$\lambda_e > 5$ mm），但大于或接近于德拜长度（$\lambda_D = 0.007 \sim 0.080$ mm），因此，针尖尺寸满足了朗缪尔探针诊断的基本要求。由于基底位置的磁场强度较低（$B \sim 1$ Gs），因此磁场不影响电子的收集。每次测量前，探头施加-100 V偏压，持续100 ms，以溅射清洁针尖表面。此外，在高靶功率负载下，在每次5 ms的数据采集之前，清洁过程定期运行95 ms。在脉冲启动（$t = 0$ μs）后，在连续脉冲中选定测量时间t_m，依次记录探头I-V特性曲线上的各个点。然后，在脉冲持续期间，在相同测量时间记录一组数据（通常是几十个），再对数据平均得到最终I-V特性曲线。该方法为后续分析提供了足够平滑的探针特性。用Druyvesteyn公式来确定电子能量分布函数$f(E)$。利用平均探针特性确定的EEDF值与在脉冲期间测量的单个探针特性确定的EEDF值之间的差异，可以评估EEDF的测量误差，相对误差为17%。

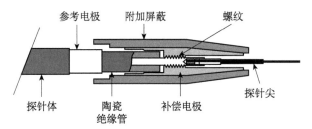

图4-37　ESPION Hiden 朗缪尔探针[25]

图4-38为平均脉冲电流$I_{da} = 5$ A和50 A时，磁控放电电压$U_d(t)$和放电电流$I_d(t)$的波形。在脉冲期间，磁控放电电压几乎保持恒定，脉冲开始时会出现短暂的过冲。当$I_{da} = 50$ A时，在脉冲启动后大约75 μs建立稳态放电。

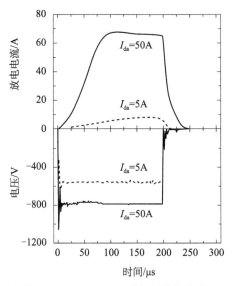

图4-38　平均脉冲电流$I_{da} = 5$ A和50 A时的磁控放电电压和放电电流波形[25]

　　图 4-39 为基底位置在脉冲期间和脉冲后不久的电子能量分布时间演化。在 $I_{da} = 50$ A 的脉冲过程中可以观察到了两个能量的电子分布，高能电子的布居数比低能电子的布居数低得多（至少 100 倍）。在高功率脉冲一开始（$t_m = 10$ μs）时，EEDF 呈双峰分布，而在脉冲终止后（$t_m = 300$ μs），EEDF 演变为单峰分布。在脉冲过程中，由于输送到放电等离子体的功率增加，EEDF 随着时间的推移而向高能区扩展。当 $I_{da} = 5$ A 时，EEDF 的值整体较低，不能得到明显的结构。另外，电子温度、电子密度、等离子体电势和悬浮电势也随脉冲持续时间而发生演变，如图 4-40 所示。

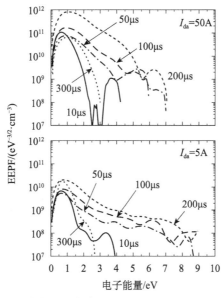

图 4-39　在脉冲期间和脉冲后不久的电子能量分布时间演化[25]

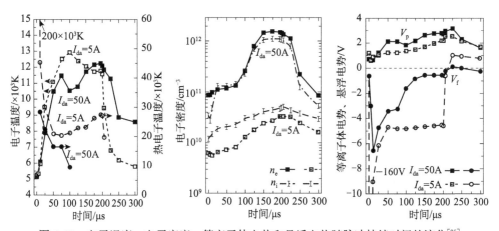

图 4-40　电子温度、电子密度、等离子体电势和悬浮电势随脉冲持续时间的演化[25]

4.9.2 脉冲激光等离子体的探针诊断

利用高能激光束烧蚀靶材料表面来沉积薄膜是一种新的薄膜制备技术。将准分子激光器等大功率激光器产生的高能量激光束透过窗口引进真空室中，照射到靶材料上，使之加热气化蒸发形成羽状等离子体，继而沉积到基片上，即为薄膜沉积的脉冲激光法。脉冲激光法可用于制备陶瓷薄膜、高 T_c 氧化物超导薄膜和类金刚石薄膜等。

用纳秒激光脉冲加热固体时，在激光脉冲持续的时间内，激光烧蚀导致了固体材料的剧烈蒸发，蒸发的材料进一步吸收激光被加热而离化[26-27]。在激光脉冲持续期间，等离子体密度梯度驱动材料的膨胀，产生超声束流。在激光脉冲结束时，蒸发的材料形成一个 $10 \sim 100 \ \mu m$ 的羽状等离子体层，密度约 $10^{19} \ cm^{-3}$、温度为几个 eV，如图 4-41 所示。由于梯度最大处与靶面垂直，束流加速度的最大值也处于与靶面垂直的方向。

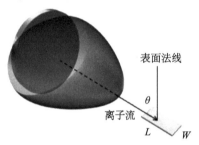

图 4-41　脉冲激光等离子体的羽状等离子体[27]

脉冲激光等离子体膨胀过程的理论描述如下：根据 Spitzer 的电子-离子均分表达式，电子-离子碰撞速率足以维持电子与离子之间的温度平衡，即 $T_e = T_i = T$，因此等离子体压强为

$$p = n_i(Z+1)kT \tag{4-109}$$

式中，n_i 为离子密度，Z 为平均离子电荷，k 为玻尔兹曼常量，T 为温度。由于德拜长度远小于等离子体尺寸，故可以忽略电荷分离对膨胀动力学的影响。根据 Attwood 的分析，对等离子体压强梯度产生贡献的因素有两个：一个是离子密度梯度

$$\frac{\partial p_i}{\partial x} = \gamma kT \frac{\partial n_i}{\partial x} \tag{4-110}$$

另一个是电子密度梯度导致的双极电场

$$E = -\frac{1}{en_e}\frac{\partial p_e}{\partial x} = -\frac{1}{en_e}\gamma kT \frac{\partial n_e}{\partial x} \tag{4-111}$$

这个双极电场也对离子起作用。离子的动量方程为

$$m_i n_i \left[\frac{\partial}{\partial t} + v_i \frac{\partial}{\partial x}\right] v_i = -(Z+1)\gamma kT \frac{\partial n_i}{\partial x} \tag{4-112}$$

式中，m_i 为离子质量，v_i 为离子流速度，γ 为比热的比值。

脉冲激光等离子体中任意点的电子温度可以利用下式计算

$$T(x,\ y,\ z)=(5\gamma-3)(\gamma-1)(2\gamma)^{-1}\frac{E_\mathrm{p}m}{kM_\mathrm{p}}\left(\frac{X_0Y_0Z_0}{XYZ}\right)^{\gamma-1}\left[1-\frac{x^2}{X^2}-\frac{y^2}{Y^2}-\frac{z^2}{Z^2}\right]$$

$$(4\text{-}113)$$

式中，E_p 为羽状等离子体中的实际温度，M_p 为羽的质量，m 为原子或离子质量，X、Y、Z 为羽前方半轴坐标。

　　脉冲激光等离子体特性也可以使用探针测量，图 4-42 为探针表面垂直于等离子体束流获得的离子流信号和探针表面平行于等离子体束流获得的电子流信号。当烧蚀等离子体到达探针时，电流信号快速上升；在最大离子通量时刻，电流信号达到最大；然后随着等离子体扩展到距探针更远处，电流信号下降，同时到达探针的等离子体密度和速度也下降。在最大离子通量时刻的离子能量为 100eV。图 4-43 为探针表面平行于等离子体束流获得的 I-V 特性曲线，对应于离子飞行时间 5.5 μs 的时刻。从半对数图线性部分得到电子温度 kT_e 为 0.3eV。图 4-44 为等离子体束流经过探针时测得的电子温度变化和根据式（4-113）计算的等离子体温度，两者具有相同的变化趋势。

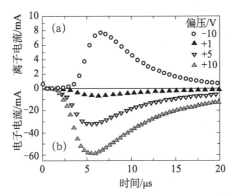

图 4-42　探针获得的离子流和电子流信号[27]

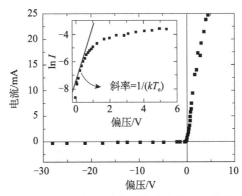

图 4-43　探针表面平行于等离子体束流的 I-V 特性曲线[27]

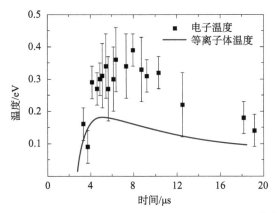

图 4-44   等离子体束流经过探针时的电子温度变化[27]

4.10   化学活性等离子体的探针诊断

4.10.1   化学活性等离子体中的探针污染

朗缪尔探针除了用于诊断惰性气体的放电等离子体外，在化学活性等离子体的诊断中也有非常重要的作用。与惰性气体放电等离子体的诊断所不同的是，在化学活性等离子体环境中，探针上会沉积薄膜使探针表面污染。探针表面的污染将改变功函数，导致探针特性曲线的变形或者滞后现象，从而使探针诊断变得更复杂。例如，在采用硅烷等离子体沉积 a-Si 薄膜时[28]，随着沉积时间的延长，由于探针表面沉积的薄膜厚度的改变，用双探针测量的 I-V 特性曲线发生了变化，如图 4-45 所示，这将对电子温度的确定产生影响。

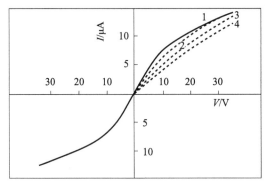

图 4-45   硅烷等离子体沉积 a-Si 薄膜时不同时刻的双探针 I-V 特性曲线[28]

(1：0 min；2：10 min；3：70 min；4：120 min)

　　为了解决探针技术在化学活性等离子体诊断中的问题，对于非导电材料沉积的污染，主要采用三种途径解决：①理论修正，即将沉积的薄膜当作探针的串联电阻来考虑；②测量技术的改进，即采用发射探针、电容耦合探针、悬浮探针、等离子体振荡探针、三探针、热探针等探针技术；③探针表面清洗，即采用周期性离子轰击探针表面并用短扫描时间测量，或采用直接或间接连续加热去除探针表面的薄膜，防止非导电层的形成。

4.10.2　发射探针技术

　　发射探针[1]是一根能发射电子的热金属丝，可用于测量等离子体空间电势，方法很简单。使用时，探针本身温度很高，因此不易受污染。最简单的发射探针使用高电阻率、高熔点的环状导线作为探针头，如图 4-46 所示，导线的两端分别连接到两根有绝缘外层的低电阻率导线上，这两根导线穿过探针管体后再与加热电源连接，测量时加热电流是被切断的。

图 4-46　发射探针的结构示意图[1]

　　发射探针的基本原理如下：当发射探针浸入等离子体时，探针收集到的等离子体电子电流近似为

$$I_{pe} = \begin{cases} I_{p0} \exp\left[-\dfrac{V_p - V}{T_e}\right], & V < V_p \\[2mm] I_{p0}\left[1 + \dfrac{V - V_p}{T_e}\right]^{1/2}, & V > V_p \end{cases} \tag{4-114}$$

探针的发射电流近似为

$$I_{we} = \begin{cases} I_{w0} \exp\left[-\dfrac{V - V_p}{T_w}\right] g_w(V - V_p), & V < V_p \\[2mm] I_{w0}, & V > V_p \end{cases} \tag{4-115}$$

其中，$g_w \approx [1 + (V - V_p)/T_w]^{1/2}$。忽略较小的离子电流，因此，探针的总电流为

$$I = I_{pe} - I_{we} \tag{4-116}$$

选择 $I_{w0} \approx I_{p0}$，并假设 $T_w \ll T_e$（T_w 为热金属丝发射的电子温度，取决于金属丝的温度），由于 I_{we} 的表达式中存在一个指数项，探针电流 I 在 $V - V_p \approx T_w$ 处发生陡变，等离子体电势就等于发生陡变处的探针电势。图 4-47 为 $T_e = 3$ V、

$T_w=0.3$ V 时探针的特性曲线。

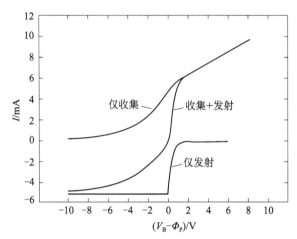

图 4-47　发射探针在 $T_e=3$ V、$T_w=0.3$V 时的探针特性曲线[1]

　　Sanders 采用脉冲发射探针技术测量了脉冲放电等离子体的等离子体电势[29]。图 4-48 为探针实物照片。探针头采用微型氙气灯泡的灯芯，是一个钨线圈制成的每圈 1mm 长的螺绕环，绕制的钨丝直径为 30 μm，制成的螺绕环直径约 240 μm，共六圈。用两个触针将螺绕环固定在插座上。探针支架为直径 2.5 mm、长 150 mm 的陶瓷管，通过陶瓷管内的双绞线实现探针的电气连接。图 4-49 为探针加热脉冲和发射电流的典型波形。用约 3.7 V 加热探针 20 ms，或者施加−50 V 偏压（约 36 mJ）加热探针，可以产生约 1.6 mA 的峰值发射电子电流。在加热脉冲后收集的电子电流在典型等离子体放电发生的时间段内相对恒定。对于 600 μs 的脉冲，收集到的电子电流在 1.58～1.51 mA，仅变化 4%。对于氩气中铌的高功率脉冲磁控溅射放电，时间分辨率约为 20 ns。使用安装在精密平动装置上的微型钨丝可实现约 1 mm 的空间分辨率。

图 4-48　发射探针实物照片[29]

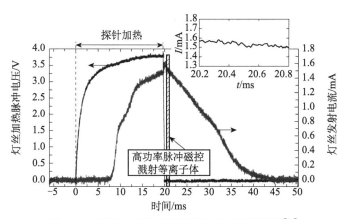

图 4-49 探针加热脉冲和发射电流的典型波形[29]

4.10.3 电容耦合探针技术

电容耦合探针[4] 是将方波调制的射频电压通过电容器 C_x 施加到平板探针上，在每个射频电压脉冲过程中，探针上产生直流负偏压。然后这个直流负偏压通过从等离子体来的正离子放电。因为离子流几乎与探针电压无关，探针电压的变化也基本是线性的，从离子流的时间导数就可能计算离子通量。这种方法与探针上沉积的薄膜厚度基本无关，但是需要有一个大的平板探针（探针直径为 50 mm）。

电容耦合探针的电路图如图 4-50 所示，等效电路如图 4-51 所示，其中 Z_{sh} 为鞘层阻抗，C_f 为沉积的薄膜的电容，经过这个薄膜层电压从 V_{surf} 降至 V_c，C_p 为分布电容。在射频电压脉冲过程中探针上产生直流负偏压，在射频电压脉冲关断后，通过 C_f 和 C_x 提供给探针一个扫描偏压，用高阻抗探针在图 4-50 的 C 点测量瞬间电压 V_p，用电阻 R 测量电流，就得到 I-V 特性曲线，如图 4-52 所示。采用适当的 C_x，完整的 I-V 特性曲线可以在几个微秒内测定。

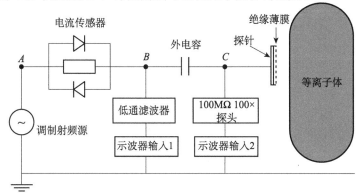

图 4-50 电容耦合探针的电路图[4]

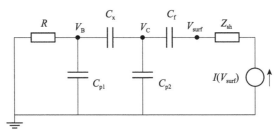

图 4-51　电容耦合探针的等效电路[4]

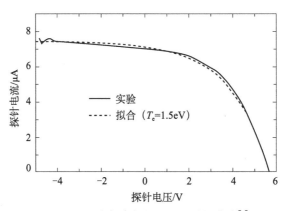

图 4-52　电容耦合探针的 I-V 特性曲线[4]

4.10.4　悬浮探针技术

悬浮探针[30] 采用较高的工作频率,基本不受探针尖薄膜沉积污染的影响,因此可用于等离子体加工过程的诊断,如薄膜沉积和刻蚀。

使用一个电容将一个单探针与测量网络隔开就构成了悬浮探针,其工作原理如下:在电子为麦克斯韦分布的条件下,当探针加了偏压后,流过探针尖的电流为

$$i_{pr} = i^+ - i^- \exp[e(V_B - V_p)/T_e] \tag{4-117}$$

式中,V_p 为等离子体电势,i^+、i^- 分别为离子、电子饱和电流。若探针所加偏压为 $V_B = \bar{V} + V_0\cos\omega t$,则 i_{pr} 为

$$i_{pr} = i^+ - i^- \exp[e(\bar{V} - V_p)/T_e]\exp[eV_0\cos\omega t/T_e] \tag{4-118}$$

用修正的贝塞尔函数 $I_k(z)$ 将 i_{pr} 展开,并将直流项与交流项分离,则

$$
\begin{aligned}
i_{pr} = {} & i^+ - i^- \exp[e(\bar{V} - V_p)/T_e]I_0(eV_0/T_e) \\
& - 2i^- \exp[e(\bar{V} - V_p)]\sum_{k=1}^{\infty} I_k(eV_0/T_e)\cos(k\omega t)
\end{aligned} \tag{4-119}
$$

在实验中,采用电容器将直流部分隔断,则 i_{pr} 的直流部分将为 0,即

$$i_{dc} = i^+ - i^- \exp[e(\bar{V} - V_p)/T_e] I_0(eV_0/T_e) = 0 \qquad (4\text{-}120)$$

因此，探针的电流变为

$$i_{pr} = -2i^- \exp[e(\bar{V} - V_p)/T_e][I_1\cos(\omega t) + I_2\cos(2\omega t) + \cdots]$$

$$= -2i^- \exp[e(\bar{V} - V_p)/T_e][i_{1\omega} + i_{2\omega} + \cdots] \qquad (4\text{-}121)$$

式（4-121）表明，当探针电压以角频率 ω 振荡时，探针中的电流将产生高次谐波。由于每一个谐波电流的幅度都只是 T_e 和 V_0 的函数，通过比较任意两个谐波的幅度就可以得到电子温度。一次、二次谐波幅度的比为

$$|i_{1\omega}| / |i_{2\omega}| = I_1(eV_0/T_e)/I_2(eV_0/T_e) \qquad (4\text{-}122)$$

因此，通过测量 1ω 和 2ω 的电流，就可以确定电子温度，如图 4-53 所示。

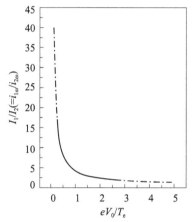

图 4-53　探针一次、二次谐波电流的幅度比与电子温度的关系[30]

根据式（4-120）和式（4-121），探针电流的一次谐波为

$$i_{1\omega} = -2i^-(I_1/I_0)\cos\omega t$$

$$= -2(0.61en_iu_BA)(I_1/I_0)\cos\omega t \qquad (4\text{-}123)$$

式中，n_i 为离子密度，u_B 为玻姆速度，A 为探针面积。因此，通过测量电流一次谐波的幅值，就可以计算出离子密度

$$n_i = \frac{|i_{1\omega}|}{2(0.61eu_BA)} \frac{I_0(eV_0/T_e)}{I_1(eV_0/T_e)} \qquad (4\text{-}124)$$

在式（4-122）、式（4-124）中，假定鞘层的电压降与探针振荡电压 V_0 相等。在实际测量电路中，由于电流取样电阻、直流隔断电容和射频滤波器的存在，减小了鞘层的电压降，因此在精确测量电子温度和离子密度时，需要作适当修正。

图 4-54 为悬浮探针系统示意图，包括探针、信号发生器、差分放大器。信号发生器产生的峰-峰电压为 4V、频率为 22.5 kHz 的正弦信号施加到探针上，用取样电阻和差分放大器测量电流，用快速傅里叶变换（FFT）分离 1ω 和 2ω 信号，直流信号用电容隔断。

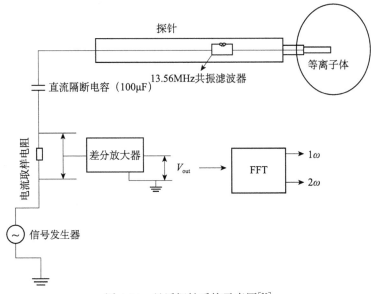

图 4-54 悬浮探针系统示意图[30]

图 4-55 为用悬浮探针测量的 CF_4 放电前后的电子温度和等离子体密度，可见探针表面沉积的 C：F 层对测量结果的影响极小。

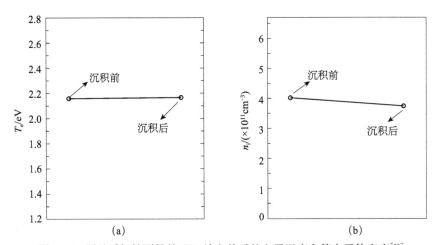

图 4-55 用悬浮探针测量的 CF_4 放电前后的电子温度和等离子体密度[30]

Choi 采用脉冲悬浮探针技术测量了放电等离子体的 EEDF 特性[31]。图 4-56 为测量电路和探针示意图。朗缪尔探头由测量头、参考环和射频扼流滤波器组成，与直流隔离电容相连，因此探针电势处于悬浮状态。浮动电势通过电子和离子之间的电荷平衡来决定。通过监测传感电阻上的电压来测量等离子体电流。

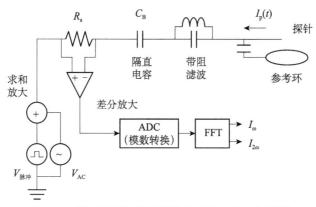

图 4-56　脉冲悬浮探针的测量电路和探针示意图[31]

　　图 4-57 为探针施加 0.5 Hz 和 20 V_{pp} 方脉冲电压时测得的 I-V 特性曲线。图中电压采用示波器测量，展示出电容器的充放电特性。当不向探针施加方脉冲电压时，探针的浮动电势约为 5.7 V，这是由电子电流和离子电流之间的平衡引起的。在悬浮探针上施加方脉冲电压后，探针电势随脉冲电压的上升或下降而变化。在脉冲电压上升时，由于电子流的流动，探针电压首先显著升高，然后下降。因为探针系统是电悬浮的，探针电压降低到初始电压以阻止电子电流，如图 4-57 的区域 A 所示。在脉冲电压下降时，几乎所有的电子都无法克服探针的鞘层电势，而离子和占总电子密度很小的高能电子流入探针。为了保持浮动探针的电中性，探针电压增加，如图 4-57 的区域 B 所示。与 A 区相比，B 区的时间响应变慢。由于探针 I-V 特性曲线中离子电流和电子电流之间的差异（相差几百倍），对串联电容器充电所需的时间是不同的。通过 A 区和 B 区的电压及电流，可以得到 I-V 特性曲线。根据 I-V 特性曲线可以获得 EEDF 特性。

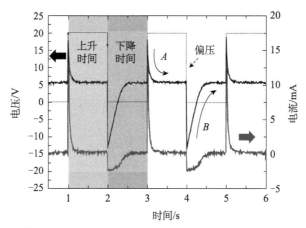

图 4-57　探针施加 0.5 Hz 和 20 V_{pp} 方脉冲电压时测得的 I-V 特性曲线[31]

4.10.5 三探针技术

在等离子体化学环境中，如果将导电的反应器壁作为单探针的参考电极，参考电极上的沉积层会使测量变得复杂，采用三探针[32-33]方法有助于解决这个问题。这种方法采用一个浮动的三探针系统，其中一个探针作为参考电极，因而与真空室壁无关。典型的三探针系统结构如图 4-58 所示。

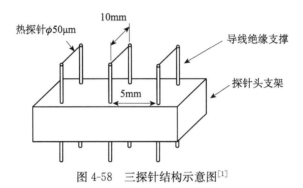

图 4-58 三探针结构示意图[1]

三探针的工作原理为：对于无碰撞、无磁场条件下的朗缪尔探针，探针特性为

$$I = \begin{cases} -I_- \exp\left(\dfrac{V-V_s}{T_e}\right) + I_+, & V < V_s \\ -I_-, & V \geqslant V_s \end{cases} \tag{4-125}$$

当三个探针 P_1、P_2、P_3 插入等离子体时（图 4-59），在 P_1、P_3 之间加恒定电压 V_{d3}，探针的电流为 I_1，定义 V_{d2} 为 P_1、P_2 之间的电压差。假定探针区域的空间电势 V_s 是均匀的，并以 V_1、V_2（$\equiv V_s - V_f$）、V_3 表示探针与 V_s 之间的电势差（图 4-60），则

$$V_{d2} = V_2 - V_1 \tag{4-126}$$

$$V_{d3} = V_3 - V_1 \tag{4-127}$$

利用式（4-125），流过三个探针的电流可写为

$$-I_1 = -I_- \exp\left(-\frac{V_1}{T_e}\right) + I_+ \tag{4-128}$$

$$0 = -I_- \exp\left(-\frac{V_2}{T_e}\right) + I_+ \tag{4-129}$$

$$I_1 = -I_- \exp\left(-\frac{V_3}{T_e}\right) + I_+ \tag{4-130}$$

由式（4-126）～式（4-130），可得到电子温度满足

$$2\exp(-V_{d2}/T_e) = 1 + \exp(-V_{d3}/T_e) \tag{4-131}$$

电子密度为

$$n_{\mathrm{e}} = \frac{I}{\exp(-1/2)A_+\, e\sqrt{T_{\mathrm{e}}/m_{\mathrm{i}}}}\,\frac{\exp(-V_{\mathrm{d}2}/T_{\mathrm{e}})}{1-\exp(-V_{\mathrm{d}2}/T_{\mathrm{e}})} \tag{4-132}$$

式中，I 为探针电流，A_+ 为探针离子收集面积，m_{i} 为等离子体的离子质量。

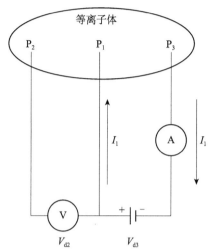

图 4-59　插入等离子体中的三探针 P_1、P_2、P_3[33]

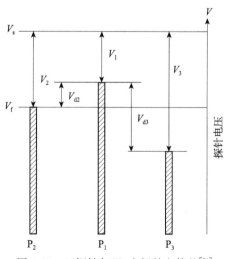

图 4-60　三探针与 V_{s} 之间的电势差[34]

Biswas 等将三探针系统应用于磁化等离子体线性实验装置（magnetized plasma linear experimental，MaPLE）的等离子体参数 n_{e} 和 T_{e} 测量[34]。图 4-61 为探针结构示意图。探针头由钨丝制成，暴露在等离子体中的长度为 3 mm，两个针尖（P_1 和 P_2）的直径为 0.5 mm，第三个针尖（P_3）的直径为 1 mm，形成一个不对称的三探针结构，$2A_1 = 2A_2 = A_3$。在探针配置中，选择更大直径的 P_3，以确保它能吸引足够大的离子电流，迫使 P_1 不仅从高能尾部收集电子，而且从大部分能量分布中收集电子，以测量更真实的体电子温度。探针头之间的间距为 1.5 mm，远大于鞘层厚度，以确保探针周围的鞘层不发生重叠。为了将测量中磁场的影响降至最低，探针头与磁场垂直放置，以使探针的投影面积最大。连接探针尖端的线也保持垂直于磁场，以避免一个尖端对下一个尖端产生阴影效应。

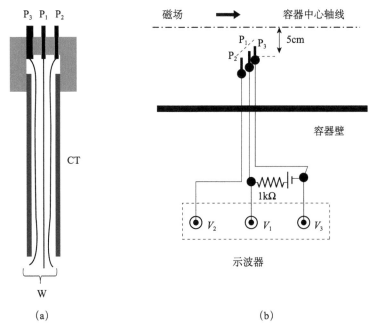

图 4-61　应用于 MaPLE 装置的三探针系统结构示意图[34]

P_1：电子收集探针；P_2：悬浮探针；P_3：离子收集探针；CT：陶瓷管；W：连接线

4.10.6　射频阻抗探针和等离子体振荡探针技术

可用于化学活性等离子体诊断的探针还包括射频阻抗探针和等离子体振荡探针[4]。

射频阻抗探针利用了探针阻抗随探针参数（密度、碰撞频率）变化的原理。探针阻抗直接利用矢量阻抗计测量。在作适当简化的假定后，等离子体阻抗可以用电桥测量。

等离子体振荡探针如图 4-62 所示，通过对热丝加适当偏压产生频率为 ω_{pe} 的电子束，并发射至等离子体。电子束激发起频率在 ω_{pe} 附近的等离子体波，可以用小天线（探针）探测或高频频谱分析仪测量该等离子体波的频率。因为等离子体波频率直接与电子密度相关，就可以获得等离子体密度。

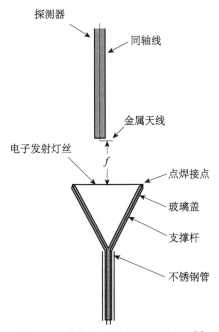

图 4-62　等离子体振荡探针示意图[4]

4.10.7　热探针技术

热探针[35] 诊断方法是以球形探针的温度-电压特性为基础。一个半径为 r_p 加了偏压 V 的球形探针置于离子密度为 $n_i \approx n_0$ 的等离子体中时，在偏压 V 作用下，带电粒子轰击探针，导致探针的温升。探针的能量平衡由下式给出

$$\frac{4}{3}\pi r_p^3 \rho C \frac{\mathrm{d}T_p}{\mathrm{d}t} = Q_H - 4\pi r_p^2 (q_R + q_K) \tag{4-133}$$

式中，ρ 为探针材料的质量密度，C 为热容量，q_R 为辐射降温项，q_K 为克努森传导热通量，T_p 为探针温度。

由正负电荷碰撞和电子-离子复合产生的升温速率 Q_H 可以写为

$$Q_H = Q_{H,e} + Q_{H,i} + Q_{H,ni} \tag{4-134}$$

式中，下标 e、i、ni 分别对应于电子、正离子和负离子。当 $V \leqslant V_p$ 时，电子轰击探针导致的升温速率 $Q_{H,e}$ 可以写为

$$\mathrm{d}Q_{H,e} = \frac{\mathrm{d}I_e}{e}\frac{m_e v_e^2}{2} \tag{4-135}$$

式中，$\mathrm{d}I_e/e$ 为在单位时间间隔内以速度 v_e 到达探针的电子数目，而 $\mathrm{d}I_e/e$ 为

$$\frac{\mathrm{d}I_e}{e} = S v_e \mathrm{d}n_e = S v_e n_e f(v_e)\mathrm{d}v_e \tag{4-136}$$

假设电子为麦克斯韦分布，升温速率 $Q_{H,e}$ 变为

$$Q_{H,e}(V) = \pi S n_e \frac{m_e}{2} \left(\frac{m_e}{2\pi k T_e}\right)^{3/2} \int_{v_{min}}^{\infty} v_e^5 \left(1 - \frac{v_{min}^2}{v_e^2}\right) \exp\left(-\frac{m_e v_e^2}{v_e^2}\right) dv_e \quad (4\text{-}137)$$

积分后得到

$$Q_{H,e}(V) = n_e S \frac{k T_e}{\sqrt{\pi}} \sqrt{\frac{2 k T_e}{m_e}} \left(\frac{eV}{2 k T_e} + 1\right) \exp\left(\frac{eV}{k T_e}\right) \quad (4\text{-}138)$$

式中，S 为探针表面积。采用类似的方法，得到正离子轰击探针导致的升温速率 $Q_{H,i}$，由下式给出

$$Q_{H,i}(V) = \frac{I_i(V)}{e}\left[\zeta eV + \eta e(\varepsilon_i - \phi)\right] \quad (4\text{-}139)$$

式中，$I_i(V)$ 为 $V \leqslant V_p$ 时收集到的正离子流，ε_i 为离化能，ϕ 为探针材料的功函数，ζ 为表述正离子与探针之间动能传递效率的系数，η 为描述非弹性能量传递的系数。

辐射降温项 q_R 由斯特藩-玻尔兹曼（Stefan-Boltzmann）定量给出

$$q_R = \sigma(\varepsilon_R T_p^4 - a_R T_n^4) \quad (4\text{-}140)$$

式中，σ 为斯特藩-玻尔兹曼常量，ε_R 为探针发射率，a_R 为吸收率，T_n 为气体温度。

克努森传导热通量 q_K 为

$$q_K = \frac{1}{4} \frac{\gamma + 1}{4(\gamma - 1)} \frac{p}{\sqrt{T_n}} \left(\frac{8k}{\pi m_i}\right)^{1/2} \alpha(T_p - T_n) \quad (4\text{-}141)$$

式中，p 为压强，γ 为气体比热容，α 为适配系数。

图 4-63 为在热平衡（$dT_p/dt = 0$）时数值计算得到的 Ar 的 Q_H、$Q_{H,e}$、$Q_{H,i}$、$Q_{H,e}^*$ 和 $\Delta T = T_p - T_n$。计算时，取 $T_e = 1.5$ eV，$T_i = 0.15$ eV，$V_p = 0$ V，$T_n = 300$ K，$p = 0.133$ Pa，$r_p = 2$ mm，$\phi = 5.4$ eV，$n_0 = 5 \times 10^{14}$ m^{-3}，$\varepsilon_R = a_R = 1$，$\alpha = 1$，$\eta = 1$，$\xi = 0$，$\zeta = 1$、0.1、0.01。计算 $Q_{H,e}^*$ 时假定每个电子碰撞探针表面的平均能量是 $E_m = 2 k T_e$。在 $p < 13.3$ Pa 时，q_K 可以忽略。$I_i(V \leqslant V_p)$ 和 $I_e(V \geqslant V_p)$ 均采用受限轨道运动模型的表达式，即

$$I_{i,e}(V) = e n_{i,e} S \sqrt{\frac{k T_B}{2\pi m_{i,e}}} \frac{2}{\sqrt{\pi}} \left(1 \pm \frac{e(V_p - V)}{k T_B}\right) \quad (4\text{-}142)$$

T_B 为有效温度，由 $T_B = T_e T_i (\xi + 1)/(\xi T_e + T_i)$ 给出，其中 T_i 为正离子温度，ξ 为负离子与电子的密度比，$\xi = n_{ni}/n_e$。在 $V \leqslant V_p$ 时，$Q_{H,e}^*$ 呈线性变化。对于 $\xi = 1$（$V \leqslant V_p$），ΔT 呈抛物线形，对于 $\xi \leqslant 1$，ΔT 呈线性变化。

根据 $T_p(V)$，可以得到等离子体参数。例如，如果 V_1、V_2 为两个不同的电势，且有 $V_1 < V_2 \ll V_p$ 和 $\Delta V = V_2 - V_1$，利用式（4-133）、式（4-139）、式

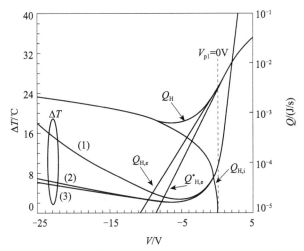

图 4-63　热平衡时数值计算得到的 Ar 的 Q_H、$Q_{H,e}$、$Q_{H,i}$、$Q_{H,e}^*$ 和 $\Delta T = T_p - T_n$[35]

（4-140）和式（4-142）可以得到

$$n_0 = \frac{\pi \sigma \varepsilon_R (T_{p1}^4 - T_{p2}^4)}{\psi \left[\zeta \left(1 - \frac{e\Delta V}{kT_B} + 2\frac{e|V_1|}{kT_B} \right) + \eta \left(\frac{e(\varepsilon_i - \phi)}{kT_B} \right) \right]} \tag{4-143}$$

式中，$\psi = e\Delta V (2kT_B/m_i)^{1/2}$，$T_{p1} = T_p(V_1)$，$T_{p2} = T_p(V_2)$。如果在 $T_p(V_f)$、$T_p(V_{pl})$ 时采用式（4-133），则

$$\xi = \frac{\sigma \varepsilon_R \{ [T_p(V_p)]^4 - [T_p(V_f)]^4 \} - n_0(\Omega_e + \Lambda_i)}{n_0(\Omega_{ni} + \Lambda_i) - \sigma \varepsilon_R [T_p(V_p)]^4 - [T_p(V_f)]^4} \tag{4-144}$$

式中，

$$\Omega_{e,ni} = kT_{e,ni} \sqrt{\frac{2kT_{e,ni}}{\pi m_{e,ni}}} \left[1 - \left(\frac{eV_f}{kT_{e,ni}} \right) \exp\left(\frac{eV_f}{kT_{e,ni}} \right) \right] \tag{4-145}$$

$$\Lambda_i = \frac{e|V_f|}{\pi} \sqrt{\frac{2kT_B}{m_i}} \left[\zeta \left(\frac{eV_f}{kT_B} - 1 \right) - \eta \frac{\varepsilon_i - \phi}{kT_B} \right] \tag{4-146}$$

要从式（4-144）得到 ξ，需要从 V_f 确定 T_e，或者从 $T_p(V)$ 曲线的电子拒斥区拟合得到 T_e。然后根据式（4-143）得到 n_0。由于式（4-143）、式（4-144）与 T_{ni} 稍稍有关，因此这两式近似满足的条件是 $T_i \sim T_{ni} \approx T_e/10$。

热探针的结构如图 4-64 所示，球探针的直径为 4 mm，用金制作，在球探针的中心安装热电偶来测量 $T_p(V)$。在确定球探针表面和内部温度时，需要对热电偶作标定。测量时，$T_p(V)$ 的取样时间应保持一定间隔，以保证球探针达到热平衡。

图 4-65 为用热探针测量的 Ar、SF_6、O_2 放电等离子体的 $T_p(V)$ 关系曲线和 $I_p(V)$ 关系曲线。

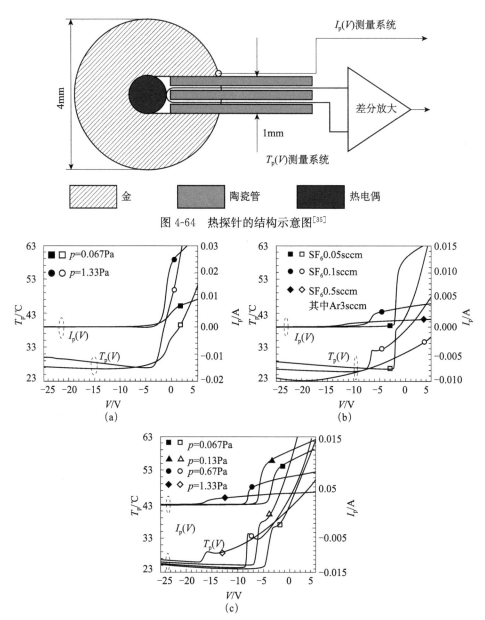

图 4-64 热探针的结构示意图[35]

图 4-65 用热探针测量的 Ar（a）、SF₆/Ar（b）、O₂（c）放电等
离子体的 T_p（V）关系曲线和 I_p（V）关系曲线[35]

4.10.8 探针表面的清洗方法

在化学活性等离子体中作诊断时，可以采用三种方法清洗探针表面沉积的薄膜[36]：①离子轰击；②电子轰击；③欧姆加热。

采用离子轰击方法清洗时，过量的离子轰击可能会损坏探针的表面，导致探针收集到的电子流降低。

电子轰击方法清洗适用于气压在 $1.33 \times 10^{-1} \sim 1.33 \times 10^{3} \, \mathrm{Pa}$ 的静态或准静态辉光放电中进行，清洗方法是测量前在探针上加正偏压产生辉光放电使探针加热到 $800 \, \mathrm{℃}$ 以去除沉积物。这种方法特别适合柱状探针。

欧姆加热方法清洗适用于气压 $\leqslant 1.33 \times 10^{-1} \, \mathrm{Pa}$ 的脉冲或准脉冲放电系统。清洗方法是测量前给探针通电流使之加热到 $800 \, \mathrm{℃}$ 并保持 $2 \, \mathrm{s}$，可以去除沉积物。

实践表明，电子轰击和欧姆加热是清洗探针表面薄膜沉积的有效方法。

4.11　电负性等离子体的探针诊断

具有明显捕捉自由电子而形成负离子的气体为电负性气体，利用电负性气体放电形成的等离子体为电负性等离子体（electronegative plasmas）。电负性等离子体采用负离子与电子密度之比（$\alpha = n_{-}/n_{e}$）和电子与离子温度之比（$\gamma = T_{e}/T_{-}$）来表征，比率 $\alpha = n_{-}/n_{e}$ 称为电负性。根据电负性的大小，等离子体分为弱电负性等离子体和强电负性等离子体。对于较低的 α，电子是主要的负电荷和电流载体，而对于较高的 α，负离子起着更重要的作用。当 α 变得非常大（大约 1000 个数量级）时，电子密度可以忽略不计，这种等离子体称为完全由离子动力学控制的离子-离子等离子体。

Bredin 等根据电负性等离子体探针诊断理论与技术的发展，总结了电负性等离子体探针诊断的两种方法[37-38]：①I-V 特性与二阶导数拟合法，这种方法使用分析模型将朗缪尔探针的电流-电压（I-V）特性及其二阶导数表示为电子与离子密度（n_{e}、n_{+}、n_{-}）、温度（T_{e}、T_{+}、T_{-}）和质量（m_{e}、m_{+}、m_{-}）的函数。通过调整这些变量和参数，将分析曲线与实验数据拟合。达到最佳拟合时，获得电子与离子密度（n_{e}、n_{+}、n_{-}）、温度（T_{e}、T_{+}、T_{-}）参数。②I-V 特性直接分析法，这种方法通过测量 I-V 特性，由经典探针技术确定电子密度、温度和正离子的饱和离子电流。由于电负性 α_{0} 和离子密度与修正的玻姆速度相耦合，因此通过迭代方法可以推导出电负性 α_{0} 和离子密度。

4.11.1　I-V 特性与二阶导数拟合法

定义探针的总电流-电压特性为

$$I(V) = I_{e}(V) + I_{-}(V) + I_{+}(V) \tag{4-147}$$

式中，I_{e}、I_{-}、I_{+} 分别是电子、负离子和正离子电流。

当电势 V 低于等离子体电势 V_{p} 时，负电荷（电子和负离子）被排斥在探针之外，假设下列玻尔兹曼关系满足

$$I_e(V) = \frac{eAn_e\upsilon_e}{4}\exp\left(\frac{V_p - V}{T_e}\right) \tag{4-148}$$

$$I_-(V) = I_-(V_p)\exp\left(\frac{V_p - V}{T_-}\right) \tag{4-149}$$

式中，$A = 2\pi la + 2\pi a^2$ 为探针表面积，a 为探针半径，l 为探针长度；$\upsilon_e = \sqrt{8eT_e/(\pi m_e)}$ 为电子热速度；$I_-(V_p)$ 为方程（4-157）给出的等离子体电势下的电流。假设吸引到探针上的正电荷电流具有以下形式：

$$I_+(V) = -h_r n_+ eu_{B+}^* S_{sh}(V) \tag{4-150}$$

式中，$h_r = 0.6$ 为用氩测量校准的边缘到中心的正离子密度比，$S_{sh}(V) = 2\pi lr_c(V) + 2\pi r_c^2(V)$ 为探针有效收集面积，该面积不同于探针面积，因为在探针表面形成了一个尺寸为 $s = r_c(V) - a$ 的正离子鞘层。鞘层尺寸 s 根据蔡尔德定律鞘层模型计算。在鞘层边缘，正离子具有修正的玻姆速度

$$u_{B+}^* = \sqrt{eT_e/m_+}\sqrt{\frac{1+\alpha_s}{1+\gamma\alpha_s}} \tag{4-151}$$

式中，α_s 是鞘层边缘的电负性，与中心的电负性关系为 $\alpha_s = \alpha_0\exp(\phi_s/(T_e(1-\gamma)))$，其中 ϕ_s 是鞘层/等离子体边界处的电势。

离子能量守恒给出

$$\frac{1}{2}m_+ u^2(r) = e\Phi(r) \tag{4-152}$$

利用 $E = -d\Phi/dr$，得到

$$\frac{du}{dr} = \frac{eE}{Mu(r)} \tag{4-153}$$

高斯定律给出

$$\frac{dE}{dr} = \frac{en(r)}{\epsilon_0} - \frac{E}{r} \tag{4-154}$$

使用鞘层中的离子电流连续性（无电离），即 $rJ(r) = RJ_0$，并且 $J_0 = h_r neu_{B+}^*$，鞘边缘的离子电流可以写为

$$\frac{dE}{dr} = \frac{RJ_0}{r\epsilon_0 u(r)} - \frac{E}{r} \tag{4-155}$$

对式（4-153）和式（4-155）进行数值积分得到 $r_{sh}(V)$。

当电势 V 高于等离子体电势 V_p 时，负电荷被吸引到探针上，电子饱和电流如下

$$I_e(V) = n_e eA\frac{\upsilon_e}{2}\left[2\sqrt{\frac{(V-V_p)/T_e}{\pi}} + \exp\left(\frac{V-V_p}{T_e}\right)\mathrm{erfc}\left(\sqrt{\frac{V-V_p}{T_e}}\right)\right] \tag{4-156}$$

负离子电流写为

$$I_-(V) = -h_r n_- e u_{B-}^* S_{sh}(V) \tag{4-157}$$

式中，$u_{B-}^* = \sqrt{eT_+/m_-}$，$S_{sh}(V)$ 仍然为探针有效收集面积，当 $V > V_p$ 时采用负离子质量计算。正离子被排斥远离探针，并遵循玻尔兹曼关系

$$I_+(V) = I_+(V_p) \exp\left(\frac{V - V_p}{T_+}\right) \tag{4-158}$$

式中，$I_+(V_p)$ 是由式（4-150）给出的等离子体电势下的电流。

通过改变变量 n_e、n_+、n_-、T_e、T_+、T_-、m_+ 和 m_- 来计算 I-V 特性，当计算的 I-V 特性与实验测量的 I-V 特性达到最佳拟合时（图 4-66），就可以获得电子与离子密度（n_e、n_+、n_-）、温度（T_e、T_+、T_-）和质量（m_e、m_+、m_-）参量。

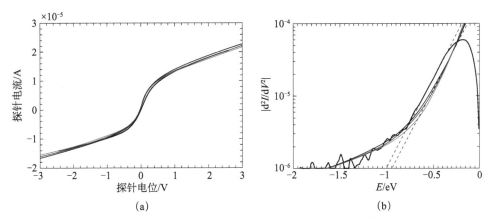

图 4-66　测量和拟合的 I-V 特性（正离子密度变化为 ±5%）(a) 和二阶导数（负离子温度变化为 ±10%）(b)[38]

4.11.2　I-V 特性直接分析法

I-V 特性直接分析法是一种更简单的方法，此方法只需要从 I-V 特性中获得电负性 $\alpha = n_-/n_e$ 和离子密度 n_+、n_-。这些量是相互关联的，因此方程组通过迭代就可以求解，这种方法也被称为"迭代技术"。迭代中用到的输入常量为 n_e、$\gamma = T_e/T_-$ 和 I_{sat+}。也可以通过测量 I-V 特性来确定这些参数。根据等离子体电势下的电流计算得出的电子密度 n_e 为

$$n_e = \frac{I(V_p)}{eA}\left(\frac{2\pi m_e}{T_e}\right)^{1/2} \tag{4-159}$$

式中，$I(V_p)$ 是等离子体电势下的探针电流，A 是探针表面积。T_e 通过测量的电子能量概率函数（EEPF）来确定

$$T_e = \frac{4\sqrt{2m_e/e}}{3n_e A}\int_0^{-\infty} I''(V)\,|V|^{3/2}\mathrm{d}V \tag{4-160}$$

式中，I'' 是探针电流的二阶导数。常量 T_- 固定为一个恒定值，I_{sat+} 为最负探针电势 V_{sat+} 处的电流值。

用迭代法确定 α_0、n_+ 和 n_-。电负性 α_0 表述为

$$\alpha_0 = \frac{n_+}{n_e} - 1 \tag{4-161}$$

正离子密度 n_+ 通过玻姆流体获得，写为

$$n_+ = \frac{I_{sat+}}{h_r S_{eff} e u_{B+}^*} \tag{4-162}$$

式中，S_{eff} 是根据蔡尔德定律模型计算的有效离子收集面积，该鞘层模型需要离子电流密度 $J_+ = h_r en u_{B+}^*$，它是正离子密度 n_+ 的函数，取决于修正的玻姆速度。因此，该系统可以采用迭代法求解。

在迭代开始时，设置初始值为 $\alpha_{0,0} = 2$ 和 $r_{sh,0} = 0$。系统迭代次数用 k 表示，其中 $\alpha_{s,k}$ 从 $\alpha_{0,k-1}$ 中计算得到。修正的玻姆速度表示为

$$u_{B+,k}^* = \sqrt{eT_e/m_+} \sqrt{\frac{1 + \alpha_{s,k-1}}{1 + \gamma \alpha_{s,k-1}}} \tag{4-163}$$

离子密度计算公式如下

$$n_{+,k} = \frac{I_{sat+}}{h_r S_{eff,k-1} e u_{B+,k}^*} \tag{4-164}$$

电负性为

$$\alpha_{0,k} = \frac{n_{+,k}}{n_e} - 1 \tag{4-165}$$

注入鞘层模型中的正离子电流表示为

$$J_{+,k} = h_r en_{+,k} u_{B+,k}^* \tag{4-166}$$

然后可以得到鞘层尺寸 $r_{sh,k}$，并导出有效收集面积

$$S_{eff,k} = 2\pi s_k l \tag{4-167}$$

式中，$s_k = r_{sh,k} + a$ 是鞘层半径。从这一点开始，重新注入所有值，从公式 (4-163) 开始新的迭代。当 $|\alpha_{0,k-1} - \alpha_{0,k}| < 0.01\alpha_{0,k}$ 时，迭代停止。

方程 (4-163)~(4-165) 中需要区分等离子体区的电负性 α_0 和鞘层边缘的电负性 α_s。由于负离子的温度较低，预鞘层排斥的负离子比电子多，因此等离子体区的电负性 α_0 和鞘层边缘的电负性 α_s 是不同的，它们的关系为

$$\alpha_s = \alpha_0 \exp\left(\frac{\phi_s}{T_e}(1 - \gamma)\right) \tag{4-168}$$

式中，ϕ_s 是鞘层/等离子体边界处相对于 V_p 的电势，此电势写为

$$\frac{\phi_s}{T_e} = \frac{1}{2}\left(\frac{1 + \alpha_s}{1 + \gamma \alpha_s}\right) \tag{4-169}$$

将等式 (4-168) 代入式 (4-169)，得到 α_0 为

$$\alpha_0 = \alpha_s \exp\left(-\frac{1}{2}\left(\frac{1+\alpha_s}{1+\gamma\alpha_s}\right)(1-\gamma)\right) \tag{4-170}$$

在式（4-170）中，α_s 采用图形法求解，如图 4-67 中不同 γ 值的曲线。

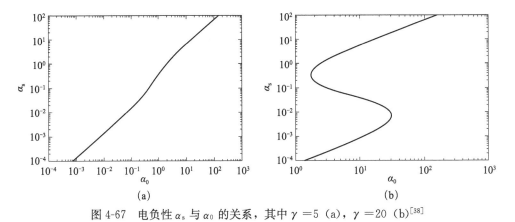

图 4-67 电负性 α_s 与 α_0 的关系，其中 $\gamma = 5$（a），$\gamma = 20$（b）[38]

4.12 尘埃等离子体的探针诊断

尘埃等离子体是一种含有凝聚态物质（如固体颗粒）的等离子体，等离子体中除了包含电子和离子外，还包含了带负电的粒子，其尺寸从几十 nm 到几十 μm 不等。这种等离子体系统可能出现在等离子体材料加工或星际空间等离子体中。这些尘埃粒子可能是注入的，也可能通过气相沉积或放电中材料烧蚀而形成。如果累积电荷 $n_d \times q_d$ 与等离子体密度 n_e 具有相同的量级，它可以作为电子阱强烈影响等离子体参数，如电子温度、电子密度、带电粒子浓度、等离子体电势和悬浮电势。

朗缪尔探针是尘埃等离子体参数诊断的工具之一，在惰性气体的尘埃等离子体诊断中获得成功应用。但是，当尘埃等离子体中含有化学活性纳米颗粒时，若采用常规的放电等离子体朗缪尔探针 I-V 特性测量技术，探针电压采用简单斜坡扫描，即探针电压从负电压（相对于等离子体电势）逐步线性增加到正值，由于尘埃等离子体中电子的迁移率高，纳米颗粒带负电，在正的探针电势下，它们被探针场吸引并黏附在探针尖端的表面。与传统的沉积或涂层相比，沉积速率可以非常高。而常用的探针表面清洁方法（如离子轰击或电子加热），不能较好地解决此问题。纳米颗粒沉积在探针表面使导电性变差，甚至绝缘性变差。导致探针 I-V 曲线失真和对数据的错误解读。因此，对于化学活性尘埃等离子体，将探针表面的污染沉积对探针诊断的影响降至最低，是实现尘埃等离子体参数准确测量的重要前提[39-42]。

4.12.1　探针机械屏蔽法

Bilik 等发展了探针尖机械屏蔽与探针电压快速扫描相结合的方法,将探针表面的污染沉积影响降至最低,开展了尘埃等离子体的电子能量概率函数的测量[41]。

图 4-68 为探针结构示意图。电流收集探头由一个由直流供电的电磁阀执行器控制的圆柱形陶瓷屏蔽罩遮盖。电磁阀驱动的屏蔽罩外径为 3 mm、内径为 0.8 mm。当施加 7～12 V 直流电压时,电磁阀执行器通过弹簧作用拉开屏蔽罩使探头暴露在等离子体中。当直流电压关闭时,屏蔽罩被弹簧力推回,再次遮盖探头。利用屏蔽罩遮盖保护探头,在使用快速电压扫描获得电流-电压特性时,可以使探头污染的影响降到最低。

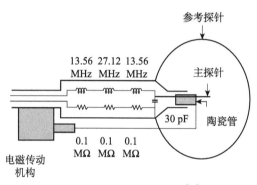

图 4-68　探针结构示意图[41]

朗缪尔探针由探针诊断系统驱动,通过快速(约 1ms)电压扫描,得到电流-电压特性。由探针电流-电压(I_e-V_e)特性的二阶导数确定 EEPF 特性 f_p

$$\frac{\mathrm{d}^2 I_e}{\mathrm{d}^2 V_e^2} = -\frac{e^2 S_p \varepsilon}{4}\sqrt{\frac{2e}{m V_e}} f_p(\varepsilon) \tag{4-171}$$

式中,I_e 是探针电子电流,V_e 是相对于等离子体电势的探针电势,e 是电子电荷,S_p 是探针表面积,m 是电子质量,ε 是电子动能。从 f_p 得到局部电子密度 n_e 和平均电子温度 T_e 分别为

$$n_e = \int_0^\infty \sqrt{(\varepsilon)}\, f_p(\varepsilon)\,\mathrm{d}\varepsilon \tag{4-172}$$

$$T_e = \frac{2}{3} n_e^{-1} \int_0^\infty \varepsilon^{3/2} f_p(\varepsilon)\,\mathrm{d}\varepsilon \tag{4-173}$$

使用的朗缪尔探针是专门设计用于低压、弱电离和各向同性等离子体中的 EEPF 测量。图 4-68 中还示意了探头设计和电子滤波器。电流收集探头长 5 mm,周围为环形参考探头,用于射频补偿和噪声抑制。收集探头和参考探头均由直径为

0.254 mm 的钨丝制成。参考探针环直径为 60 mm。参考探头和采集探头都连接
到双通道射频滤波器，该滤波器由三个自谐振电感（13.56 MHz 和 27.12 MHz）、
三个 0.1 MΩ 电阻器和一个 30 pF 电容器组成。

　　图 4-69 为未使用和使用探头屏蔽保护测量的尘埃等离子体中的 EEPF。在这
两种情况下，探针在等离子体启动后浸入尘埃等离子体中 420 s。在没有防护罩
的情况下，探头暴露在尘埃等离子体中，同时通过重复和快速的电势扫描不断测
量 EEPF。在使用屏蔽进行测量期间，探头暴露在 30 s、120 s、300 s 和 420 s 的
尘埃等离子体中不到 6 s，以测量 EEPF。在没有探头屏蔽保护的情况下，探针在
测量前均经过电子轰击清洗，但是，探针清洗后测得的 EEPF 与原始的 EEPF 有
显著不同，这种差异是由探头浸入尘埃等离子体中 420 s 后的表面污染所致。当
使用屏蔽层时，探针清洗后测得的 EEPF 始终与原始 EEPF 匹配，证明了屏蔽层
在减少探头表面污染方面的有效性。参考探针在两种情况下都没有屏蔽。因为参
考探头是差动输入电路的一部分，用于补偿直流、低频和射频噪声以及内阻，不
参与电流收集，因此对获得 EEPF 没有贡献，不影响 EEPF 的测定。

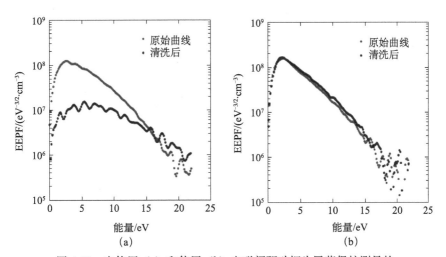

图 4-69　未使用（a）和使用（b）电磁阀驱动探头屏蔽保护测量的
氩-硅烷尘埃等离子体放电 420 s 前后的 EEPF[41]

放电气压 10.7 Pa，射频功率 40 W

4.12.2　复合探针电压扫描法

　　Ussenova 等发展了"复合探针电压扫描"和离子轰击与电子加热相结合的
方法，用朗缪尔探针测量了非对称射频氩乙炔等离子体中的电子密度、温度和等
离子体电势[42]。测量系统使用了由 LABVIEW 软件自动控制的圆柱状单朗缪尔
探针，如图 4-70 所示。探针由钨制成，探针尖长分别为 10 mm 和 12 mm，直径

为 100 μm，探针的其他部分用绝缘材料覆盖。探针采用射频场及二次谐波滤波器、射频补偿电极方法，以降低射频干扰。

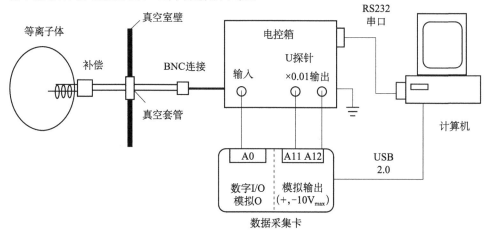

图 4-70   尘埃等离子体参数的探针诊断系统[42]

此方法提出了用探针电压的"随机"扫描来测量微米级尘埃等离子体的 I-V 特性的技术。在探针上使用的扫描电压，随着随机序列和给定频率（大于等离子体中尘埃粒子的振荡频率）发生离散变化。因此，能够防止带负电荷的粒子沉积在正极探针表面，并将探针污染降至最低。图 4-71 为"复杂"扫描探针电压的线性（a）和"复"电压扫描函数（b）。在扫描 I-V 曲线期间，施加在探头上的电压 V 按一定顺序从负值变为正值。例如，图 4-71（b）中探头施加的电压相对于接地电极从−10 V～+10 V 的变化，以 0.5 V 为步长。电压扫描从−10 V 开始，到+5 V，然后到−5 V，最后到 10 V，然后从−9 V 继续扫描，依此类推。扫描中的电压分辨率和连续电压阶跃之间的频率 f_{probe} 可以调整。因此，相对于等离子体电势，探针的正偏压持续时间永远不会超过 $\tau = 1/f_{probe}$。

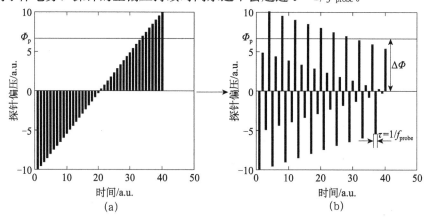

图 4-71   为"复杂"扫描探针电压的线性（a）和"复"电压扫描函数（b）[42]

电压变化率 f_{probe} 是一个重要参数。气体放电等离子体中的电子等离子体频率 ω_e 在 GHz 范围，离子频率 ω_i 在 MHz 范围。尘埃等离子体频率 ω_{dust} 明显较低，在微粒和数十 kHz 的纳米颗粒情况下，ω_{dust} 在 25～100 Hz。电压变化率 f_{probe} 取决于尘埃密度 n_d、尘埃电荷 Q_d 和尘埃粒子质量 m_d：$f_{dust} = \dfrac{\omega_{dust}}{2\pi} = \left(\dfrac{1}{2\pi}\right)\sqrt{(n_d Q_d^2)/(\varepsilon_0 m_d)}$。

当将频率高于尘埃颗粒等离子体频率（$f_{probe} \gg f_{dust}$）的电压施加在探头上，并从负变正时，尘埃颗粒只能跟上探头的时间平均电场，而跟不上电场的振荡，这时，尘埃颗粒便不能吸引到探头上。对于电子，其等离子体频率远高于探针电压频率（$f_{electron} \gg f_{probe}$），探针电压波动不会影响探针对电子的收集，不会造成 I-V 曲线中电子部分的显著扭曲。对于离子，该方法的适用性取决于探针周围离子鞘层的形成和破坏时间，而离子鞘层的形成和破坏又取决于离子的等离子体频率。离子等离子体频率也显著高于探针电压波动频率（$f_{ion} \gg f_{probe}$）。另外，还需要考虑等离子体电势，它总是正的，并且取决于实验放电条件，例如在图 4-71（b）中等离子体电势 Φ_p 等于 +7 V。因此，在探针电压的"复杂"扫描模式中，相对于等离子体电势，探针电势大部分时间为负值，从而导致尘埃粒子的排斥。在测量过程中，探头电压波动频率为 f_{probe} = 1 kHz～20 kHz。因为电流测量的采样率总是比 f_{probe} 高两到四倍，因此对于每个电压步进，电流采样 2～4 次并取平均。I-V 曲线中的测量点（电压步进）数目在 2000～4000，扫描一条 I-V 曲线所需的时间为 400～800 ms。在纯氩等离子体中，通过电子轰击加热可以清洁探针，而在氩-乙炔尘埃等离子体的待机模式下（当探针不扫描 I-V 曲线时），探针尖端暴露在离子轰击下，在氩-乙炔情况下，因为电子密度低，电子加热不能清洁探针。

4.13 大气压放电等离子体的探针诊断

大气压等离子体射流在等离子体处理、表面改性、喷涂、材料合成和废物处理等许多领域具有广泛应用，大气压等离子体性能的诊断对于这些应用具有重要作用。大气压等离子体的性能通常采用光学方法诊断，Prevosto 等发展了扫描探针技术，将朗缪尔探针应用到大气压直流等离子体射流的诊断测量[43]。建立了高压非局域热平衡（LTE）等离子体中圆柱探针离子饱和电流的模型，考虑了探针扰动区内的热效应和电离/复合过程，得到了电子和重粒子温度的平均径向分布以及电子密度。在喷枪出口下游 3.5 mm 处的射流中心，电子温度约 11000 K，重粒子温度约 9500 K，电子密度约 4×10^{22} m³，与光谱技术得到的电子和重粒子温度结果相一致。

4.13.1　扫描朗缪尔探针系统

图 4-72 为扫描朗缪尔探针系统及其偏置电路示意图。在一个旋转的铝盘上安装了探针，探针头沿着等离子体喷口的径向方向。在一个圆盘表面上，一对碳刷收集探针电流。探针长度和圆盘直径足够大，以确保探针头沿直径扫过射流截面，并且可以让探针在穿过射流的整个过程中，探针轴与射流轴基本垂直。探针距等离子体喷口 3.5 mm，探针头的移动速度为 17 m/s。探针用细钨丝（半径 $R_p = 100\ \mu m$、$150\ \mu m$）制成，钨丝置于玻璃毛细管中，使金属丝与等离子体相隔绝。暴露在等离子体中的针尖长度为 1 mm，针尖长度选择尽可能大，以减少边缘效应，但同时要满足可忽略沿针尖方向电流的条件，减小实验误差。

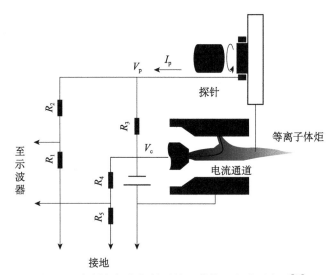

图 4-72　扫描朗缪尔探针系统及其偏置电路示意图[43]

在探针测量的偏置电路中，为了获得探针特性曲线的离子流部分，只使用一个电阻（图 4-72 中的 R_3）对探针施加负偏压。实际使用中，R_3 在 21～4000 Ω 范围内变化。对于较低的 R_3 值，可以获得离子饱和条件。使用双通道示波器（Tektronix TDS 1002 B，采样率为 500 MS/s，模拟带宽为 60 MHz）通过高阻抗分压器（$R_1 = 33Ω$、$R_2 = 20\ kΩ$、$R_4 = 6.7\ kΩ$ 和 $R_5 = 11Ω$）同时测量探针（V_p）和电弧（V_c）电压。然后从下式获得离子电流

$$I_p = \left(\frac{R_1 + R_2 + R_3}{R_1 + R_2} V_p - V_c \right) \frac{1}{R_3} \tag{4-174}$$

式中，采用系数 $(R_1 + R_2 + R_3)/(R_1 + R_2)$（在 R_3 较低时，这个系数接近于 1），主要考虑高阻抗分压器测量 V_p 时的小电流泄漏。

等离子体波动是等离子体射流在重燃模式下运行的一个重要特征。当探针在

射流中移动相对缓慢时，即探针的传输时间实际上大于等离子体波动的时间尺度，探针波形就会受到这些波动的强烈影响。因此，用于计算的探针电压和电弧电压是使用示波器的 128 次（128×）平均采集模式来获取的。由于探头需要 5 s 左右的时间来穿越 128 次电弧，而这个时间远大于典型的波动周期（约 70 μs），这种平均模式几乎消除了电弧波动（主要是由电弧重燃引起的）。

图 4-73 为典型的（128×）平均离子电流波形，其中探针半径 $R_p = 100$ μm，$R_3 = 21$ Ω，满足离子饱和条件。可以看出，在等离子体波动效应被抑制后，波形呈现类高斯形态。但是，一些波动仍然存在，导致 I_p 的实验不确定度约为 10%。

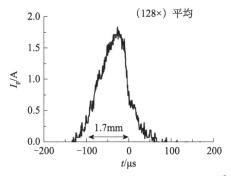

图 4-73　典型的（128×）平均离子电流波形[43]

利用平均信号的峰值，通过改变探针电路中的 R_3，建立了探针电流-电压特性的离子部分，如图 4-74 所示。当探针的偏压超过 -50 V 时（相对于接地阳极），可以观察到平坦的离子饱和流，电流约为 1.8A。

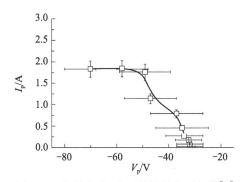

图 4-74　探针电流-电压特性的离子部分[43]

4.13.2　高压非局域热平衡等离子体柱状探针离子饱和电流模型

模型考虑的对象是浸没在大气压环境、部分电离（电离度约为 1%）、非平衡和电正性等离子体中的无发射、圆柱状扫描朗缪尔探针的离子饱和电流。相对于未受干扰的等离子体（接近或低于悬浮电势），探针处于负电势，以使电子流等于或小于离子流。在受探针扰动的等离子体区，该模型包括以下假设：①进入探针的离子流是稳定的；②相对于离子扩散，离子对流的影响较小；③相对于离子扩散，带电粒子的产生和移除的影响较小。在这种情况下，探针扰动区域可分为：①碰撞控制（准中性）的等离子体区域，其中存在较强的等离子体密度梯度，即扩散层（长度尺度为 $\Delta \approx R_p$）；②位于探针表面附近薄的无碰撞正电荷层，该层的厚度（长度尺度为几个电子德拜长度 λ_D）远小于探针尺寸和近探针的黏滞边界层的厚度；③准中性等离子体中的温暖层（长度尺度为 δ），该层中重粒子的温度（T_h）远低于远离探针的温度值（$T_{h\infty}$）。对于该层，增加了以下假设：④重粒子的温度与探针表面温度（T_w）呈线性关系；⑤电子温度是一个常数（等于远离探针的值（T_e））。图 4-75 为整个探针扰动区域示意图。

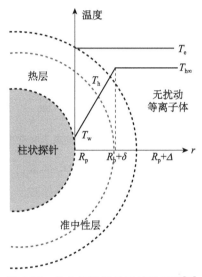

图 4-75　整个探针扰动区域示意图[43]

　　假设①意味着在这种情况下，离子流覆盖距离 Δ（$=R_p$）所需的时间（$\tau_d \equiv R_p^2/D_{a\infty}$）远小于探针传输时间。假设②表明扩散 Péclet 数（$P_e \equiv v_\infty R_p/D_{a\infty}$）小于 1。在这种情况下，$\Delta$ 与 R_p 可以相比较。假设③意味着使用平衡密度（$L \equiv \sqrt{D_{a\infty}/(k_{rec}N^2)}$）计算的电离长度高于 R_p。这里 D_a 是离子双极扩散系数，v 是等离子体流速，k_{rec} 是离子复合系数，N 是远离探针的电子密度，下标 ∞ 表示未受干扰的值。假设④和⑤考虑了探针对相邻等离子体的冷却效应。特别是，假设④意味着在与重粒子（$\lambda_u \equiv \lambda_\infty(M/2m)^{1/2}$）的弹性碰撞中，电子能量的弛豫长度大于 δ。利用重粒子的热导和电子-重粒子弹性碰撞转移给重粒子的能量（$(3/2)k(T_e-T_w)(2m/M)Nv_\infty$），通过建立流向探针的热通量等式（$(1/r)\partial(r\kappa_h dT_h/dr)/\partial r \approx (2/3)\kappa_h(T_{h\infty}-T_w)/(R_p\delta)$），可以估计特征值 δ 为

$$\delta^{-1} \approx \frac{9}{4}\left(\frac{2m}{M}\right)\frac{Nv_{\infty}kR_{\mathrm{p}}}{\kappa_{\mathrm{h}}}\theta \tag{4-175}$$

为了简单起见，与 T_{e}（和 $T_{\mathrm{h\infty}}$）相比，忽略了 T_{w}，并引入比率 $\theta \equiv T_{\mathrm{e}}/T_{\mathrm{h\infty}}$，以考虑相对于局域热平衡（LTE）的动力学偏差。这里，$\lambda_{\mathrm{e}} \equiv (N_0 Q^{\mathrm{e},0} + N_+ Q^{\mathrm{e},+})^{-1}$ 是电子弹性碰撞的平均自由程（$Q^{\mathrm{e},0}$ 和 $Q^{\mathrm{e},+}$ 分别是电子-中性和电子-离子碰撞截面，N_+ 和 N_0 分别是离子和中性密度）；m 和 M 分别是电子和重粒子质量；r 是径向探针坐标，κ_{h} 是 $T_{\mathrm{h}} = T_{\mathrm{w}}$ 时计算的重粒子热导率，k 是玻尔兹曼常量，$v_{\mathrm{c}} \equiv \langle v_{\mathrm{e}} \rangle / \lambda_{\mathrm{e}}$ 是电子-重粒子碰撞频率（$\langle v_{\mathrm{e}} \rangle$ 是电子热速度）。

离子电流密度的值由从准中性区到空间电荷层外边界的双极通量决定

$$\bar{j} = -eD_{\mathrm{a}} \nabla N_+ \tag{4-176}$$

此外，对于存在收集表面的非 LTE 等离子体（即，离子扩散到探针发生了复合，然后作为中性粒子扩散回等离子体）

$$D_{\mathrm{a}} \equiv \frac{kT_{\mathrm{h}}}{M' v_{+,0}}\left(1 + \frac{T_{\mathrm{e}}}{T_{\mathrm{h}}}\right)\lambda_+ \tag{4-177}$$

式中，$M' \approx M/2$ 是离子中性碰撞的约化质量，$v_{+,0} \equiv \sqrt{16kT_{\mathrm{h}}/(\pi M)}$ 是平均离子-中性相对速度，$\lambda_+ \equiv (Q^{+,0}(N_+ + N_0))^{-1}$ 是离子平均自由程（$Q^{+,0}$ 为离子-中性弹性碰撞截面）。

在准中性区的外边界处，离子密度与未扰动等离子体的离子密度一致（$N_+ \equiv N$）。由于离子离开准中性等离子体，以等于或略大于 $v_{\mathrm{B}} \approx (k(T_{\mathrm{e}})/M)^{1/2}$ 的速度进入无碰撞空间电荷层；层入口的离子流由 $N_{\mathrm{s}} v_{\mathrm{B}}$ 给出（N_{s} 为空间电荷层外边界处的等离子体密度）。将等式（4-176）近似为 $D_{\mathrm{a\infty}}(N - N_{\mathrm{s}})/R_{\mathrm{p}} \approx N_{\mathrm{s}} v_{\mathrm{B}}$，$N_{\mathrm{s}}$ 可估计为

$$N_{\mathrm{s}} \approx N\frac{D_{\mathrm{a\infty}}/R_{\mathrm{p}}}{v_{\mathrm{B}} + D_{\mathrm{a\infty}}/R_{\mathrm{p}}} \propto N\frac{\lambda_{+\infty}}{R_{\mathrm{p}}} \tag{4-178}$$

由式（4-178）可见，与未扰动等离子体密度 N 相比，N_{s} 结果相当小。

该公式还包括由 van de Sanden 等导出的广义 Saha 方程

$$\frac{N^2}{N_0} = 2\frac{Q_+}{Q_0}\left(\frac{2\pi m kT_{\mathrm{e}}}{h^2}\right)^{\frac{3}{2}}\exp\left(-\frac{E_{\mathrm{i}}}{kT_{\mathrm{e}}}\right) \tag{4-179}$$

和状态方程

$$\frac{p}{k} = (T_{\mathrm{e}} + T_{\mathrm{h}})N + T_{\mathrm{h}}N_0 \tag{4-180}$$

其中，Q_+ 和 Q_0 分别是原子离子和原子的统计重量；h 是普朗克常量，E_{i} 是原子的第一电离能，p 是气压。

当 θ 接近 1，T_{e} 等于或略高于 10000 K 时，氮分子浓度较低；主要离子与原子相关。

将等式（4-177）、式（4-178）代入式（4-176），利用式（4-180）消除中性

密度，并利用离子流在整个受探针扰动的准中性等离子体区域内是恒定的，N_+ 可以在整个扩散层（从空间电荷层的外边界到扩散层边缘）积分，得到探针的电流为

$$I_{\mathrm{p}} \approx 1.4 L_{\mathrm{p}} e \pi^{3/2} v_{\mathrm{B}} T_{\mathrm{h}\infty}^{1/2} (T_{\mathrm{h}\infty} + T_{\mathrm{e}}) \sigma_{+,0}^{-1} T_{\mathrm{e}}^{-3/2} \ln \left| \frac{\frac{p}{k} - N_{\mathrm{s}} T_{\mathrm{e}}}{\frac{p}{k} - N T_{\mathrm{e}}} \right| \Lambda^{-1} \quad (4\text{-}181)$$

其中，Λ 是无量纲参数，由下式给出

$$\Lambda \equiv 1.4 T_{\mathrm{h}\infty}^{1/2} (T_{\mathrm{h}\infty} + T_{\mathrm{e}}) \int_{R_{\mathrm{p}}}^{R_{\mathrm{p}}+\Delta} \mathrm{d}r / (r(T_{\mathrm{e}} + T_{\mathrm{h}}) T_{\mathrm{h}}^{1/2}) \quad (4\text{-}182)$$

这考虑了等离子体冷却对离子电流的影响，即如果在探针扰动区域假设 T_{h} 为常数，$\Lambda \equiv 1$。式（4-181）、式（4-182）中的系数为 1.4 对应于 $\Delta/R_{\mathrm{p}} \approx 1$ 时，$1/\ln |1+\Delta/R_{\mathrm{p}}|$ 的估计值。由于 N_{s} 比 N 小，因此 I_{p} 结果与 R_{p} 基本无关。

考虑到所有这些因素，探针模型简化为方程组（4-179）～（4-181），由于 4 个等离子体量未知（N、N_0、T_{e} 和 $T_{\mathrm{h}\infty}$），方程组还不能解。根据 André 等的假设，LTE 偏离可以与电子密度 N 相关

$$\theta \equiv 1 + A \ln \left| \frac{N}{N_{\mathrm{LTE}}} \right| \quad (4\text{-}183)$$

式中，N_{LTE} 是高于 LTE 假定值（$N_{\mathrm{LTE}} \approx 10^{23} \mathrm{~m}^{-3}$）的电子密度；根据实验结果，对于直流 N_2 等离子体射流，$A = -0.2$。添加了式（4-183），模型现在就是封闭的（即方程组是可解的），以 I_{p} 的实验平均数据作为输入量。由于在所考虑的温度范围内，离子电流对 T_{e} 非常灵敏，离子电流测量中由等离子体波动（主要由电弧重燃引起）而产生的不确定度对 T_{e} 的导出值几乎没有影响。根据式（4-181）进行的估算表明，这种方法测量 T_{e} 的误差在射流轴处小于 1%，在其边缘处小于 5%。图 4-76 为电子和重粒子温度的径向分布，图 4-77 为等离子体密度的径向分布。

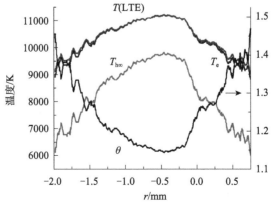

图 4-76　电子和重粒子温度的径向分布[43]

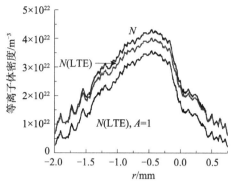

图 4-77　等离子体密度的径向分布[43]

4.14　电磁探针技术

4.14.1　磁探针

等离子体内部的波动磁场可以用磁探针测量[4]。磁探针是一种小线圈，当线圈放置在随时间变化的磁场 B 中时，根据法拉第定律，沿导线会感生电场

$$\nabla \times E = - dB/dt \tag{4-184}$$

对线圈包围的表面进行积分，并将面积分转变为线积分，即

$$\int \dot{B} \cdot dS \equiv \dot{\Phi} = -\int (\nabla \times E) \cdot dS = -\int E \cdot dl \equiv -V_{ind} \tag{4-185}$$

式中，线积分是沿着线圈的导线进行的，Φ 是穿过线圈的磁通量，$\Phi \approx BA$，A 为线圈面积。用高阻抗仪器（如示波器）测量感生电压 V_{ind}。如果线圈为 N 匝，电压将高达 N 倍，因此

$$V_{ind} = -NA\dot{B} \tag{4-186}$$

式中，点表示对时间的导数，即所谓的"$\dot{B}$ 点探针"。负号表示感生电场与右手定则作用于 B 时的方向相反。对于正弦信号，$\dot{B}$ 点正比于 ωB，因此探针对较高频率更敏感。为了从测量的 V_{ind} 获得 B，可以用由电阻和接地电容组成的简单积分器来获得

$$B = -\frac{1}{NA}\int V_{ind} dt \tag{4-187}$$

须确保电阻-电容（RC）积分器的时间常数远大于信号的周期。

磁探针的结构极其简单，如图 4-78 所示。在氮化硼芯上缠绕十多匝的细导线形成线圈，线圈直径 2 mm。线圈放置在陶瓷管或封闭的玻璃管内，防止其直接暴露在带电粒子中被损伤。如果线圈的轴与陶瓷管平行，可以测量与轴平行的

B 分量。如果线圈的轴垂直于陶瓷管轴,通过轴向旋转 $90°$ 可以测量从径向 B_r 到角度 B_θ 的变化。在同一个轴上固定三个线圈,可以同时测量所有三个 B 分量。

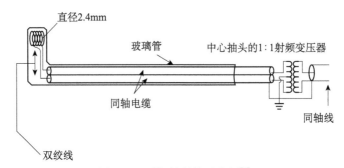

图 4-78 磁探针结构示意图[4]

4.14.2 射频电流探针

电流探针[4],也被称为罗戈夫斯基(Rogowski)线圈,就是在环形圈上缠绕导线形成线圈,如图 4-79 所示。穿过中间孔的电流会在方位角方向产生磁场,导致导线中产生电压。然后采用外电路就可以测量导线中流过的电流。电流探针通常比较大,须用法拉第屏蔽罩覆盖以减少静电积累。

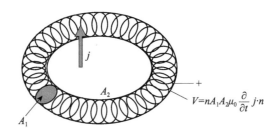

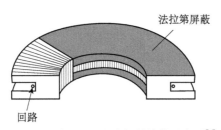

图 4-79 电流探针结构示意图[4]

以上给出了探针诊断的基本概念和基本方法,以及一些基本问题的讨论,但是这些内容不能涵盖探针诊断中可能遇到的所有复杂问题。随着各种研究工作的进展,探针测量理论在不断完善,探针技术在不断发展,在各种特殊条件下应用的探针及技术在不断出现，因此，想把探针作为低温等离子体诊断工具的实验工作者可以从这里给出的信息入手，进一步查阅相关文献。

参 考 文 献

[1] Hippler R, Pfau S, Schmidt M, et al. Low Temperature Plasma Physics: Fundamental Aspects and Applications [M]. Berlin: WILEY-VCH, 2001.

[2] Lieberman M A, Lichtenberg A J. Principles of Plasma Discharges and Materials Processing [M]. 2nd ed. New Jersey: John Wiley & Sons Inc, 2005.

[3] Grill A. Cold Plasma in Materials Fabrication: From Fundamentals to Applications [M]. New York: IEEE Press, 1994.

[4] Chen F F. Lecture notes on Langmuir probe diagnostics [C]. Mini-Course on Plasma Diagnostics, IEEE-ICOPS meeting, Jeju, Korea, 2003.

[5] 邓新绿. LANGMUIR 探针实验 [Z]. 大连理工大学物理系，三束材料改性国家重点实验室，2003.

[6] HIDEN analytical. ESPION user manual [Z]. 2002.

[7] Ruzic D N. Electric Probe for Low Temperature Plasmas [M]. New York: The American Vacuum Society, 1994.

[8] Demidov V I, Ratynskaia S V, Rypdal K. Electric probes for plasmas: The link between theory and instrument [J]. Review of Scientific Instruments, 2002, 73 (10): 3409-3439.

[9] El Saghir A, Shannon S. The impact of Langmuir probe geometries on electron current collection and the integral relation for obtaining electron energy distribution functions [J]. Plasma Sources Science and Technology, 2012, 21 (2): 025003.

[10] Yip C S, Hershkowitz N. Effect of a virtual cathode on the I-V trace of a planar Langmuir probe [J]. Journal of Physics D: Applied Physics, 2015, 48 (39): 395201.

[11] 池凌飞，林揆训，姚若河，等. Langmuir 单探针诊断射频辉光放电等离子体及其数据处理 [J]. 物理学报，2001, 50 (7): 1313-1317.

[12] Schoenberg K F. Electron distribution function measurement by harmonically driven electrostatic probes [J]. Review of Scientific Instruments, 1980, 51 (9): 1159-1162.

[13] Magnus F, Gudmundsson J T. Digital smoothing of the Langmuir probe I-V characteristic [J]. Review of Scientific Instruments, 2008, 79 (7): 073503.

[14] Popov T K, Ivanova P, Dimitrova M, et al. Langmuir probe measurements of the electron energy distribution function in magnetized gas discharge plasmas [J]. Plasma Sources Science and Technology, 2012, 21 (2): 025004.

[15] Arslanbekov R R, Khromov N A, Kudryavtsev A A. Probe measurements of electron energy distribution function at intermediate and high pressures and in a magnetic field [J]. Plasma Sources Science and Technology, 1994, 3 (4): 528-538.

[16] Chung C W, Kim S S, Chang H Y. Experimental measurement of the electron energy distribution function in the radio frequency electron cyclotron resonance inductive discharge

[J]. Physical Review E, 2004, 69 (1): 016406.

[17] Ganguli A, Sahu B B, Tarey R D. A new structure for RF-compensated Langmuir probes with external filters tunable in the absence of plasma [J]. Plasma Sources Science and Technology, 2008, 17 (1): 015003.

[18] Paranjpe A P, McVittie J P, Self S A. A tuned Langmuir probe for measurements in RF glow discharges [J]. Journal of Applied Physics, 1990, 67 (11): 6718-6727.

[19] Annaratone B M, Braithwaite N S J. A comparison of a passive (filtered) and an active (driven) probe for RF plasma diagnostics [J]. Measurement Science and Technology, 1991, 2 (8): 795-800.

[20] Oh S J, Oh S J, Chung C W. Radio frequency-compensated Langmuir probe with auxiliary double probes [J]. Review of Scientific Instruments, 2010, 81 (9): 093501.

[21] Oksuz L, Soberón F, Ellingboe A R. Analysis of uncompensated Langmuir probe characteristics in radio-frequency discharges revisited [J]. Journal of Applied Physics, 2006, 99 (1): 013304.

[22] Godyak V A, Demidov V I. Probe measurements of electron-energy distributions in plasmas: What can we measure and how can we achieve reliable results? [J]. Journal of Physics D: Applied Physics, 2011, 44 (23): 233001.

[23] 孙恺, 辛煜, 黄晓江, 等. 60MHz 电容耦合等离子体中电子能量分布函数特性研究 [J]. 物理学报, 2008, 57 (10): 6465-6470.

[24] Ahn S K, Chang H Y. Experimental observation of the inductive electric field and related plasma nonuniformity in high frequency capacitive discharge [J]. Applied Physics Letters, 2008, 93 (3): 031506.

[25] Pajdarová A D, Vlček J, Kudláček P, et al. Electron energy distributions and plasma parameters in high-power pulsed magnetron sputtering discharges [J]. Plasma Sources Science and Technology, 2009, 18 (2): 025008.

[26] Lunney J G, Doggett B, Kaufman Y. Langmuir probe diagnosis of laser ablation plasmas [J]. Journal of Physics: Conference Series, 2007, 59: 101.

[27] Doggett B, Lunney J G. Langmuir probe characterization of laser ablation plasmas [J]. Journal of Applied Physics, 2009, 105 (3): 033306.

[28] Kudo K. Effect of depositing a-Si thickness on characteristics of electric double probe exposed to a silane plasma [J]. Japanese Journal of Applied Physics Part1-Regular Papers Short Notes and Review Papers, 1989, 28 (2): 295-296.

[29] Sanders J M, Rauch A, Mendelsberg R J, et al. A synchronized emissive probe for time-resolved plasma potential measurements of pulsed discharges [J]. Review of Scientific Instruments, 2011, 82 (9): 093505.

[30] Lee M H, Jang S H, Chung C W. Floating probe for electron temperature and ion density measurement applicable to processing plasmas [J]. Journal of Applied Physics, 2007, 101 (3): 033305.

[31] Choi I, Kim A, Lee H C, et al. Pulsed floating-type Langmuir probe for measurements of

electron energy distribution function in plasmas [J]. Physics of Plasmas, 2017, 24 (1): 013508.

[32] Ji H, Toyama H, Yamagishi K, et al. Probe measurements in the REPUTE-1 reversed field pinch [J]. Review of Scientific Instruments, 1991, 62 (10): 2326-2337.

[33] Qin Y W. Improved treatment of triple-probe data for determination of electron temperature [J]. Review of Scientific Instruments, 2005, 76 (11): 116102.

[34] Biswas S, Chowdhury S, Palivela Y, et al. Effect of fast drifting electrons on electron temperature measurement with a triple Langmuir probe [J]. Journal of Applied Physics, 2015, 118 (6): 063302.

[35] Stamate E, Sugai H, Ohe K. Principle and application of a thermal probe to reactive plasmas [J]. Applied Physics Letters, 2002, 80 (17): 3066-3068.

[36] Shun'ko E V. Influence of different Langmuir probe surface cleaning procedures on its I-V characteristics [J]. Review of Scientific Instruments, 1992, 63 (4): 2330-2331.

[37] Bredin J, Chabert P, Aanesland A. Langmuir probe analysis of highly electronegative plasmas [J]. Applied Physics Letters, 2013, 102 (15): 154107.

[38] Bredin J, Chabert P, Aanesland A. Langmuir probe analysis in electronegative plasmas [J]. Physics of Plasmas, 2014, 21 (12): 123502.

[39] Pulpytel J, Morscheidt W, Arefi-Khonsari F. Probe diagnostics of argon-oxygen-tetramethyltin capacitively coupled plasmas for the deposition of tin oxide thin films [J]. Journal of Applied Physics, 2007, 101 (7): 073308.

[40] Klindworth M, Arp O, Piel A. Langmuir probe system for dusty plasmas under microgravity [J]. Review of Scientific Instruments, 2007, 78 (3): 033502.

[41] Bilik N, Anthony R, Merritt B A, et al. Langmuir probe measurements of electron energy probability functions in dusty plasmas [J]. Journal of Physics D: Applied Physics, 2015, 48 (10): 105204.

[42] Ussenov Y A, von Wahl E, Marvi Z, et al. Langmuir probe measurements in nanodust containing argon-acetylene plasmas [J]. Vacuum, 2019, 166: 15-25.

[43] Prevosto L, Kelly H, Mancinelli B R. Langmuir probe diagnostics of an atmospheric pressure, vortex-stabilized nitrogen plasma jet [J]. Journal of Applied Physics, 2012, 112 (6): 063302.

第5章 低温等离子体的光谱诊断

光谱方法是对等离子体中发生的复杂物理和化学过程进行诊断，以及测量等离子体温度的重要手段。由于光谱诊断是非侵入式的，它对等离子体没有干扰。目前用于等离子体诊断的光谱技术主要包括：发射光谱（optical emission spectroscopy，OES）、吸收光谱（absorption spectroscopy，AS）、激光诱导荧光光谱（laser induced fluorescence，LIF）和光腔衰荡光谱（cavity ring down spectroscopy，CRDS）。发射光谱是通过测量等离子体中产生的光发射谱来获得等离子体信息的方法，它是最常用的、比较简便的测量方法。吸收光谱是将红外光入射进等离子体，测量其被吸收而发生的强度变化，从而给出某些基团绝对浓度的技术。激光诱导荧光光谱是用激光束激发某些基团发生特定的光学跃迁，测量由此产生的荧光辐射信号，从而获得等离子体相关信息的方法，它是比较复杂、昂贵的测量方法。光腔衰荡光谱是通过测量入射进光学谐振腔的激光光强的衰减时间，从而给出吸收基团绝对浓度的方法。它是一种直接吸收的、自定标的、测量低浓度气相基团的高灵敏度方法。本章将介绍光谱诊断的基本原理、测量方法及主要应用。

5.1 等离子体光谱的产生机理

等离子体光谱与等离子体中粒子的辐射跃迁过程有关[1-4]。当原子、分子或离子受到电子的碰撞时，会发生激发、激发分解、复合激发等过程，产生激发基团 A^*，如式（5-1）～式（5-3）所示。

$$A+e \longrightarrow A^* + e \tag{5-1}$$

$$AB+e \longrightarrow A^* + B + e \tag{5-2}$$

$$A^+ + e(+M) \longrightarrow A^* (+M) \tag{5-3}$$

由于处于激发态的基团是不稳定的，其寿命一般小于 10^{-8} s，激发基团 A^* 随即通过式（5-4）所示的过程到达基态或另一个能量低于 A^* 的激发态 A^{**}，同时释放出多余的能量，以光的形式释放出来，形成光发射谱。

$$A^* \longrightarrow A^{**} + h\nu \tag{5-4}$$

设高能级的能量为 E_2，低能级的能量为 E_1，发射光谱的波长为 λ（或频率 ν），则释放出的能量 ΔE 与发射光谱的波长关系为

$$\Delta E = E_2 - E_1 = \frac{hc}{\lambda} = h\nu \tag{5-5}$$

或

$$\lambda = \frac{hc}{E_2 - E_1} \tag{5-6}$$

式中，h 为普朗克常量，c 为光速。由于每个粒子（原子、分子、离子）均具有精确的能级，因此，每条发射谱线均具有特定的频率 ν 和波长 λ。通常，等离子体中最强的发射谱线来源于粒子的第一激发态 E_1 到基态 E_0 之间的跃迁，其对应的频率 ν_{10} 和波长 λ_{10} 分别为

$$\nu_{10} = \frac{E_1 - E_0}{h} \tag{5-7}$$

$$\lambda_{10} = \frac{hc}{E_1 - E_0} \tag{5-8}$$

由于放电等离子体中存在的基团都有其特定的本征发射谱线，通过对探测到的光信号进行比率和强度的分析，就能够推断出基团的组成，从而得到等离子体的特性。

图 5-1 显示了处于基态的原子 A 通过电子碰撞被激发到受激态 A^*，随后发射频率为 ν 的辐射回到低能级 A1 的过程。

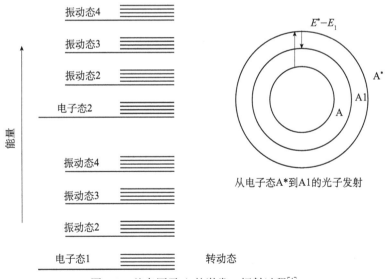

图 5-1　基态原子 A 的激发、辐射过程[4]

等离子体中的光发射包括原子和分子的光发射。在原子的光发射过程中，只出现电子态的转变，因此，原子谱是尖锐的、近乎单能量的，与各电子态之间跃迁相对应的谱峰是确定的。但是，分子的光发射极其复杂，这是因为分子是由多个原子构成的，具有大量的电子态，并且电子态上叠加了振动和转动态。振动和

转动态之间的微小能量差异、由碰撞引起的发射能量展宽以及发射分子的运动都会导致发射谱的交叠，形成发射谱带，而不是易于识别的尖锐发射峰。典型的情况是形成有尖锐带顶的谱带，可以通过带顶来识别谱带。同时在谱带上有时会出现蓝阴影或红阴影，如图 5-2 所示。典型的电子、振动和转动跃迁的能量间隔如表 5-1 所示。

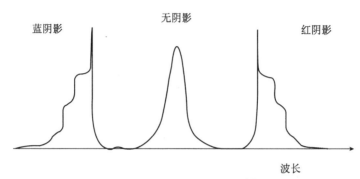

图 5-2　分子光发射的谱带[4]

表 5-1　典型的电子、振动和转动跃迁的能量间隔

能级	能量/eV	能量/cm^{-1}
电子能级	0.8~1.8	6500~145000
振动能级	0.02~0.6	200~5000
转动能级	0.00001~0.0006	0.1~5

由于等离子体中的光发射与粒子在不同能级之间的跃迁有关，因此可以用原子态或分子态的光谱学标记来表示原子能级或分子能级[3-4]。

原子能级的光谱学标记为

$$\mathbb{X}\mathbb{I}n^{2S+1}L_J \tag{5-9}$$

其中，$\mathbb{X}$ 为元素符号；$\mathbb{I}$ 为电离态（$\mathbb{I}$ 为非电离，$\mathbb{II}$ 为单电离）；n 为主量子数；$2S+1$ 为多重态（$S=0$ 为单重态，$S=1/2$ 为双重态，$S=1$ 为三重态）；L 为总轨道角动量（对于 $L=0$、1、2、3、4，用 S、P、D、F、G 表示）；$J=L+S$ 为总电子角动量。

分子能级的光谱学标记为

$$^{2S+1}\Lambda_{\Omega_{g(u)}}^{+(-)} \tag{5-10}$$

其中，Λ 为总轨道角动量（对于 $\Lambda=0$、1、2、3，用 Σ、Π、Δ、Φ 表示）；量子数 $\Omega=\Lambda+\Sigma$，Σ 的允许值为 S、$S-1$、$S-2$、$\cdots$、$-S$；g（u）表示波函数相对于核为对称或反对称；$+$（$-$）表示波函数相对于核之间轴反射面为对称或反对称。

分子光发射的选择定则为 $\Delta\Lambda=\pm1$，$\Delta S=0$，$\Delta\nu=\pm1$，$\Delta J=\pm1$。另外，Σ 态之间的允许跃迁要满足 $\Sigma^+\to\Sigma^+$ 或 $\Sigma^-\to\Sigma^-$；对于同核双原子分子允许跃迁要满足 g→u 或 u→g。

5.2　发射光谱

发射光谱是对等离子体过程进行监测与诊断最常应用的方法。发射光谱的特征谱线提供了等离子体中与化学和物理过程相关的信息，通过测量谱线的波长和强度，就能够识别等离子体中存在的各种离子和中性基团，因此，发射光谱诊断在实验室科学研究和工业生产中得到广泛应用。

5.2.1　等离子体发射光谱的谱特性

发射光谱诊断的依据是特定波长的谱线，由于光发射来源于特定能级之间的跃迁，特定波长的谱线成为表征等离子体内基团组分和能态的特征量，因此，了解谱线的基本特征是开展发射光谱诊断的基础。

1. 线状发射光谱

发射光谱的复杂程度与分子结构有关。对于简单分子，与能级结构相对应的发射光谱可能为线状，结构较简单[4]。如图 5-3 所示的 He 等离子体发射光谱图，与这些谱线对应的能级图见图 5-4。

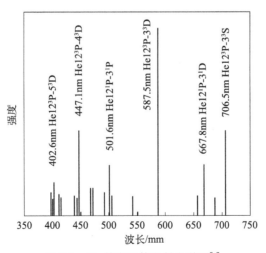

图 5-3　He 等离子体发射光谱图[4]

但是，对于 N_2 分子，还要考虑振动态和转动态的影响，其放电时的发射光谱就变得比较复杂[5]。图 5-5 所示的谱线系即是由叠加在电子跃迁上的振动态所引起的，如 N_2($B^3\Pi_g\to A^3\Sigma_u^+$) 和 ($C^3\Pi_u\to B^3\Pi_g$)。

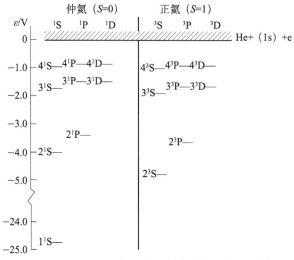

图 5-4　He 等离子体发射光谱线对应的能级图[4]

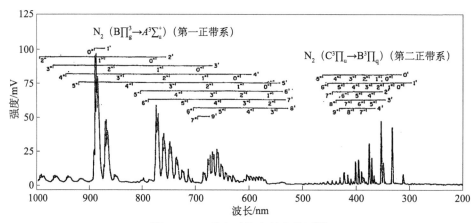

图 5-5　N_2 等离子体发射光谱图[4]

2. 带状发射光谱

对于更复杂的分子或化合、混合物，谱线的密度将增加，成为连续的谱带[5]。例如图 5-6 所示的快速刻蚀 SiN 薄膜时的 CF_4/O_2 等离子体发射光谱，由于等离子体中不仅包含了刻蚀产物 N_2，还存在 CO 和 CN，因此，发射光谱由 N_2（$B^3\Pi_g \rightarrow A^3\Sigma_u^+$）和（$C^3\Pi_u \rightarrow B^3\Pi_g$）、CO（$B^1\Sigma \rightarrow A^1\Pi$）、CN（$B^2\Sigma \rightarrow A^2\Pi$）和（$A^2\Pi \rightarrow X^2\Sigma$）的谱线组成，高密度的谱线和谱带组合形成了复杂的光谱图。

3. 光谱线的展宽效应

发射谱峰的线形与激发过程有关，激发过程包括直接激发和分解激发。如果激发原子直接来源于电子与其的碰撞，典型的原子谱线是非常尖锐的。如果激发

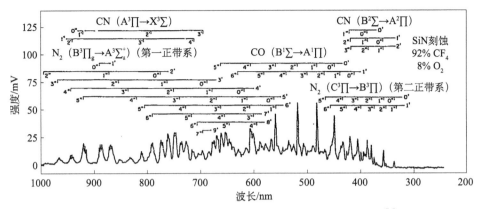

图 5-6　快速刻蚀 SiN 薄膜时的 CF$_4$/O$_2$ 等离子体发射光谱[5]

原子来源于电子与分子的碰撞，谱线则呈展宽分布，因为分解激发一般会导致受激中性碎片有几个 eV 的能量，辐射将发生多普勒（Doppler）展宽[4]。例如，在 CF$_4$/Ar/O$_2$ 等离子体中，F* 在 703.7 nm 处谱线的线形像 Ar* 在 703.0 nm 处的谱线一样尖锐，如图 5-7 所示，这表明 F* 来源于 F 原子的直接电子碰撞激发

$$e^- + F \longrightarrow F^* + e^- \tag{5-11}$$

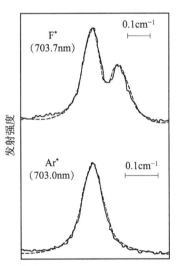

图 5-7　CF$_4$/Ar/O$_2$ 等离子体中的 F*（703.7 nm）和 Ar*（703.0 nm）发射线[4]

如果光发射来源于氟分子的激发分解

$$e^- + F_2 \longrightarrow F + F^* + e^- \tag{5-12}$$

则将观察到更宽的光发射谱线。

　　光谱线的展宽效应可以辅助区分激发过程，如用于分析刻蚀微电子材料的

Cl_2 放电等离子体。图 5-8 是 Cl_2 放电等离子体的发射光谱，Cl 837.6 nm 谱线来源于 $3s^2 3p^4$ (${}^3P$) $4p \longrightarrow 3s^2 3p^4$ (${}^3P$) $4s$ 能级间的跃迁，如图 5-9 所示。Cl 837.6 nm 谱线的细节如图 5-10 所示，可见阳极处的 Cl^* 发射线较尖锐，表明它来源于电子碰撞激发；阴极处的 Cl^* 发射线由两部分组成：一个尖峰和一个与分解激发相关的展宽峰，其形成过程分别如下

$$e^- + Cl \longrightarrow Cl^* + e^- \tag{5-13}$$

$$e^- + Cl_2 \longrightarrow Cl + Cl^* + e^- \tag{5-14}$$

从总的谱线强度中减去展宽带尾的发射强度，可以确定由直接激发产生的谱线强度。

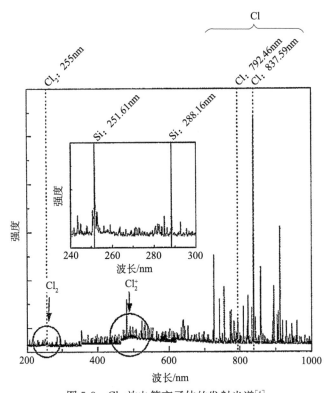

图 5-8 Cl_2 放电等离子体的发射光谱[4]

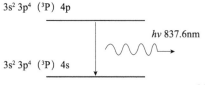

图 5-9 Cl 837.6 nm 谱线的跃迁能级图[4]

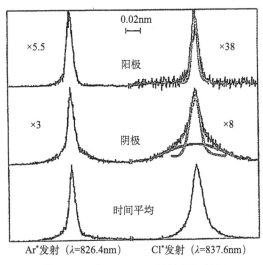

图 5-10　Cl 837.6 nm 谱线的细节[4]

4. 光谱线的识别

为了从发射光谱得到等离子体中的基团信息，需要对光谱图中的谱线进行识别。通常谱线的信息量很大，导致光谱的完整识别和解释变得非常困难。一般是将光谱的"指纹区"与可识别的等离子体标准谱进行比对而得到结果。标准谱是在标准放电状态时获得的光谱。本书附录中收集了部分原子、分子和离子的特征光谱线参数，供分析等离子体发射光谱时参考。

5.2.2　发射光谱诊断的实验装置

1. 发射光谱实验装置的组成

图 5-11 为等离子体发射光谱测量系统示意图[4]。放电等离子体中的光发射通过等离子体反应室上的光学窗口、透镜后进入单色仪，单色仪通过旋转衍射光栅，在波长 200～1000 nm 进行扫描，用探测器收集光子并转变为电信号，送入记录设备或计算机而得到发射光谱图。

发射光谱实验装置所需的组件通常包括如下部分。

1）光学窗口

等离子体反应室的光学窗口对于光发射的取样非常重要，通常采用石英或蓝宝石作为光学窗口，使短波长光的透过率最大。对于反应性等离子体，在真空室的光发射取样窗口上可能会沉积薄膜，沉积的薄膜会选择性地吸收光，从而改变所观察到的光谱。这时，需要对窗口进行清洗以保持干净，也可以对光学窗口加热以减弱薄膜的沉积。

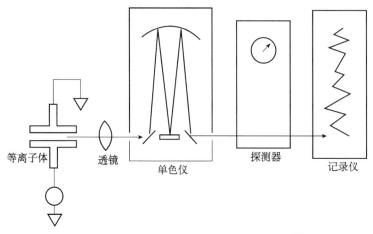

图 5-11   等离子体发射光谱测量系统示意图[4]

2）分光计

为了得到等离子体光谱，需要用分光计将等离子体光发射按波长进行分散，如图 5-12 所示。

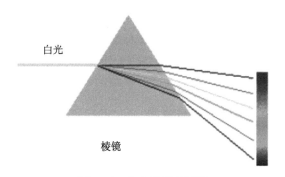

图 5-12   分光计示意图[4]

光谱仪中目前大量使用的分光计为衍射光栅，如图 5-13 所示。根据光栅方程 $d\,(\sin\alpha\pm\sin\beta)=m\lambda$，对于相同的光谱级数 m，以同样入射角 α 投射到光栅上的不同波长 λ_1、λ_2、λ_3、…组成的混合光，每种波长产生的干涉极大都位于不同的角度位置，即不同波长的衍射光以不同的衍射角 β 出射，因此，形成一系列按波长次序排列的分立谱线。

分光计分散光线的能力定义为分辨率，即 $\lambda/\Delta\lambda$。在一块中等尺寸的光栅上可以容易地获得 100000 的分辨率。例如，一块 8 cm 宽的光栅，每 mm 为 1200 条线，分辨率约 100000。但是，当需要高分辨率时，光的输出比较小。

3）探测器

探测器用于收集分光计分散的不同波长的光发射，供后续分析。常用的光探

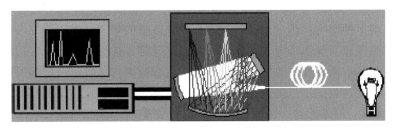

图 5-13　光栅分光计[4]

测器有以下几种。

光电倍增管（PM）：光电倍增管的工作原理是以光电效应为基础，即光子传递其能量（$h\nu$）来激发材料中的电子使其进入较高的能级，或使电子从材料表面发射进入真空，如图 5-14 所示。发射的电子能够被施加在阴极、倍增器电极和阳极之间的外电场加速。当加速电子打到倍增器电极表面时，电子将被增殖，每个光发射电子在不足 10^{-8} s 内可以增殖的总电子数可多达 10^{7}。如此大的放大率和快的时间响应使光电倍增管成为最常使用的光电探测器之一。

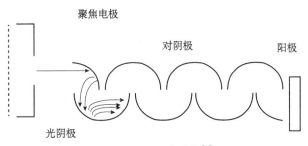

聚焦电极

对阴极

阳极

光阴极

图 5-14　光电倍增管[4]

光二极管（PD）：光二极管是将光信号变成电信号的半导体器件。它的核心部分是一个 PN 结，和普通二极管结构上不同的是，PN 结面积比较大，电极面积比较小，以便于接受入射光照，而且 PN 结的结深很浅，一般小于 1 μm。光二极管在反向电压作用下工作。没有光照时，反向电流很小（一般小于0.1 μA），称为暗电流。有光照时，携带能量的光子进入 PN 结后，把能量传给共价键上的束缚电子，使部分电子挣脱共价键，从而产生电子-空穴对，称为光生载流子。它们在反向电压作用下参加漂移运动，使反向电流明显变大，光的强度越大，反向电流也越大。

电荷耦合器件（CCD）：电荷耦合器件是一种由时钟脉冲电压来产生和控制半导体势阱的变化，实现存储和传递电荷信息的固态电子器件，如图 5-15 所示。在 N 型（或 P 型）硅衬底上生长一层二氧化硅薄层，再在二氧化硅层上沉积并刻蚀金属电极，形成规则排列的金属-氧化物-半导体电容器阵列和适当的输入、输出电路，从而构成基本的 CCD 移位寄存器。对金属栅电极施加时钟脉冲，在对应栅电极下的半导体内就形成可储存少数载流子的势阱。在光照下，光子将其能量转移给光敏探测面的电子，将电子激发至导带，被激发的电子穿过探测面而输入势阱。然后周期性地改变时钟脉冲的相位和幅度，势阱深度则随时间相应地变化，从而使注入的信号电荷在半导体内作定向传输并输出。CCD 的优点是探测器尺寸非常小、灵敏度高、信噪比高。典型的 CCD 探测器尺寸为 $10\sim20$ μm，因此，一个像素为 1024×1024 阵列的 CCD 尺寸约为 2 cm×2 cm。

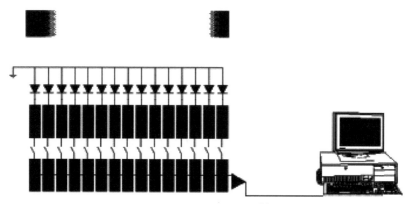

图 5-15 电荷耦合器件[4]

4）其他光学组件

对于光谱仪的各种应用，还有许多其他光学组件，如透镜、反射镜、光纤、光圈等，这些组件用于增强谱仪系统的总体性能。

2. 发射光谱测量的光纤光谱仪

在等离子体发射光谱测量中，光纤光谱仪、等离子体监测仪是可供选择的测量仪器[6-7]。下面为某商售光纤光谱仪系统的构成。

光谱仪由光纤接口、准直镜、聚焦镜、探测器和衍射光栅组成，如图 5-16 所示。用不同色散系数和闪耀波长的光栅组成八个通道，测量波长范围为 $200\sim$
1100 nm，各通道测量范围及分辨率如表 5-2 所示。CCD 探测器与一块电路板相连，该电路板包括 14 位模数（AD）转换卡和 USB/RS-232 接口。光谱图的 Y 轴最大值为 16500 点。此外，使用特制的探测器镀膜增强了 CCD 探测器在紫外波段的响应，使用灵敏度增强透镜提高了灵敏度。光谱仪后面板上的 15 针数据 I/O 接口

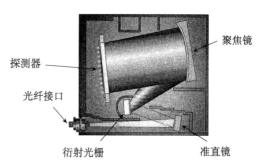

聚焦镜
探测器
光纤接口
衍射光栅
准直镜

图 5-16 某商售光纤光谱仪结构图[6]

可以提供外触发功能，可以控制光源的快门和脉冲氙灯的开关。

表 5-2　八通道光纤光谱仪的组成与性能

通道	光栅/(线/mm)	光谱测量范围/nm	分辨率/nm
主通道	2400	200～317	0.09
第一从通道	2400	315～417	0.07
第二从通道	2400	416～500	0.06
第三从通道	2400	499～566	0.05
第四从通道	1800	565～675	0.08
第五从通道	1800	659～750	0.07
第六从通道	1200	748～931	0.13
第七从通道	1200	929～1078	0.11

光纤光谱仪可以配置成单通道、双通道、三通道、四通道或多通道（最多可配置成 8 个不同的通道），由仪器主板上的微处理器控制，使得不同通道间可以实现同步采样。同步数据采样可以使光谱仪快速读出数据，可以对瞬态事件进行监控。

光纤光谱仪采用对称光路设计，带有 2048 像素 CCD 探测器阵列，光路入射焦距和色散焦距是严格的 1∶1 关系，没有像差，适合低亮度和高分辨率的应用领域。光谱仪中的光学元件与电路板间都采用无应力装配，电路板发热产生的热飘移很小，适用于在恶劣环境下测量。

5.2.3　发射光谱方法的优点与缺点

发射光谱分析的主要优点为：①采用非侵入式方法，光谱仪安装在沉积室和真空系统的外部，不干扰等离子体；②对待测的等离子体设备只需作很少或不作改动就可以完成测量；③能够对空间和瞬态进行分辨，获得的信息量大，可以得到等离子体的许多信息；④设备相对便宜，可以在实验室的多台仪器上使用。

但是，发射光谱分析也存在一些缺点：①光谱极其复杂，较难精确解释，因此，通常只用原子谱线来分析等离子体加工过程；②用作等离子体刻蚀工艺终点探测的分子谱线，有时并不清楚其来源；③作为工艺诊断工具，发射光谱的最大制约因素是光学窗口的清洁保持，因为窗口上薄膜沉积或刻蚀能够大大改变或减弱发射光谱信号。

5.3　发射光谱的光化线强度测定法

发射光谱的谱线强度取决于发射该谱线的基团密度、电子能量分布函数以及电子碰撞该基团到达激发态的激发截面，因此，通过在待测气体中加入示踪气体

（如氩），然后同时测量并比较放电等离子体的待测基团和示踪气体原子的发射谱线强度，可以定量测量待测基团的相对浓度，这种广泛应用的基团相对浓度测定方法称为光化线强度测定法（optical actinometry）[3-4]。

等离子体光发射谱中，包含了大量各种波长的发射，对应于电子态、振动态和转动态之间复合的允许跃迁。电子碰撞主要产生受激的中性基团，要从测量的发射强度来定量计算中性基团的浓度，必须知道电子分布函数。设 n_A 为基团 A 的浓度，I_λ 为对线宽积分的光发射强度，由 A 的基态激发的光发射强度为

$$I_\lambda = \alpha_{\lambda A} n_A \tag{5-15}$$

其中，

$$\alpha_{\lambda A} = k_D(\lambda) \int_0^\infty 4\pi v^2 Q_{A^*} \sigma_{\lambda A}(v) v f_e(v) dv \tag{5-16}$$

式中，$f_e(v)$ 为电子速度分布函数，$\sigma_{\lambda A}$ 为由电子碰撞激发基团 A 生成发射波长为 λ 的光子的截面，Q_{A^*} 为激发态发射光子的量子效率（$0 \leqslant Q_{A^*} \leqslant 1$），$k_D$ 为光探测器的响应系数。在低气压等离子体中，短寿命激发态的 $Q_{A^*} \approx 1$；亚稳态的 Q_{A^*} 通常小于 1，这是由于发生了碰撞退激、场致退激、电离或其他减少亚稳态粒子数但不发射光子的过程。由于 $f_e(v)$ 会随着放电参数（气压、功率、驱动频率、反应器尺寸）的改变而发生变化，同时由于在激发能 E_{A^*} 附近的高能带尾分布函数会随放电参数而发生剧烈变化，使 $\sigma_{\lambda A}$ 发生变化，结果式（5-15）中 I_λ 不再正比于 n_A，不能定量反映基团密度 n_A。

为了从发射光谱的谱线强度定量得到激发基团的相对浓度，1980 年 Coburn 和 Chen 发展了在等离子体中添加低浓度 n_T 惰性气体作为示踪气体定量确定发射谱中基团浓度 n_A 的方法，即光化线强度测定法。该方法通过对示踪气体和待侧基团的发射谱线相对强度的比较，抵消了电子分布函数的变化，因此可以定量反映基团浓度 n_A。示踪气体被称为光化线强度标定气体，一般采用惰性气体 Ar，因为它不产生反应，因此当放电参数发生变化时其浓度基本保持为常数。根据总的压强和所使用气体的分压强，采用理想气体定律可以计算 Ar 的浓度 n_{Ar}。

光化线强度测定法的基本原理如下。选择与待测基团 A 具有相同激发阈值能（$\varepsilon_{T^*} \approx \varepsilon_{A^*} \approx \varepsilon_*$）的示踪气体 T 的激发态 T^*，对于来自 A 的光发射 λ 和来自 T 的 λ' 光发射，截面 $\sigma_{\lambda A}(v)$ 和 $\sigma_{\lambda' T}(v)$ 如图 5-17 所示，式（5-16）中的倍乘因子 $v^3 f_e(v)$ 的典型形状也同时示于图 5-17，图中的阴影为截面 $\sigma_{\lambda A}(v)$ 和 $\sigma_{\lambda' T}(v)$ 与倍乘因子 $v^3 f_e(v)$ 交叠的区域。对于示踪气体 T，光发射为

$$I_{\lambda'} = \alpha_{\lambda' T} n_T \tag{5-17}$$

其中，

$$\alpha_{\lambda'T} = k_D(\lambda') \int_0^\infty 4\pi v^2 Q_{T^*} \sigma_{\lambda'T}(v) v f_e(v) dv \tag{5-18}$$

因为 $f_e(v)$ 与 σ 只有一小部分区域交叠，因此用 $\sigma_{\lambda'T} \approx C_{\lambda'T}(v - v_{thr})$ 和 $\sigma_{\lambda A} \approx C_{\lambda A}(v - v_{thr})$ 近似作为阈值能附近的截面，其中 $C_{\lambda'T}$、$C_{\lambda A}$ 为比例常数。然后取 I_λ 和 $I_{\lambda'}$ 的比，得到

$$n_A = C_{AT} n_T \frac{I_\lambda}{I_{\lambda'}} \tag{5-19}$$

其中，

$$C_{AT} = f(k_D(\lambda), Q_{A^*}, C_{\lambda A}, k_D(\lambda'), Q_{T^*}, C_{\lambda'T}) \tag{5-20}$$

通常选择 $\lambda' \approx \lambda$，使 $k_D(\lambda') \approx k_D(\lambda)$，并且假定 $Q_{A^*} \approx Q_{T^*}$，因此，比例常数 C_{AT} 只与两个截面在阈值附近的性质有关。如果已知 n_T，且 I_λ 和 $I_{\lambda'}$ 可以用发射光谱测量，则可以确定 n_A 的绝对值。如果 C_{AT} 不知道，则可以得到 n_A 的相对值。

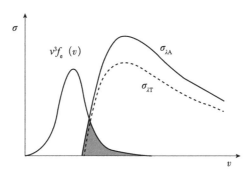

图 5-17　截面 $\sigma_{\lambda A}(v)$ 和 $\sigma_{\lambda'T}(v)$[3]

理想的光化线标定示踪气体应具有与待测基团一样的激发截面，但是，电子能量分布变化将导致这种方法失效，因此，这种示踪气体非常难找。实际应用中，低密度等离子体中电子碰撞离化和分解过程的电子温度是确定的，同时，在低功率密度下只有少部分气体分解，而且气体分解随功率、气压或电极空间位置的变化也较小，因此，即使激发截面匹配得不是很好，光化线强度测定方法也可以得到很好的应用。例如，对于 $\lambda = 703.7$ nm 处阈值能为 14.5 eV 的 F 光发射，通常选择的示踪气体是 $\lambda = 750.4$ nm 处阈值能为 13.5 eV 的 Ar，典型的示踪气体浓度 n_T 为进气浓度的 1%～5%。

光化线强度测定法也存在不足。图 5-18 为 O_2/CF_4 气体电容耦合射频放电等离子体中测量得到的氧原子浓度，其中混合 2%～3% 的 Ar 作为示踪气体。在光化线强度测定活性粒子浓度 n_O 时，利用了 O 原子的两条发射谱线：$\lambda = 777.4$ nm（$3p^5P \rightarrow 3s^5S$）和 $\lambda = 844.6$ nm（$3p^3P \rightarrow 3s^3S$），并分别计算与 Ar 的谱线 $\lambda' = 750.4$ nm 的强度比值。为了与光化线强度测定比较，采用了更精确的双光子 LIF

方法测量 n_O。从图 5-18 中可以看到随着 CF_4 浓度的改变，用 844.6/750.4 nm 光化线强度测定的结果与双光子 LIF 方法的测量结果吻合得很好，但用 777.4/750.4 nm 测量得到的 n_O 在 CF_4 浓度低于 20% 时出现饱和现象而不再减小，与 LIF 方法的测量结果不符。

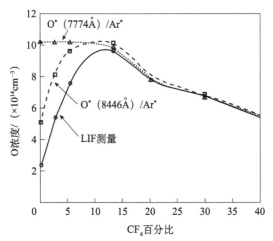

图 5-18 O_2/CF_4 气体电容耦合射频放电等离子体中测量得到的氧原子浓度[3]

对于测量 777.4 nm 谱线时遇到的问题，可能的原因如下。O 的 777.4 nm 发射谱线可以来自基态 A 的直接激发过程

$$e + O \longrightarrow O^* + e \longrightarrow O + e + \hbar\omega \qquad (5\text{-}21)$$

也可以来自分解激发过程

$$e + O_2 \longrightarrow O + O^* + e \longrightarrow 2O + e + \hbar\omega \qquad (5\text{-}22)$$

直接激发过程与分解激发过程相互竞争，结果实际测量得到的光强是两者的贡献，即

$$I_\lambda = a_{\lambda O} n_O + a_{\lambda O_2} n_{O_2} \qquad (5\text{-}23)$$

它与原始气体密度 n_{O_2} 和自由基密度 n_O 都有关系，因此，光化线强度测定在 $a_{\lambda O} n_O \leqslant a_{\lambda O_2} n_{O_2}$ 条件下会失效。

如 5.2.1 节中所述，激发过程可以利用光谱线的展宽效应来区分，因此，采用高分辨率的单色仪或光谱仪可以区分直接激发和分解激发产生的辐射。在分解激发中，产生的激发态基团通常带有很高的能量，这种在激发态辐射时就会形成多普勒展宽，而直接激发基团产生的辐射谱线比较尖锐。从总谱线强度中减去带有展宽的部分就可以得到直接激发的谱线强度。但是，其他过程也会影响 I_λ，包括从更高能量的激发态到 A^* 的辐射跃迁、电子碰撞激发亚稳态到 A^* 以及 A^* 的碰撞和场致淬灭等，这些过程会使光化线强度测定失效，通过选择适当的光学跃迁和放电参数，可以将它们的影响减到最小。

5.4 等离子体温度的光谱测量

低气压、高密度等离子体是微电子器件加工的重要手段，等离子体温度（电子温度和气体温度）是非常重要的加工工艺参数。电子温度控制着工作气体离化、激发和分解的概率，也就决定着等离子体电势和带电粒子到达基片的通量和能量。气体温度则与等离子体化学反应的速率系数相关，通常它们之间呈指数关系。

测量电子温度的传统方法是朗缪尔探针法，但是朗缪尔探针技术是一种浸入式测量技术，它对等离子体会产生一定的干扰，同时还需要解决射频干扰、磁场影响、绝缘介质的沉积等问题，因此，朗缪尔探针技术在用于测量化学活性等离子体中的电子温度时往往存在一定的困难。1997 年，Malyshev 和 Donnelly 发展了惰性示踪气体发射光谱（TRG-OES）方法[8]，Boivin 等进一步发展了光强比值法[9]，使发射光谱成为非侵入式测量等离子体电子温度的重要手段。同时，发射光谱法也被用于测量等离子体中分子的转动温度和振动温度。

5.4.1 惰性示踪气体发射光谱法测量电子温度

惰性示踪气体发射光谱法[10] 是将等分示踪惰性气体 He（或 Ne、Ar、Kr、Xe）添加到等离子体中，将测量到的示踪气体的原子发射谱线强度与采用模型计算得到的该谱线强度相比较，得到电子温度。详细的原理如下叙述。

1. 惰性示踪气体发射光谱法测量电子温度的基本原理

将等分 He（或 Ne、Ar、Kr、Xe）惰性气体添加到等离子体中，记录其 $2p_x$（$x=1\sim10$）能级衰变到四个 $1s$ 态中的任何一个态时的光发射强度，如图 5-19 所示。用下标 g 表示基态，x 表示 $2p_x$ 态，m 表示 $1s_3$ 或 $1s_5$ 亚稳态，r 表示 $1s_2$ 或 $1s_4$ 低辐射态，s 表示 $1s$ 态。通过式（5-24）和式（5-25）所示的电子碰撞反应，基态或亚稳态的惰性气体原子被激发到高能级 $2p_x$ 态

$$A + e \xrightarrow{k_{g,x}} A_x + e \tag{5-24}$$

$$A_m + e \xrightarrow{k_{m,x}} A_x + e \tag{5-25}$$

然后产生从 $2p_x$ 能级向低能级的光辐射。

观测到波长为 $\lambda_{x,s}$ 的从 $A_x \rightarrow A_s$ 跃迁的光发射强度 $I_{A_{x,s}}$ 为

$$
\begin{aligned}
I_{A_{x,s}} &= \alpha(\lambda_{x,s}) Q_x b_{x,s} (n_{A_g} k_{g,x} + n_{A_m} k_{m,x}) \\
&= \alpha(\lambda_{x,s}) Q_x b_{x,s} \sum_{k=g,m} n_{A_g} 4\pi \int_{v_{0,A_{x,k}}}^{\infty} \sigma_{A_{x,k}}(v) v^3 f_e(v) dv
\end{aligned}
\tag{5-26}
$$

式中，$\alpha(\lambda_{x,s})$ 为波长 $\lambda_{x,s}$ 时的光谱仪灵敏度，$\sigma_{A_{x,k}}(v)$ 为电子速度为 v 时从

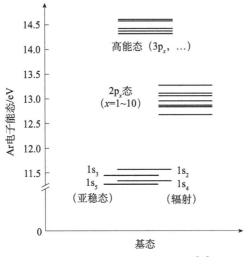

图 5-19　Ar 激发态的能量分布[10]

能级 A_k 到 A_x 电子碰撞激发截面 $[v < v_{0, A_{x,k}}$ 时, $\sigma_{A_{x,k}}$ $(v) = 0]$, n_{A_g}、n_{A_m} 分别为基态和亚稳态的粒子数密度。反应（5-24）和（5-25）中需要使用的截面数据可以从文献中查得[11-13]。亚稳态的粒子数密度 n_{A_m} 是 n_{A_g}、n_e、T_e、基团浓度和反应器尺寸的函数。基态的粒子数密度取决于泵的抽速和管道的流导。

对于原子的光子发射，当 A_x 自发跃迁到任何一个低能态时，量子产额 Q_x 为

$$Q_x = \frac{\tau^{-1}}{\tau^{-1} + k_q p} \tag{5-27}$$

式中，τ 和 k_q 分别为在总压强 p 下由所有基团产生的 A_x 的辐射寿命和有效淬灭速率系数。对于发射态的短辐射寿命（Ar $2p_1$ 能级，$\tau = 21$ ns）和低气压条件（<2.66 Pa），$Q_x = 1$。

在式（5-26）中，$b_{x,s}$ 为跃迁 $A_x \rightarrow A_s$ 的分支比，定义为

$$b_{x, s} = \frac{i_{A_{x, s}}}{\sum_{j=1}^{4} i_{A_{x, j}}} \tag{5-28}$$

式中，$i_{A_{x,s}}$ 为从能级 A_x 到能级 A_s 的发射的相对强度。

如果电子速度分布函数 f_e (v) 近似为麦克斯韦分布，且电子温度为 T_e，则

$$f_e(v) = n_e \left(\frac{m_e}{2\pi k T_e} \right)^{3/2} \exp\left(-\frac{m_e v^2}{2k T_e} \right) \tag{5-29}$$

如果知道式（5-26）中的其他参数，就可以用模型计算的相对发射强度与实验测量的相对发射强度进行比较，这时取 T_e 为唯一可调节的参数。原则上只要比较模型计算与实验测量的两条发射线就可以给出 T_e。但是，为了尽可能弥补电子

碰撞激发数据的误差，提高方法的可信度，并得到电子能量分布函数，需要采用多条发射谱线来进行比较。

2. 惰性示踪气体发射光谱法测量电子温度的拟合方法

为了对电子碰撞激发截面和其他随机误差源引起的随机不确定度进行平均，需要采用示踪气体 Ar（或 Kr、Xe）的多条发射谱线（~25 条）来进行比较。模型与实验数据的最佳拟合，就是计算的相对谱线强度（$I_{\lambda,\text{calc}}$）与实验测量的相对谱线强度（$I_{\lambda,\text{expt}}$）达到最佳匹配，即对于所有的谱线（$I_{\lambda,\text{calc}}$）/（$I_{\lambda,\text{expt}}$）＝a，a 为任意常数。典型的计算方法是，假设电子能量分布函数为麦克斯韦分布，T_e 在 1~8 eV，对于每一个 T_e 间隔（如 0.1 eV）进行比较。可以使用如下两种方法比较多组（如选择 70 组）发射强度，获得最佳匹配，并得到最佳的 T_e 值。

1）最小散射法

最小散射法是先计算每一组所有谱线的 $\ln(I_{\lambda,\text{calc}}/I_{\lambda,\text{expt}})$ 权重平均值和百分标准误差 $\sigma(T_e)$，然后绘出平均值附近的百分标准误差与每个 n_e 下输入的 T_e 之间的函数关系，如图 5-20 所示。最小的百分标准误差（或最小散射）对应于模型与实验之间的最佳匹配，由此得到最佳的 T_e 值，即图 5-20 中的 $T_e^{\min\text{ scat}}$。

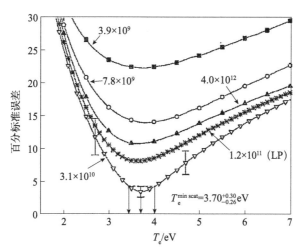

图 5-20　平均值附近的百分标准误差与每个 n_e 下输入的 T_e 之间函数关系[10]

2）零斜率法

零斜率法是绘出每一组 $\ln(I_{\lambda,\text{calc}}/I_{\lambda,\text{expt}})$ 值与从基态到 $2p_x$ 能级发射波长为 $\lambda_{x,s}$ 的激发阈值能 $E_{\lambda,\text{th}}$ 之间的函数关系，如图 5-21 所示，这种函数关系对应于不同的预设 T_e 值。然后对每一组权重数据进行最小二乘法线性拟合，得到线性拟合的斜率。如果惰性示踪气体发射光谱模型中 T_e 取得太低，计算的从高能电子（Ar 线）激发的谱线发射强度就会被低估，这些线的 $\ln(I_{\lambda,\text{calc}}/I_{\lambda,\text{expt}})$ 值太高，而从低阈值能电子（Xe 线）激发的谱线发射强度就会被高估，这时对

$\ln (I_\lambda, \text{calc}/I_{\lambda, \text{expt}})$ 与 $E_{\lambda, \text{th}}$ 作线性拟合得到的斜率为正值。如果将 T_e 取得太高，线性拟合得到的斜率则变为负值。从斜率为 0 的一组就可以得到 T_e。例如，在图 5-21 中得到的 $T_e = 3.63$ eV，与图 5-20 中得到的 $T_e = 3.70$ eV 符合得很好。

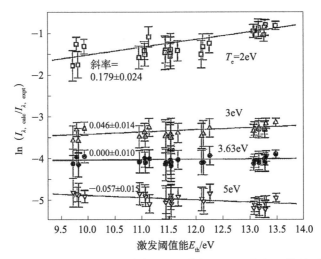

图 5-21 $\ln (I_{\lambda, \text{calc}}/I_{\lambda, \text{expt}})$ 值与激发阈值能 $E_{\lambda, \text{th}}$ 之间的函数关系[10]

5.4.2 光强比值法测量电子温度

1. 光强比值法测量电子温度的基本原理[14-15]

假设等离子体处于局域热平衡状态，并且等离子体在光学上是稀薄的（即与自发发射相比，受激发射和吸收可以忽略），则从原子线的绝对强度可以推出形式上的激发温度。激发温度对应于将原子从基态激发到受激态的电子温度，并且激发温度可以根据能量为 E_j、处于 j 态的原子布居密度 N_j 与系统中符合玻尔兹曼分布的总原子数 N 之间的关系获得

$$N_j = N \frac{g_j \exp(-E_j/(kT_{\text{ex}}))}{ZT_{\text{ex}}} \tag{5-30}$$

式中，k 为玻尔兹曼常量，T_{ex} 为电子激发温度，N 为总布居密度，g_j 是上能级的统计权重，分母为所有分立能级权重玻尔兹曼函数之和，称为配分函数 Z。考虑光学稀薄等离子体中处于激发态 j 的原子通过辐射发射自发衰减到能级 i，等离子体发射率 ε_{ji}（W/cm³）正比于 j 态的原子数

$$\varepsilon_{ji} = \frac{hc}{\lambda_{ji}} N_j A_{ji} \tag{5-31}$$

式中，h 为普朗克常量，c 为真空中光速，A_{ji} 为从上能级跃迁到下能级的自发辐射爱因斯坦系数，λ_{ji} 为发射光的波长。

与等离子体发射率对应的辐射强度为

$$I_{ji} = \frac{\Omega V}{4\pi} \varepsilon_{ji} F_c \qquad (5\text{-}32)$$

式中，F_c 为修正函数，取决于波长大小和探测器灵敏度，V 为总的等离子体体积，Ω 为平凸透镜收集光线的立体角。将式（5-31）、式（5-32）代入式（5-30），得到

$$I_{ji} = \frac{hc\Omega V F_c N}{4\pi Z} \frac{A_{ji} g_j}{\lambda_{ji}} \exp\left(-\frac{E_j}{kT_{ex}}\right) \qquad (5\text{-}33)$$

因此，对应于波长为 λ_{ji}、λ_{kl} 的两条光发射，谱线强度比为

$$\frac{I_{ji}}{I_{kl}} = \frac{\lambda_{kl} A_{ji} g_j}{\lambda_{ji} A_{kl} g_k} \exp\left(\frac{E_k - E_j}{kT_{ex}}\right) \qquad (5\text{-}34)$$

采用式（5-34）测量电子激发温度需要满足的条件是：①两条光谱线的光发射均与基态布居数成正比；②两个激发态经历已知的电子碰撞激发过程；③跃迁没有辐射俘获；④两个激发能近似相等；⑤两条谱线的跃迁概率和其他去激活步骤不随等离子体的改变而变化；⑥两条谱线的激发过程与电子能量的关系是相同的。

2. 光强比值法测量电子温度的方法[14-15]

将式（5-34）取对数并作变换，根据发射光的波长 λ_{ji}、λ_{kl} 和发射光强度 I_{ji}、I_{kl}，可以得到电子激发温度为

$$kT_{ex} = (E_k - E_j)\left[\ln\left(\frac{I_{ji}\lambda_{ji}g_k A_{kl}}{I_{kl}\lambda_{kl}g_j A_{ji}}\right)\right]^{-1} \qquad (5\text{-}35)$$

对于 H、Ar 发射谱线，激发能 E_j 和 E_k、统计权重 g_j 和 g_k、自发辐射的爱因斯坦系数 A_{ji} 和 A_{kl} 均可以从相关文献中查得[14,16-17]，如表 5-3 所示。

表 5-3 发射光谱诊断使用的光谱数据[14,16-17]

发射线	E_j/eV	λ_{ji}/nm	g_j	$A_{ji}/(\times 10^7 s^{-1})$
H_α	12.0875	656.3	6	6.47
H_β	12.7485	486.1	6	2.06
Ar	22.9486	358.8	10	30.3
Ar	15.30	516.22	3	0.09143
Ar	15.46	537.34	5	0.05551
Ar	14.69	693.76	1	0.317
Ar	13.328	696.5	3	0.639
Ar	13.302	706.7	5	0.38
Ar	13.28	714.70	3	0.06434
Ar	13.328	727.3	3	0.183
Ar	14.84	731.17	3	0.177

续表

发射线	E_j/eV	λ_{ji}/nm	g_j	$A_{ji}/\ (\times 10^7\,\mathrm{s}^{-1})$
Ar	13.302	738.4	5	0.847
Ar	13.48	750.38	1	4.72
Ar	13.27	751.46	1	4.29
Ar	13.172	763.5	5	2.45
Ar	13.283	794.8	3	1.86
Ar	13.172	800.6	5	0.49
Ar	13.095	801.5	5	0.928
Ar	13.153	810.4	3	2.5
Ar	13.076	811.5	7	3.31
Ar	13.328	826.5	3	1.53
Ar	13.302	840.8	5	2.23
Ar	13.095	842.5	5	2.15
Ar	13.283	852.1	3	1.39

例如，在叶超等使用 13.56 MHz/2 MHz 双频容性耦合等离子体（DF-CCP）刻蚀 SiCOH 低介电常数薄膜时[18]，为了分析电子温度对刻蚀气体 CHF_3 的分解行为以及对 SiCOH 低介电常数薄膜刻蚀特性的影响，采用光强比值法，选择光谱中的 H_α（656.3 nm）和 H_β（486.1 nm）谱线，得到了等离子体的电子激发温度，如图 5-22 所示。同时，采用光化线强度法测定了 CHF_3 DF-CCP 等离子体中 F 基团的相对浓度，如图 5-23 所示。可见 F 原子的分布与电子激发温度的分布是接近的，因此，在 CHF_3 DF-CCP 等离子体中，F 原子主要是通过电子-中性气体碰撞过程而产生。

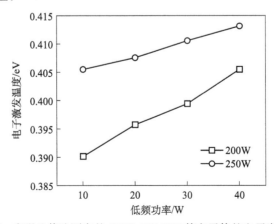

图 5-22　光强比值法测定的 CHF_3 DF-CCP 等离子体的电子激发温度

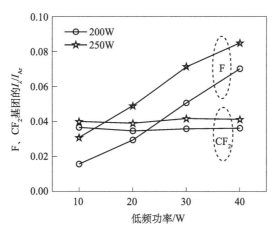

图 5-23　光化线强度法测定的 CHF$_3$ DF-CCP 等离子体中 F 基团的相对浓度

5.4.3　发射光谱法测量分子转动温度、振动温度

1. 发射光谱测量分子转动温度、振动温度的基本原理

用发射光谱法测量等离子体的转动温度是通过测量发射光谱的强度分布来实现的[19]。在转动光谱中，不同的谱线是由于在不同的分子转动和振动态之间跃迁形成的。发射谱线的强度可表示为

$$I = N_{\nu'J'}hc\nu_{\nu'J'\nu''J''}A_{\nu'J'\nu''J''} \tag{5-36}$$

式中，$'$ 表示较高的能级，$''$ 表示较低的能级；$N_{\nu'J'}$ 是振、转能级（ν'，J'）上的粒子数；$\nu_{\nu'J'\nu''J''}$ 为发出光子的波数；$A_{\nu'J'\nu''J''}$ 为上下两个能级之间的爱因斯坦自发辐射系数。按照玻恩-奥本海默近似，可将分子的波函数分解为

$$\psi_{r,\nu,e} = \psi_r\psi_\nu\psi_e \tag{5-37}$$

分子的电偶极矩可以分解为电子的电偶极矩和核的电偶极矩之和

$$M = M_e + M_N \tag{5-38}$$

于是 M 的矩阵元可写为

$$\langle E''_e\nu''J''|\hat{M}|E'_e\nu'J'\rangle = \int\psi''^*_e\psi''^*_\nu\psi''^*_r\hat{M}_e\psi'_e\psi'_\nu\psi'_r\mathrm{d}\tau$$
$$+ \int\psi''^*_e\psi''^*_\nu\psi''^*_r\hat{M}_N\psi'_e\psi'_\nu\psi'_r\mathrm{d}\tau \tag{5-39}$$

由于 M_N 与电子的坐标无关，所以上式右边第二项可以写为

$$\int\psi''^*_e\psi''^*_{\nu J}\psi''^*_r\hat{M}_N\psi'_e\psi'_{\nu J}\psi'_r\mathrm{d}\tau = \int\hat{M}_N\psi''^*_\nu\psi''^*_{re}\psi'_\nu\psi'_r\mathrm{d}\tau_N\int\psi''^*_e\psi'\mathrm{d}\tau_e \tag{5-40}$$

所以有

$$\langle E''_e\nu''J''|\hat{M}|E'_e\nu'J'\rangle = \int\psi''^*_e\psi''^*_\nu\psi''^*_r\hat{M}_e\psi'_e\psi'_\nu\psi'_r\mathrm{d}\tau$$

$$= \int \psi''^*_\nu \psi'_\nu d\tau_\nu \int \psi''^*_r \psi'_r d\tau_r \int \psi''^*_e \hat{M}_e \psi'_e d\tau \quad (5\text{-}41)$$

令 $\overline{M}_{e'e''} = \int \psi''^*_e \hat{M}_e \psi'_e d\tau$，$\overline{M}_{e'e''}$ 是核间距 R 的函数，则有

$$\langle E''_e \nu'' J'' | \hat{M} | E'_e \nu' J' \rangle = \overline{M}_{e'e''} \int \psi''^*_\nu \psi'_\nu d\tau_\nu \int \psi''^*_r \psi'_r d\tau_r \quad (5\text{-}42)$$

显然跃迁概率与 $\langle E''_e \nu'' J'' | \hat{M} | E'_e \nu' J' \rangle$ 的平方，即与 $\left| \int \psi''^*_\nu \psi'_\nu d\tau_\nu \right|^2$ 和 $\left| \int \psi''^*_r \psi'_r d\tau_r \right|^2$ 成正比。其中，$\left| \int \psi''^*_\nu \psi'_\nu d\tau_\nu \right|^2$ 称为富兰克-康顿因子（Franck-Condon Factor），记作 $q_{\nu'\nu''}$；$\left| \int \psi''^*_r \psi'_r d\tau_r \right|^2$ 称为霍尔-伦敦因子（Hönl-London），记为 $S_{J'J''}$。于是可以将发射光谱的强度写为

$$I = N_{\nu'J'} h c \nu_{\nu'J'\nu''J''} \overline{M}_{e'e''} q_{\nu'\nu''} S_{J'J''} \quad (5\text{-}43)$$

若粒子遵从麦克斯韦-玻尔兹曼分布，则 $N_{\nu'J'}$ 为

$$N_{\nu'J'} = \frac{N_{\text{all}}}{Q_e Q_\nu Q_r} g_e \exp\left(-\frac{E_e}{kT_e}\right) g_{\nu'} \exp\left(-\frac{E_{\nu'}}{kT_\nu}\right) g_{J'} \exp\left(-\frac{E_{J'}}{kT_J}\right) \quad (5\text{-}44)$$

其中，Q_e、Q_ν、Q_r 分别为电子态、振动态和转动态的配分函数，g_e、$g_{\nu'}$、$g_{J'}$ 分别为电子、振动和转动能级上的权重因子，E_e、$E_{\nu'}$、$E_{J'}$ 为相应的能量，T_e、T_ν、T_J 分别为电子温度、振动温度和转动温度。于是有

$$I = \frac{N_{\text{all}}}{Q_e Q_\nu Q_r} h c \nu_{\nu'J'\nu''J''} g_e \exp\left(-\frac{E_e}{kT_e}\right) g_{\nu'} \exp\left(-\frac{E_{\nu'}}{kT_\nu}\right) g_{J'} \exp\left(-\frac{E_{J'}}{kT_J}\right) \overline{M}_{e'e''} q_{\nu'\nu''} S_{J'J''} \quad (5\text{-}45)$$

对于一个给定的电子态和振动态上的不同转动态之间的跃迁而言，不随转动量子数变化的项在讨论中均视为常数，可写成

$$I = D g_{J'} S_{J'J''} \exp\left(-\frac{E_{J'}}{kT_J}\right) \quad (5\text{-}46)$$

其中，D 是常数，包含了所有与转动量子数 J' 的变化无关的项。转动光谱的强度实际上仅与 J' 有关。在实验中可以观测到一系列的 J' 所对应的光谱强度 I，对这些数据进行拟合就可以得到转动温度 T_J。

同样，对于一个给定的电子态上的不同振动态之间的跃迁而言，不随振动和转动量子数变化的项在讨论中也可视为常数，于是写成

$$I = D q_{\nu'\nu''} g_{\nu'} \exp\left(-\frac{E_{\nu'}}{kT_\nu}\right) g_{J'} S_{J'J''} \exp\left(-\frac{E_{J'}}{kT_J}\right) \quad (5\text{-}47)$$

将实验中测得的一系列振、转光谱进行拟合就可以得到振动温度 T_ν。

2. 分子转动和振动温度的拟合方法[19]

以氮分子或离子为例，氮分子或离子的发光是由其从较高的能级向较低能级跃迁产生的。在同一个电子态上，振、转光谱带来自不同振、转能级之间的跃迁

$(\nu', J' \rightarrow \nu'', J'')$，而每一个振动态的跃迁 $(\nu' \rightarrow \nu'')$ 同时又包含了许多转动态的跃迁 $(J' \rightarrow J'')$。由于转动态的跃迁受光谱仪分辨率的限制可能不能被光谱分辨出来，故可以通过拟合一个振动峰来得到转动温度。而振动温度则可以通过拟合一系列振、转谱带得到。

拟合一系列振、转光谱带的步骤可以分为四步：①计算振、转光谱中每一个振、转态跃迁 $(\nu', J' \rightarrow \nu'', J'')$ 所对应的波长。根据选择定则，每一个 J' 的 $P(J''=J'+1)$，$Q(J''=J')$ 和 $R(J''=J'-1)$ 三支都要考虑。②计算每个波长所对应的理论线强度，这个强度是转动温度和振动温度的函数。③因为光谱的强度分布受到每个振、转谱线宽度的影响，因此需将每个谱线的线强度乘以一个展宽函数来模拟谱线的加宽，然后把这一系列振、转峰叠加起来形成光谱带。④改变转动温度和振动温度直到理论计算的光谱与实验测量的光谱符合得最好，这时的转动温度和振动温度即为实验所求的转动温度和振动温度。

1) 转动温度的拟合

分子光谱的每一个振动态跃迁中包含有许多转动态的跃迁。因为转动态的能级差很小，所以一般的光谱仪不可分辨这些转动峰，光谱仪所采得的振动峰是许多转动峰叠加的结果。

氮分子态的跃迁 $C\nu'J' \rightarrow B\nu''J''$ 所对应的波长可以表示为

$$\lambda_{B\nu''J''}^{C\nu'J'} = \left\{ n_a \sum_{p=0}^{5} \sum_{q=0}^{2} Y_{pq}^{C} \left(\nu' + \frac{1}{2} \right)^p \left[J'(J'+1) \right]^q \right.$$
$$\left. - Y_{pq}^{B} \left(\nu'' + \frac{1}{2} \right)^p \left[J''(J''+1) \right]^q \right\}^{-1} \tag{5-48}$$

其中，n_a 是空气的折射率，Y_{pq}^C 和 Y_{pq}^B 是 氮分子电子态 $C^3\Pi_u$ 和 $B^3\Pi_g$ 的参数，见文献 [20]。

线强度可以表示为

$$I_{B\nu''J''}^{C\nu'J'} = DS_J \exp \left[-hcB_{\nu}'J'(J'+1)/(kT) \right] \tag{5-49}$$

其中，D 是特定于某个跃迁的比例常数，h 是普朗克常量，c 是光速，B_ν 是转动态常数由赫兹堡（Herzberg）给出[21]，S_J 是霍尔-伦敦因子即各个转动态强度的比例因子[22]，T 就是要求的转动温度。

氮离子 N_2^+ 跃迁所对应的波长及线强度的计算和氮分子的类似。Y_{pq} 对于氮离子 $B^2\sum_u^+$ 和 $X^2\sum_g^+$ 态的值由文献 [23] 给出，B_ν 和 S_J 的值也由赫兹堡给出[21]。

谱带的强度分布受每个转动峰加宽的影响。为了计算简便，这里采用 Phillips 提出的综合了各种加宽效应在内的有限展宽函数来描述转动峰的展宽[22]

$$g(\Delta\lambda) = \frac{a - (2\Delta\lambda/W)^2}{a + (a-2)(2\Delta\lambda/W)^2} \tag{5-50}$$

其中，$\Delta\lambda$ 是与转动峰中心波长的波长差，a 和 W 是常数，其值由文献给出[22,24-25]。转动峰的半高宽为 W，宽度展开到 $\pm Wa^{1/2}$。在计算当中，转动态的量子数 J' 从 0 计算到 40，每一个 J' 所对应的 P、Q 和 R 三支也被考虑到计算之中。再对所有 J' 对应的转动峰叠加起来就得到了一个振动峰。

对于氮分子 N_2 第二正带系$(C^3\Pi_u - B^3\Pi_g)$ 的 399.84 nm（$\nu'=1$，$\nu''=4$）的峰，拟合范围在 396~400 nm；氮离子 N_2^+ 第一负带系$(B^2\sum_u^+ - X^2\sum_g^+)$ 的 391.44 nm（$\nu'=0$，$\nu''=0$）的峰，拟合范围在 390~392 nm。然后通过最小二乘法比较测量的光谱和理论计算的光谱来得到转动温度。这里定义 δ 为归一化后的测量值和理论值差的平方和。通过不断改变转动温度求得一系列理论值，直到得到 δ 最小的理论值为止。这个理论值所对应的转动温度即实验测量所对应的转动温度。图 5-24 中，当转动温度为 350 K 时，理论计算的光谱与实际测量的光谱最为接近，此时 $\delta=0.08$，因此，350 K 即为光谱测量所对应的转动温度。

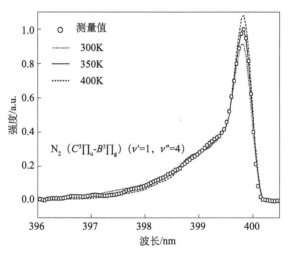

图 5-24　激发频率 41 MHz，放电功率 100 W，放电气压 20 Pa 时的光谱拟合结果[19]

2）振动温度的拟合

氮分子和离子振动温度的测量采用氮离子第一负带系$\left(B^2\sum_u^+ - X^2\sum_g^+\right)$ 和氮分子第二正带系$(C^3\Pi_u - B^3\Pi_g)$ 相交叠的波长在 386~400 nm 的发射光谱。这里，氮分子和氮离子跃迁所对应的波长仍可由前面的方法给出。

假设氮分子和离子的转动态和振动态都呈麦克斯韦-玻尔兹曼分布，每种粒子有单一的转动温度和振动温度。氮分子第二正带系的线强度可以表示为

$$I_{B_\nu'J'}^{C\nu'J'} = \frac{D}{\lambda^4}q_{\nu',\nu''}\exp(-E_{\nu'}/(kT_\nu))S_{J',J''}\exp(-E_{J'}/(kT_r)) \quad (5\text{-}51)$$

其中，D 是特定于某个跃迁的比例常数，仅与光谱仪的几何尺度、敏感度和电子跃迁因素有关；λ 为跃迁所对的波长；k 为玻尔兹曼常量；$q_{\nu',\nu''}$ 是富兰克-康顿因

子即各个振动态强度的比例因子；$S_{J',J''}$ 是霍尔-伦敦因子即各个转动态强度的比例因子；T_ν 和 T_J 分别是要求的振动温度和转动温度。氮分子的富兰克-康顿因子采用文献 [26] 中的数值，霍尔-伦敦因子采用文献 [22] 中的数值。$E_{\nu'}$ 是跃迁中较高振动能级的振动能，它可以表示为

$$E_{\nu'} = hc\omega_e(\nu' + 1/2) - hc\omega_e x_e(\nu' + 1/2)^2 \qquad (5-52)$$

其中，h 是普朗克常量，c 是光速，ω_e 和 $\omega_e x_e$ 是振动态常数[21] 由赫兹堡给出。$E_{J'}$ 为较高转动能级的转动能，它的量子数为 J'，可以表示为

$$E_{J'} = hcB_{\nu'}J'(J' + 1) \qquad (5-53)$$

其中，$B_{\nu'}$ 是转动态常数也由赫兹堡给出[21]。

氮离子 N_2^+ 的振转温度的理论计算步骤和氮分子的类似。Y_{pq} 对于氮离子 $B^2\sum_u^+$ 和 $X^2\sum_g^+$ 态的值采用文献 [23] 中数值，S_J 和 $q_{\nu',\nu''}$ 采用文献 [21] 和 [27] 中的数值。$B_{\nu'}$，ω_e，$\omega_e x_e$ 的值也由赫兹堡给出[21]。

谱线的加宽采用和拟合转动温度时相同的展宽函数。在计算中，转动态的量子数 J' 同样从 0 计算到 40，并考虑每一个 J' 所对应的 P、Q 和 R 三支。再对所有 J' 对应的转动峰叠加起来就得到了振、转光谱。

为了得到等离子体中氮分子 N_2 和氮离子 N_2^+ 各自的转动温度和振动温度（这些温度没有达到平衡状态），以及为了提高计算速度，首先拟合氮分子 N_2 399.84 nm（$\nu'=1$，$\nu''=4$）的峰，从 396 nm 计算到 400 nm，得到氮分子的转动温度。然后用已经求得的转动温度代入方程（5-51）中，拟合从 392~400 nm 的光谱，其中有 394.3 nm（$\nu'=2$，$\nu''=5$）和 399.84 nm 两个振动峰，得到氮分子的振动温度。

接下来拟合氮离子 N_2^+ 391.44 nm（$\nu'=0$，$\nu''=0$）的峰，从 390 nm 计算到 392 nm，得到氮离子的转动温度。最后拟合从 390~392 nm 的光谱，在这段光谱中有氮离子第一负带系的 388.43 nm（$\nu'=1$，$\nu''=1$）和 391.44 nm 的两个振动峰，还叠加了氮分子第二正带系的 389.46 nm（$\nu'=3$，$\nu''=6$）振动峰。用之前已经求得的氮分子转动和振动温度以及氮离子的转动温度作为已知条件，即可求得氮离子的振动温度。理论计算和实验测量的光谱强度都对 399.84 nm 氮分子振动峰进行归一化。为了得到与测量值符合得最好的理论值，在本程序中仍采用了最小二乘法拟合。

图 5-25 为黄晓江等在双频容性耦合放电氮气等离子体中获得的结果。当高频（HF）功率为 100 W、低频（LF）功率为 30 W、放电气压为 20 Pa 时，使用 396~400 nm 波段光谱进行的拟合。理论计算的光谱所对应的氮分子 N_2 的转动温度为 379 K，振动温度为 2991 K；氮离子 N_2^+ 的转动温度为 493 K，振动温度为 1908 K 时与测量的光谱最为接近，此时的 $\delta = 0.1$。

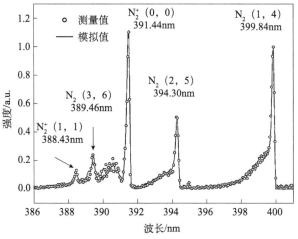

图 5-25 双频 40.68 MHz（100 W）和 2 MHz（30 W）共同激发下，
放电气压为 20 Pa 时的光谱拟合结果[19]

5.5 吸收光谱

虽然发射光谱已成为等离子体诊断的重要工具，但是通过发射光谱只能获得激发态基团的信息，这些基团在等离子体中只是较少的部分。为了得到在等离子体中大量存在的基态和亚稳态基团的信息，吸收光谱（absorption spectroscopy, AS）成为重要的等离子体诊断工具。吸收光谱可用来测量等离子体中分子、中性基团和原子亚稳态等的绝对浓度[28]。

5.5.1 吸收光谱原理

当一束光穿过厚度为 $\mathrm{d}l$ 的均匀等离子体后，光强度的变化 $\mathrm{d}I_\nu$ 由在 $\mathrm{d}l$ 厚度内的光吸收和发射之间的净平衡给出

$$\mathrm{d}I_\nu = (\varepsilon(\nu) - \kappa(\nu))I_\nu \mathrm{d}l \tag{5-54}$$

式中，$\varepsilon(\nu)$ 为单位长度的发射系数，$\kappa(\nu)$ 为单位长度的吸收系数。吸收系数 $\kappa(\nu)$ 描述的是无限薄的等离子体区中的光吸收，由下式给出

$$\kappa(\nu) = \sum_i N_i \sigma_i(\nu) \tag{5-55}$$

式中，求和是针对所有吸收基团的吸收态，N_i 为基团的布居数，$\sigma_i(\nu)$ 为基团在频率 ν 时的吸收截面。将谱线分布 P_ν 进行归一

$$\int_{\mathrm{line}} P_\nu \mathrm{d}\nu = 1 \tag{5-56}$$

假定上能级没有粒子布居，从下式可以得到绝对的 $\kappa(\nu)$

$$\int_{\text{line}} \kappa(\nu)\mathrm{d}\nu = \frac{h\nu}{c_0} N_i B_{ik} \tag{5-57}$$

因此，谱线的吸收系数为

$$\kappa(\nu) = \frac{h\nu}{c_0} N_i(\alpha，\beta，\gamma，\cdots) B_{ik} P_\nu \tag{5-58}$$

式中，N_i（α，β，γ，$\cdots$）为第 i 能级上粒子布居数，取决于等离子体参数（α，β，γ，$\cdots$）；B_{ik} 为在 i 能级与 k 能级之间跃迁的爱因斯坦系数。

当外光源的强度远大于等离子体自身发光强度时，辐射的吸收可以用比尔-朗伯（Beer-Lambert）定律给出

$$I_\nu(l) = I_\nu(0)\exp(-\kappa(\nu)l) \tag{5-59}$$

式中，$I_\nu(0)$、$I_\nu(l)$ 分别为入射等离子体和出射等离子体的光强度，l 为等离子体空间的吸收光程。如果已知不同基团的吸收截面，根据出射光的强度就可以计算该基团的绝对浓度。

5.5.2　吸收光谱实验装置

在发射光谱测量的实验装置上添加一个外光源就可以实现吸收光谱的测量。由于分子和原子的吸收谱线可能在真空紫外（VUV）、可见光（VIS）、红外（IR）或微波频段的较宽频率范围，根据被测基团的性质，需要选择适当的外光源，外光源可以采用各种连续谱灯（如用于 VIS 至 NIR 范围的氙灯、160~350 nm 紫外（UV）范围的氘灯、可见光范围的钨灯）和可调谐的窄带光源（如可调谐染料激光器、二极管红外激光器）。对于双原子和多原子基团，连续谱光源是最适合的选择。

下面以吸收光谱测量 SiO 薄膜沉积时的 Si 原子浓度为例[29]，介绍吸收光谱测量的实验装置和测量方法。

图 5-26 为在 ECR 离子体沉积 SiO 薄膜时测定 Si 原子浓度的原子吸收光谱测量装置。采用 Si 中空阴极灯（HC 灯）发出的紫外线（工作电流 20 mA）作为探测光源，光束通过熔融石英制作的准直透镜，穿过 ECR 区下游的等离子体区，等离子体区长度约 13 cm。用光斩波器调制 HC 灯发出的光束，使探测光与 Si 原子受激产生的等离子体发光进行区分。在 0.3 m 的单色仪前放置一个 253 nm 的干涉滤波器，单色仪配置了一块 1800 条/mm 的衍射光栅和一个光学多道探测器。采用三阶衍射和 100 μm 的狭缝来获得 0.9 Å 的高分辨率，以观察 Si 共振辐射的精细结构，如图 5-27 所示。用数字锁相放大器完成相敏探测。

从测定的吸收光谱获得 Si 原子浓度的计算方法如下。假定等离子体中原子的吸收谱线和 HC 灯的 Si 原子发射谱线均为高斯分布，在弱吸收情形（低于10%），沿吸收路径的密度积分（柱密度）为

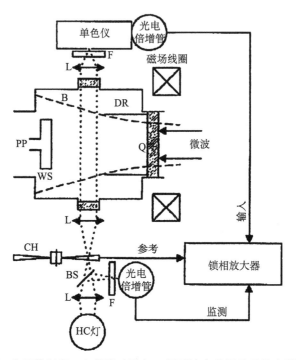

图 5-26　ECR 离子体沉积 SiO 薄膜时测定 Si 原子浓度的原子吸收光谱测量系统[29]

L. 透镜；F. 干涉滤波片；B. 磁力线；DR. 进气环；PP. 抽气泵口；Q. 微波窗口；
WS. 基片台；CH. 光斩波器；BS. 分束器；HC 灯. 中空阴极灯

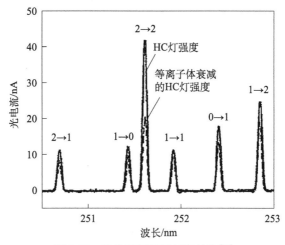

图 5-27　Si 共振辐射的精细结构[29]

$$n_{\mathrm{col}} = 8\pi\sqrt{\frac{\pi}{\ln 2}}\,\frac{g_1}{g_2}\,\frac{\tau}{\lambda^2}\,\Delta\nu_{\mathrm{p}}\sqrt{1+\Delta\nu_{\mathrm{l}}^2/\Delta\nu_{\mathrm{p}}^2}\,\frac{\Delta I}{I_0} \tag{5-60}$$

式中，g_1、g_2 分别为低能级和高能级的统计权重，τ 为寿命，λ 为波长，I_0 为等离子体关断时 HC 灯的强度，I 为被等离子体衰减的强度，$\Delta I / I_0$ 为吸收部分，$\Delta\nu_p$ 和 $\Delta\nu_l$ 分别为 Si 原子在等离子体中吸收线的半高宽（HWHM）和由 HC 灯发出的发射线的线宽。图 5-28 为吸收光谱法测定的 Si 原子浓度随宏观实验参数（功率、气压）的变化关系。

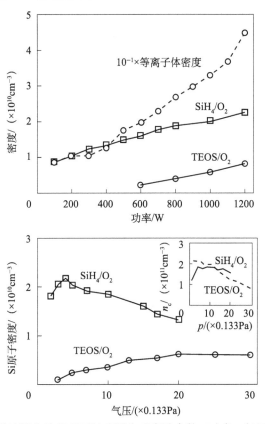

图 5-28　吸收光谱法测定的 Si 原子浓度随宏观实验参数（功率、气压）的变化关系[29]

5.6　激光诱导荧光光谱

处于基态或低能态的粒子吸收光能后被激发，随后会发生辐射跃迁。当跃迁出现在同一个多重态时，会发出荧光辐射。荧光辐射的强度正比于粒子密度，因此，通过测量荧光的强度，可以确定处于基态的分子、原子、离子以及亚稳态或不稳定激发态的密度。由于发射荧光的时间远小于微秒，因此必须用脉冲宽度为纳秒量级的激光脉冲来激发荧光，这种诊断技术称为激光诱导荧光（laser induced fluorescence，LIF）技术。激光诱导荧光技术可以测量自由基和离子的相对密度、速度分布函数、气体温度和电场分布等。

5.6.1 激光诱导荧光原理

激光诱导荧光技术[30-33] 可用于探测非辐射的原子密度。在 LIF 实验中，采用激光将物种激发到激发态，并探测由激发态发出的荧光。在这种方法中，原子的密度与原子散射的光子通量有关。假设处于初态 i 的原子散射了激光辐射场的光子，激光辐射场的光频率与散射原子从初态 i 到中间态 j 的跃迁产生共振。在散射后，原子通过发射能量为 $h\nu_{jk}$ 荧光光子而停留在终态 k 上，如图 5-29 所示，能量 $h\nu_{jk}$ 对应于态 j 和态 k 之间的能量差。

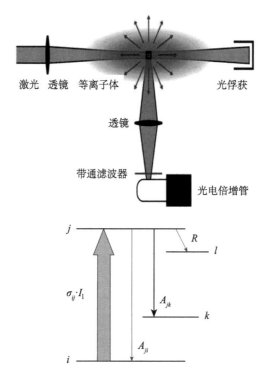

图 5-29　LIF 技术基本实验示意图以及与 LIF 实验能级相关的辐射与非辐射过程[31]

从体积 V 发射的波长为 λ_{jk} 的荧光光子数 N_fl 由下式给出

$$N_\mathrm{fl}(\lambda_{jk}) = \sigma_{ij} I_1 n_i V \frac{A_{jk}}{A_j + R} \tag{5-61}$$

其中，$\sigma_{ij} I_1 n_i$ 是单位体积、单位时间内吸收的光子量，σ_{ij} 是从 i 态到 j 态的吸收截面，n_i 为初态原子的密度。A_{jk} 是从 j 态转变到 k 态的爱因斯坦系数，它产生波长为 λ_{jk} 的荧光发射。A_j 由 j 态的荧光寿命 τ_j 确定，即 $A_j = 1/\tau_j$。R 是由于荧光以外的其他过程引起的总损失率。在低气压下，这种损失过程通常可以忽

略。在实验过程中，只有部分荧光发射被采集。测得的 LIF 信号 S_{fl} 为

$$S_{fl} = N_{fl} \frac{\Omega}{4\pi} Q \tag{5-62}$$

其中，Ω 是荧光探测立体角。Q 包含了 LIF 成像空间与测量 LIF 信号探测器之间的光学损耗以及探测器的量子效率的损耗。方程（5-61）和（5-62）表明，LIF 信号正比于较低的 i 态的原子或分子密度 n_i。对于绝对密度测量，需要进行校准，确定 V、Q、Ω 和 R。

激光诱导荧光技术还可以直接测量等离子体中的离子温度[31]，方法如下。根据激光诱导荧光光谱的谱线宽度（图 5-30），依据下式可以得到离子温度

$$T_i = \frac{m_i c^2}{8\ln 2} \left(\frac{\Delta\lambda}{\lambda_0} \right)^2 \tag{5-63}$$

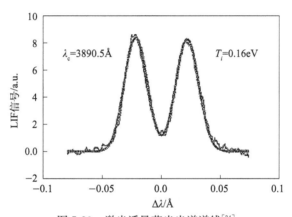

图 5-30　激光诱导荧光光谱谱线[34]

5.6.2　激光诱导荧光光谱的实验装置

激光诱导荧光技术是通过外来光激励等离子体中的某种基团产生光发射。为了能够通过激光诱导荧光来检测分子，分子应至少具有一个激发态，该激发态最好是单光子可及的，其能量对应的波长是可以借助染料激光器来产生的，因此，使用的激光频率需调谐到与选定基团的低电子态和受激电子态之间的跃迁匹配共振。可调谐的染料激光器通常用来调谐激发光源的频率。可连续调谐的染料激光器采用 N_2 激光、Nd-YAG 激光、准分子激光、具有脉冲输出的闪光灯或输出连续辐射的 Ar^+、Kr^+ 激光来泵浦。准分子激光、Nd-YAG 激光泵浦的染料激光器具有最高的峰值功率，是最常用的可调谐脉冲光源。准分子激光泵浦的染料激光器可以提供 330～900 nm 的输出，而倍频和三倍频的 Nd-YAG 激光可用来泵浦 380～900 nm 的染料激光。

激光诱导荧光实验装置的结构如图 5-31 所示，主要的系统组成如图 5-32 所

示。激光器通常水平放置，与放电电极表面平行。通过检测光学系统可以探测与电极表面垂直方向的放电状态。用带有单色仪或滤波器的光电倍增管或光学多道分析器探测荧光。为了分辨荧光发射与等离子体背景，用带门控探测的脉冲串积分器来探测并放大光谱可分辨的发射谱线，这种装置只能在非常窄的门控时间内记录信号，门控时间必须选择到与激光脉冲的时间一致，因此只能分辨激光诱导荧光发射。

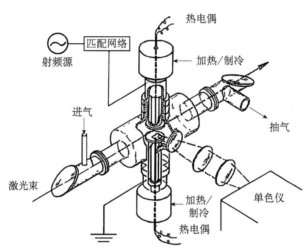

图 5-31   激光诱导荧光实验装置的结构示意图[1]

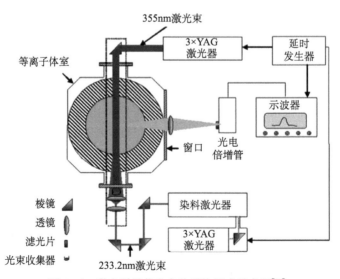

图 5-32   激光诱导荧光实验系统组成示意图[33]

最广泛使用的激光诱导荧光技术与双光子激发过程相关，用准分子激光或

Nd：YAG 激光来诱导双光子或多光子激发，以帮助辨别原子基团。例如，波长为 226 nm 的入射激光可以诱导氧原子在 2p（³P）→3p（³P）之间的双光子激发跃迁，然后由于 3p（³P）→3s（³S）之间的退激跃迁，出现 845 nm 的荧光，如图 5-33 所示。

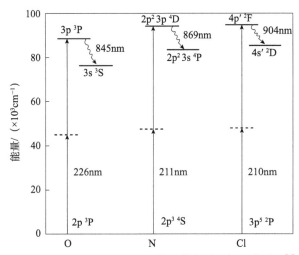

图 5-33　O、N、Cl 原子的双光子激发跃迁与退激跃迁[4]

5.6.3　激光诱导荧光光谱方法的优点与缺点

使用激光诱导荧光技术的前提是，被测定基团发出的荧光必须具有一定的量子效率，并且可调谐激光必须能够与被测定基团的跃迁相匹配。激光诱导荧光测量具有非常高的灵敏度，可以探测密度低至 $10^6 \sim 10^7 \, \text{cm}^{-3}$ 的分子基团。对于激发时需要同时吸收两个光子的原子基团，探测灵敏度最低可降至 $10^{13} \, \text{cm}^{-3}$。

在测量绝对密度的实验过程中，如果采样气体的成分发生变化，则 R 就发生变化。只有当激光诱导荧光信号的时间关系能够精确地记录，并且具有足够的时间分辨率，才能确定 R，然后才有可能对激发态物种进行绝对测定。因此，要求激励源以亚纳秒的持续时间传输脉冲[31]。

激光诱导荧光技术的优点为：①高灵敏度，高选择性（通常探测不到来自其他基团的干扰），可对时间和三维空间分辨；②克服了发射光谱不能确定发光基团来源、不能确定谱线强度与等离子体密度之间关系的问题；③可对三维空间进行分辨，而发射光谱只能对二维空间进行分辨；④激光诱导荧光可用于没有等离子体的场合，但发射光谱不行；⑤由于激光诱导荧光中激发光子的能量和数目是可控制的，激光诱导荧光可以比发射光谱更好地定量；⑥因为灵敏度高，激光诱导荧光技术可以研究低密度离子的运动，以及等离子体中原子和小分子的速度分布。

激光诱导荧光技术的缺点为：①这种技术只能用于具有确定的受激电子态的基团，这些受激态只能从基态通过光学上允许的跃迁所达到；②实验需要的仪器复杂且昂贵。

5.6.4 激光诱导荧光技术测量放电等离子体中的原子密度

Stancu 等采用双光子吸收的激光诱导荧光技术测量大气压放电等离子体中的氧原子密度[32]，主要过程如下。

O 和 Xe 双光子激发电子能级图如图 5-34 所示。用 Xe 作为标定气体。要将实验数据转换为绝对浓度，需要考虑 O 和 Xe 的动力学模型。双光子吸收激光诱导荧光（TALIF）实验所涉及的能级上的粒子数密度的演化可以用速率方程组来描述

$$\frac{dN_1(t)}{dt} = -R_\nu(t)N_1(t) \tag{5-64}$$

$$\frac{dN_2(t)}{dt} = R_\nu(t)N_1(t) - [A + Q + \Gamma(t)]N_2(t) \tag{5-65}$$

其中，$R_\nu(t)$ 是双光子激发速率，$\Gamma(t)$ 是电离率，A 是总荧光率，Q 是猝灭速率。基态能级为能级 1，双光子吸收泵浦的态是能级 2，发射荧光后粒子到达的态为能级 3。双光子激发速率表示每秒从能级 1 激发到能级 2 的电子数，它取决于有效的双光子吸收截面和光子流的平方。光离子化率取决于光子流和激发态光电离截面。总荧光率 A 表示所有荧光通道中自发辐射的爱因斯坦系数，对于原子 O，该系数是 $A \approx A_{23}$，因为其他通道是禁止偶极跃迁的。对于 Xe，荧光分为几个发射通道，其总速率为 $A = \sum_k A_{2k}$，是向低能级允许的自发辐射跃迁的总和。

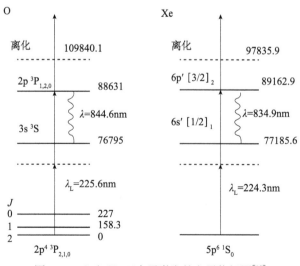

图 5-34 O 和 Xe 双光子激发的电子能级图[32]

因为原子 O 的测量是在大气压下进行，导致能级 2 损耗的最重要过程是 N_2 与 O_2 的碰撞猝灭。猝灭速率 Q 由 $Q = \sum_p k_p n_p$ 给出，其中 n_p 是碰撞配对数密度，k_p 是相应的猝灭系数。

在非饱和区，即基态损耗可忽略不计时，基态原子的总数密度由下式给出

$$n_1 = \frac{\iiint S_{TALIF}\, dt\, d\lambda_L\, d\lambda_F}{D\left(\frac{A_{23}}{A+Q+\Gamma}\right) h\nu_F G^{(2)} \hat{\sigma}^{(2)} \left(\int I_0(t)^2 dt/(h\nu_L)^2\right)} \tag{5-66}$$

其中，S_{TALIF} 为对时间 t 积分的荧光信号，λ_F 为荧光波长（O、Xe 的中心线分别位于 844.6 nm、834.9 nm），λ_L 为激光波长（O 为 225.6 nm，Xe 为 224.3 nm）。D 为激光诱导荧光探测系统的特性，包括收集体积、立体角、过滤器和光谱仪的透过率以及探测器的量子效率。$G^{(2)}$ 是光子统计因子，它考虑了随机多模激发场的强度波动。$\hat{\sigma}^{(2)}$ 为积分双光子吸收截面，$I_0(t)$ 为激光强度，$h\nu$ 为光子能量。$A_{23}/(A+Q+\Gamma)$ 是荧光量子产额（分支比），代表能级 2 的辐射损耗（即通过发射进入测量通道）与所有其他能级 2 损耗损失的比率。

在等离子体参数研究中如果参数 D 保持恒定，则归一化为激光强度平方的荧光信号直接与基态浓度成正比。如果测量了方程（5-66）中的所有参数，就可以得到绝对密度。由于 Xe 具有非常相似的双光子吸收和荧光转换系统，如图 5-34 所示，因此检测系统的灵敏度实际上是相同的。利用 Xe 和 O 的光谱特性的文献值（分支比，横截面）可获得绝对 O 密度，n_O 为

$$n_O = \chi n_{Xe} S_O / S_{Xe} \tag{5-67}$$

其中，n_{Xe} 是 Xe 密度，S_O 和 S_{Xe} 是对时间和波长积分的 O 和 Xe 的荧光信号，这些信号被归一化为激光强度的平方。χ 是一个常数，与 O 和 Xe 的分支比及双光子吸收截面相关。

原子 O 的基态是三重态 ${}^3P_{2,1,0}$，相应的能量分别为 0 cm^{-1}、158.3 cm^{-1} 和 227 cm^{-1}。结果，荧光信号与发生双光子吸收的亚能级的粒子数成正比。由于分离能小于等离子体重粒子的动能，三重态的粒子布居分布受碰撞控制。因此，在气体温度下，三重态上的粒子数分布应遵循平衡玻尔兹曼分布。总的 O 数密度 n_{total} 由下式给出

$$n_{total} = n_{g1} \sum_j g_j\, e^{-E_j/(kT)} / (g_1\, e^{-E_1/(kT)}) \tag{5-68}$$

式中，n_{g1} 是统计权重为 g_1 和能量为 E_1 的一个亚能级上的测量密度，g_j 和 E_j 分别是所有 O 电子能级的统计权重和能量。这里，密度测量的双光子跃迁是从 ${}^3P_2$ 亚能级中选择的。在气体温度为 1000 K 时，约 61% 的 O 粒子处于 ${}^3P_2$ 态。测量得到的 O 和 Xe 的双光子频率的荧光信号如图 5-35 所示。

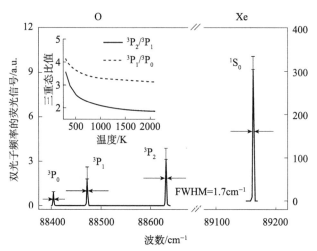

图 5-35　测得的 O 和 Xe 的双光子频率的荧光信号[32]

5.7　光腔衰荡光谱

自 O'Keefe 和 Deacon 于 1988 年提出吸收测量的光腔衰荡光谱（cavity ring down spectroscopy, CRDS）[35]，光腔衰荡光谱作为测量低密度或弱激发气相基团绝对浓度的高灵敏度技术，得到广泛关注。从脉冲激光光源的光腔衰荡光谱到连续波光源的光腔衰荡光谱，该技术得到快速发展，并衍生出光腔增强吸收光谱（CEAS）、积分光腔输出光谱（ICOS）等新技术。本节主要介绍光腔衰荡光谱的基本原理和实验方法。

5.7.1　光腔衰荡光谱原理

1. 脉冲激光光腔衰荡光谱[36]

将脉冲激光束从线性共振腔的入射镜射入共振腔，探测从出射镜射出的光束。由于共振腔内光经过反射镜的透射 T、散射 S 和吸收 A 等损耗以及共振腔内气相基团的光吸收，射入光腔的光强度随时间呈指数衰减，通过测量衰减时间 τ 与频率的关系，就可以得到共振腔内气相基团的吸收谱。

根据比尔-朗伯吸收定律，当激光束通过密度为 n 的介质时，光吸收的表达式为

$$\ln\left(\frac{I_0(\nu)}{I(\nu)}\right) = k(\nu)L_{\text{eff}} \tag{5-69}$$

式中，I、I_0 分别为透射和入射光的强度，L_{eff} 为吸收介质中的有效吸收路径长度，$k(\nu)$ 为与频率相关的吸收系数，定义为

$$nS = n \int_{\text{line}} \sigma(\nu) d\nu = \int_{\text{line}} k(\nu) d\nu \tag{5-70}$$

积分吸收截面 σ 通常采用线的强度 S。当采用弹道学假设来描述激光脉冲比光学共振腔中往返时间短的光吸收行为时，光腔反射镜的反射率必须相同（$R_1 = R_2 \equiv R$），并且忽略散射（即透射 $T = 1 - R$）。当反射镜之间的间距为 L、激光束与吸收介质的作用长度为 d 时，穿过光腔且没有任何附加往返的透射光光强 I^0 为

$$I^0 = (I_{\text{in}} \eta T) e^{-kd} T \tag{5-71}$$

式中，η（$\leqslant 1$）为在入射光 I_{in} 与光腔匹配处于非理想模式时的倍乘因子。在经过 m 个往返后，从光腔射出的光的光强 I^m 为

$$I^m = I^0 (R e^{-kd})^{2m} \tag{5-72}$$

将式（5-72）转变为光腔强度衰减关系，得到

$$I^m = I^0 \exp\left(-\frac{t_m}{\tau}\right) \tag{5-73}$$

定义衰减时间为

$$\tau(\nu) = \frac{L}{c[k(\nu)d - \ln R]} \tag{5-74}$$

并且，定义光腔内光的往返时间 t_m 为 $t_m = (2mL)/c$，式中 c 为光速。在典型的高反射率情况下，即 $R \to 1$，式（5-74）近似为

$$\tau(\nu) \approx \frac{L}{c[(1-R) + k(\nu)d]} \tag{5-75}$$

对于空腔（$k = 0$）和光腔完全充满吸收介质（$d = L$）时，定义实验上的有效吸收路径为 $L_{\text{eff}} = c\tau_0 = L/(1-R)$。将式（5-75）作变换，得到吸收系数为

$$n\sigma(\nu) = k(\nu) = \left(\frac{1}{\tau(\nu)} - \frac{1}{\tau_0(\nu)}\right)\frac{L}{dc} \tag{5-76}$$

若入射光的脉冲持续时间比光在光腔内的往返时间短，并且激光线宽小于基团的吸收特性时，脉冲光腔衰荡光谱是一种获得低浓度或弱吸收气相基团吸收谱的非常灵敏的技术。

2. 连续波激光光腔衰荡光谱[36]

　　但是，脉冲光腔衰荡光谱技术存在一些缺点：①数据的采集速率受几百 Hz 的激光脉冲重复速率的制约；②在光腔中入射或出射的光强度很小，结果衰减的光谱在光腔模式与激光线宽（高光腔反射率）之间发生交叠，并且光腔内缺少足够的自建光；③对于绝大多数实用的脉冲激光系统，振荡光腔内的干涉效应排除了用简单模型来描述光腔内光衰减。因此，Lehmann 于 1996 年提出用连续波激光光源替代脉冲激光光源，发展了连续波（CW）激光光腔衰荡光谱，例如二极管激光光源（LD）光腔衰荡光谱。采用连续波激光光源可以解决脉冲激光光源产生的问题，例如单模式的二极管激光可以以 MHz 重复速率开关，并且有窄的

线宽（<100 MHz）；窄的激光线宽增加了与振荡光腔线宽的交叠，使振荡光腔内的自建能量提高；光腔内较高的能量直接转变为高强度的光输出，结果提高了衰减波形的信噪比和探测灵敏度。

目前发展的连续波激光光腔衰荡光谱的原理如下。对于连续波激光光腔衰荡光谱，光腔内的光强度 I_{cav} 与式（5-72）类似，差别在于增加了连续辐射光源项，即

$$\frac{\mathrm{d}I_{cav}}{\mathrm{d}t} = \frac{c}{2L}\left[I_{in}\eta T - 2I_{cav}(1-R\mathrm{e}^{-kd})\right] \tag{5-77}$$

产生的光腔静态输出表示如下

$$I_{out}(t) = \frac{I_{in}\eta T^2}{2(1-R\mathrm{e}^{-kd})}\left[1-\exp\left(-\frac{t}{\tau}\right)\right] \tag{5-78}$$

光腔静态输出由光腔损失的时间和幅度（R 和 k）两个因素同时控制。利用静态输出可以将空腔（I_0）和充满吸收介质光腔（I）的强度比表示为

$$\frac{I_0}{I} = \frac{I_{out}(k=0)}{I_{out}} = 1+GA \tag{5-79}$$

式中，$G=R/(1-R)$，$A=[1-\exp(-kd)]$。式（5-77）对所有的 R 和 k 都有效。在弱吸收极限（$k\to 0$，$R\to 1$），式（5-79）变为

$$n\sigma(\nu) = k(\nu) = \left(\frac{I_0(\nu)}{I(\nu)}-1\right)\frac{1-R}{d} \tag{5-80}$$

采用比尔-朗伯吸收定律（5-69）类推假设的弱吸收，可以将 $d=L$ 时的有效路径表示为 $L_{eff}=L/(1-R)$。

将式（5-79）取自然对数，并绘制与分子数密度 n 的关系，只要光腔中存在弱吸收介质，就得到线性关系。这时，表达式可以简化为

$$\ln\left(\frac{I_0}{I}\right) \approx GA \sim n \tag{5-81}$$

3. 光腔衰荡光谱的探测极限[36]

对于光腔衰荡光谱，吸收系数的不确定度 Δk 可以从式（5-76）取 $\tau\to\tau_0$ 而得到

$$\Delta k = \frac{\Delta\tau}{\tau_0^2}\frac{L}{dc} \tag{5-82}$$

$\Delta\tau$ 一般采用衰减时间的标准偏差来估计。

5.7.2 光腔衰荡光谱实验装置

典型的光腔衰荡光谱实验装置[37] 如图 5-36 所示。光腔由两个高反射率的反射镜（在 340~380 nm 范围内 $R>99.8\%$）组成，曲率半径为 1 m，分开安装在相距 1.6 m 的延长管两端的波纹管上。从延长管与真空室之间的 5 mm 进气口向反射镜附近注入 Ar 保护气，防止等离子体中的反应基团到达反射镜表面而形成

污染。激光束由倍频 Nd-YAG（532 nm，10 Hz）泵浦的染料激光器产生，在 340～380 nm 范围内，激光脉冲持续时间为 9 ns 时的典型激光能量为十分只几毫焦耳。激光束射入光腔并穿过反应室。用由焦距 50 mm 的透镜（L_1）和 50 μm 针孔组成的空间滤波器来改善激光束的质量，然后用焦距 60 mm 的透镜（L_2）将光束射入光腔。这改善了光谱的重复性和基线的稳定性。光腔另一端的输出光用光电倍增管来探测，光电倍增管前安装了一块 UV 带通滤波器来排除可见光。用一块 14 位垂直析像度的快速数据采集卡，并采用 200 ns 取样间隔，32 μs 的总取样时间（每个激光脉冲 160 点）将衰荡信号经过一个 500 ns RC 滤波器后转变为计算机的数字信号。用 LABVIEW™ 软件控制数据采集次序、确定每个激光脉冲的衰荡时间。用加权最小二乘拟合方法进行指数衰减拟合得到衰荡时间。根据采用的激光波长，衰荡时间一般在 2～4 μs。

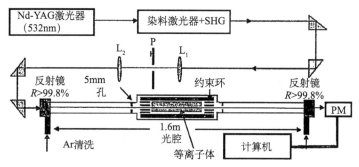

图 5-36　典型的光腔衰荡光谱实验装置示意图[37]

　　由于不同分子的吸收处于不同频率，如 CH_4、N_2O 的吸收处于中红外区，F^- 的吸收处于近紫外区，因此，光腔衰荡光谱目前已覆盖了紫外、可见至中红外范围。但是，在不同频率范围内使用的激光光源、反射镜和透镜是不同的；同时，为了改善入射光的质量，需要采用光束成形透镜将激光器产生的发散光束进行整形，并需要采用透镜将光束直径缩小以便与光腔通光孔径相匹配；并且，对于不同尺寸的实验装置，反射镜的反射率和曲率半径，透镜的焦距等均不同，因此，在采用光腔衰荡光谱对放电等离子体的基团进行诊断时，应根据待测的分子对实验装置作适当设计，对采用的光学器件做出正确的选择。

5.7.3　光腔衰荡光谱实验数据的获得

　　从光腔衰荡光谱获得实验结果的基本过程如下[36]。首先测量空腔时的衰荡时间 τ_0，如图 5-37 所示。在空腔时，整个谱的平均衰荡时间 τ_0 为 900 ns，对应的反射率约为 99.84%，有效吸收路径长度为 270 mm。从 τ_0 数据的离散情况得到 $\Delta\tau/\tau_0$ 为 7.6%，对于式（5-80）中 $L=d$ 的情况，最小可探测的吸收系数为 2.8×10^{-6} cm^{-1}。

然后测量光腔内充满吸收介质时的衰荡时间 τ，利用式（5-74），得到吸收系数 k。图 5-38 为 10^4 Pa N_2 中 1667 ppm 的 N_2O 的衰荡时间 τ 和相应的吸收系数 $k^{[36]}$。

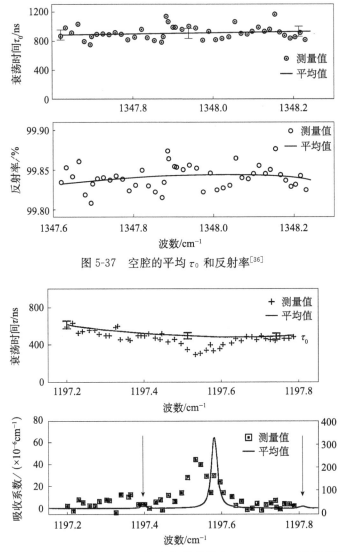

图 5-37　空腔的平均 τ_0 和反射率[36]

图 5-38　10^4 Pa N_2 中 1667ppm 的 N_2O 的衰荡时间 τ 和相应的吸收系数 $k^{[36]}$

5.8　等离子体材料加工的光谱诊断

低温等离子体材料加工的光谱诊断，是光谱诊断的重要应用。通过光谱诊断，获得等离子体中基团的信息，分析材料加工过程中的等离子体行为，结合其他诊断方法推测所发生的化学反应过程，从而获得材料加工的机理以及控制方法。

常见的待测基团及主要的光谱诊断方法如表 5-4 所示[38]。其中，C 基、Si 基、F 基气体分子的放电等离子体是最常用的、最重要的等离子体。C 基气体分子放电等离子体可用于碳纳米结构材料、金刚石薄膜、CN 薄膜等的制备，Si 基气体分子放电等离子体可用于 Si 纳米结构材料、Si 薄膜、SiO_2 薄膜、Si 基低介电常数材料的制备，F 基气体分子放电等离子体可用于 C∶F 薄膜的制备、Si 基低介电常数材料的改性等。

本节将给出一些材料加工应用中的光谱诊断实例。

表 5-4 低温等离子体加工中常见的待测基团及主要光谱诊断方法

测量方法	待测基团	气体
发射光谱（OES）		
光化线强度测定法（AOES）	F	CF_4
双巴耳末线的 OES（BOES）	H	H_2
吸收光谱（AS）		
非相干的 AS	H	H_2，SiH_4，CH_4
	C	CH_4，H_2/C_4F_8，$CO/H_2/CH_4$
	N	N_2
	O	O_2，SF_6/O_2，Kr/O_2，N_2/O_2
	F	CF_4
	C_2	CH_4
	Si	SiH_4
	SiH_3	SiH_4
	CH_3	CH_4
真空紫外激光吸收光谱（VU-VAS）	F	CF_4，C_2F_6，CHF_3
	C	CF_4，C_4F_8，C_5F_8，CHF_3，CH_4，CO
红外二极管激光吸收光谱（IRLAS）	SiH_3，SiH	SiH_4
	CF_3，CF_2，CF	CF_4，CHF_3，C_2F_6，C_4F_8
	CH_3	CH_4
腔内激光吸收光谱（ICLAS）	SiH_2	SiH_4

续表

测量方法	待测基团	气体
光腔染料激光吸收光谱（RLAS）	Si	SiH_4
光腔衰荡光谱（CRDS）	SiH_3，SiH，Si，CH_3，CH	SiH_4，CH_4
激光诱导荧光光谱（LIF）		
常规 LIF	CF_2，CF，SiH，CH	CF_4，SiH_4，CH_4
改进的 LIF（MLIF）	SiH_2	SiH_4
多光子激发 LIF（MPLIF）	H	H_2

5.8.1　薄膜生长机制分析

通过光谱诊断，获得等离子体中基团的信息，分析材料加工过程中的化学反应，可以获得材料的生长机制。

1. 射频辉光放电沉积 a-Si：H，F 薄膜的生长机制分析[39]

Bruno 等测量了 a-Si：H，F 薄膜沉积时的发射光谱，研究了 a-Si：H，F 薄膜沉积过程中放电等离子体的化学反应，分析了薄膜沉积的模型。图 5-39 为采用 SiF_4-H_2 混合气体、射频辉光放电沉积 a-Si：H，F 薄膜时的发射光谱，获得的激发基团主要有 SiF_3、SiF_2、SiF、H、H_2，这些激发基团的谱线位置如表 5-5 所示。

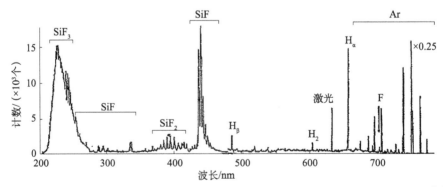

图 5-39　采用 SiF_4-H_2 混合气体、射频辉光放电沉积 a-Si：H，F 薄膜时的发射光谱[39]

表 5-5　SiF_4-H_2 混合气体射频辉光放电中激发基团的谱线

基团	谱线波长/nm	跃迁	阈值能/eV
SiF_3	238.27，240.22～240.73 242.20～242.74，244.73～245.25	$^2B_1 \rightarrow X^2A_1$	6.1[a]，5.47[b]

续表

基团	谱线波长/nm	跃迁	阈值能/eV
SiF$_2$	372.10，380.00，380.90，385.00 390.15，395.46，400.85，406.45	$^3B_1 \rightarrow {}^1A_1$	3.6[a]，3.27[b]
SiF	424.08，427.02，430.13，433.44 436.82，439.83～440.05 442.98～443.02，446.20 449.58，453.16～453.59，456.95	$A^2\Sigma^+ \rightarrow X^2\Pi$	2.82[b]
H	486.13 656.3	$3d^2D \rightarrow 2p^2P^0$ $4d^2D \rightarrow 2p^2P^0$	12.70[a] 12.09[a]
H$_2$	602.13	$3p^3\Pi \rightarrow 2s^3\Sigma$	14.00[a]
F	703.75	$3p^2P^0 \rightarrow 3s^2P$	14.75[a]
Ar	750.38 763.51	$4p^2\ (1/2) \rightarrow 4s^1\ (1/2)$	13.48[a] 13.2[a]

注：a 计算值，b 实验值。

为了分析激发基团 SiF$_3$、SiF$_2$、SiF 的来源，Bruno 先对与 SiF$_4$ 具有相同结构的 SiH$_4$ 分子的分解行为进行了分析。在 SiH$_4$ 的射频辉光放电系统中，SiH$_4$ 的分解产生了 SiH 和 Si 激发基团

$$SiH_4 + e \longrightarrow SiH + H_2 + H + e \tag{5-83}$$

$$SiH_4 + e \longrightarrow Si + 2H_2 + e \tag{5-84}$$

其中，分解和激发过程均通过一次电子碰撞，形成 SiH 和 Si 基团的能量阈值分别为 8.9eV 和 11.2eV。在式（5-83）、式（5-84）中形成的基态 H$_2$、H 通过二次电子碰撞产生 H、H$_2$ 激发基团，激发过程如下

$$H_2 + e \longrightarrow H_2 + e \tag{5-85}$$

$$H_2 + e \longrightarrow H + H + e \tag{5-86}$$

在 SiF$_4$-H$_2$ 系统中，产生 H 激发基团的过程如下

$$H_2 + e \longrightarrow H + H + e \tag{5-87}$$

$$F + H_2 \longrightarrow H + HF \tag{5-88}$$

$$H + e \longrightarrow H + e \tag{5-89}$$

对于 SiF$_x$ 基团，由于 SiF$_3$、SiF$_2$、SiF 基团在分解和激发过程中的能量阈值各不相同，基团的形成过程比较复杂，但是，SiF$_3$、SiF$_2$、SiF 基团均是由处于基态的相同基团经直接电子碰撞激发而产生

$$SiF_x + e \longrightarrow SiF_x + e \quad (x=3, 2, 1) \tag{5-90}$$

根据等离子体中活性基团的分布，Bruno 提出了 a-Si：H，F 薄膜的沉积模型，过程如下。

（1）空间的 SiF_x 基团先在基片表面吸附

$$SiF_x（气态）\Leftrightarrow SiF_x（吸附）\tag{5-91}$$

（2）吸附在表面的 SiF_x 基团与 H 原子反应，H 从吸附的 SiF_x 基团上获得一个 F，留下一个不饱和键的 Si 基团，不饱和键相连形成 Si—Si 键结构，从而形成薄膜。

$$SiF_x + H \longrightarrow SiF_{(x-1)} + HF\tag{5-92}$$

$$-SiF_{(x-1)} + -SiF_{(x-1)} \longrightarrow -(Si-Si)_n \quad（薄膜）\tag{5-93}$$

2. DMCPS ECR 放电沉积 SiCOH 低 k 薄膜的生长机制分析[40-41]

多孔 SiCOH 薄膜是微电子器件中的低 k 和超低 k（$k<2$）材料，主要采用有机硅的放电等离子体来制备。沉积多孔 SiCOH 薄膜，可使用四甲基乙烯基硅氧烷（TEOS）、四甲基硅烷（TMS）、三甲基硅烷（3MS，$C_3H_{10}Si$）、四甲基环四硅氧烷（TMCTS）、十甲基环五硅氧烷（DMCPS）等多种有机硅源，并且这些有机硅呈多种复杂的链、环结构，因此，放电等离子体对有机硅的分解、SiCOH 薄膜的生长与性能具有重要影响。

Ye 等采用发射光谱测量了 DMCPS 的 ECR 放电等离子体中激发基团的特性，分析了 DMCPS 的分解行为，研究了 DMCPS 等离子体与 SiCOH 薄膜结构的关联。

图 5-40 为 DMCPS/Ar 混合气体的 ECR 放电等离子体的发射光谱（微波入射功率 300W，放电气压 0.1Pa，DMCPS/Ar＝30/5），主要激发基团的谱线如表 5-6 所示。在放电等离子体中，主要存在下列激发基团：CH、C、H_α、H_β、SiO、Si、O、H_2、C_2 和 Si_2。

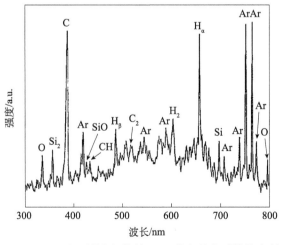

图 5-40　DMCPS/Ar 混合气体的 ECR 放电等离子体的发射光谱

表 5-6　DMCPS/Ar ECR 放电等离子体中激发基团的谱线

基团	体系	谱线波长/nm
O		336.62
Si_2	$L^3\Pi_2\text{-}D^3\Pi_0$	362.12
C		392.03
SiO		426.23
CH	$A^2\Delta\text{-}X^2\Pi$	433.91
H_β		486.50
C_2	$a^3\Pi_u\text{-}d^3\Pi_g$	516.47
H_2		603.60
H_α	$2p^2p_{3/2}{}^0\text{-}3d^2D_{3/2}$	656.59
Si		697.02
O		795.54

根据等离子体中 CH、C、H_α、H_β、SiO、Si、O、H_2、C_2、Si_2 基团的相对浓度随宏观工艺条件的变化关系，提出了 DMCPS 的可能分解过程。

(1) DMCPS 分子中与 Si 连接的—CH_3 基团的脱离。

$$(5-94)$$

$$(5-95)$$

$$(5-96)$$

$$CH^* \longrightarrow C^* + H^* \qquad (5-97)$$

(2) DMCPS 分子中—Si—O—环的缩减。

$$(5\text{-}98)$$

（3）DMCPS 分子中—Si—O—环断裂，形成直链。

$$(5\text{-}99)$$

（4）原子的复合。

$$(5\text{-}100)$$

$$H^* + H^* \longrightarrow H_2 \qquad (5\text{-}101)$$

$$C^* + C^* \longrightarrow C_2 \qquad (5\text{-}102)$$

同时，DMCPS 液体源中存在 SiOH 和 Si→CH=CH$_2$ 杂质，SiOH 在 ECR 等离子体中将通过反应（5-103）形成 Si—O—Si 链结构和 H$_2$O。

$$Si\text{—}OH + HO\text{—}Si \longrightarrow Si\text{—}O\text{—}Si + H_2O \qquad (5\text{-}103)$$

根据发射光谱结果，选择了不同基团浓度下沉积的 SiCOH 薄膜，分析了放电等离子体与薄膜结构之间的关联。图 5-41 为不同工艺条件下 CH、C、H$_\alpha$、H$_\beta$、SiO、Si、O、H$_2$、C$_2$、Si$_2$ 激发基团的相对浓度分布，与三个不同基团浓度区对应的 SiCOH 薄膜傅里叶变换红外（FTIR）谱如图 5-42 所示。

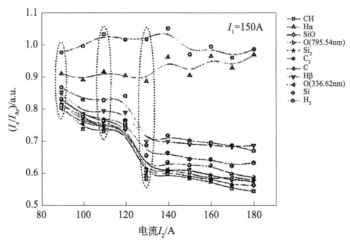

图 5-41　激发基团的相对浓度分布

在低离化率时（图 5-42 曲线 1509），由于反应（5-94）～（5-96）的—CH$_3$ 分解程度较低，并且 CH 基团通过反应（5-97）的进一步分解比较困难，较多的—

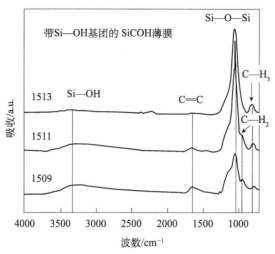

图 5-42 SiCOH 薄膜的 FTIR 谱图

CH_3 和—CH_2 基团连接在 Si 原子上而被保留在沉积的薄膜中，形成 2961.93 cm^{-1} 和 795 cm^{-1} 处的—CH_3、1461 cm^{-1} 处的—CH_2 吸收峰，同时，更多的 Si—O 环交联形成了立体笼子结构，更多的 Si—OH 和 Si—CH＝CH_2 结构在薄膜中保存，形成 1657 cm^{-1} 和 3225 cm^{-1} 处的吸收峰。随着源离化率的提高，反应（5-94）～（5-96）的—CH_3 分解程度增大，CH 基团通过反应（5-97）得到进一步分解，结果，放电等离子体中 CH 含量降低，C 和 H 含量增大，沉积的薄膜中 CH_x 基团的含量下降，更多的 SiOH 基团通过反应（5-103）而交联形成 Si—O—Si 网络，导致薄膜中 1052 cm^{-1} 吸收峰的增强和 Si—OH 含量的降低（图 5-42 曲线 1513）。

5.8.2 基团的形成诊断与密度测量

1. 脉冲激光烧蚀石墨靶的激光诱导荧光光谱分析[42]

Ikegami 等采用激光诱导荧光光谱分析了脉冲激光烧蚀石墨靶制备碳富勒烯和碳纳米管时羽状等离子体中的 C_2、C_3 分子动力学行为。

激光诱导荧光光谱测量 C_2 分子的能级图如图 5-43 所示。将染料激光泵浦的 YAG 激光调谐到 C_2 跃迁 $a^3\Pi_u \rightarrow d^3\Pi_g$（0，0）（$\lambda = 516.5$ nm，～4 mJ），探测 $d^3\Pi_g \rightarrow a^3\Pi_u$（0，1）（$\lambda = 563.5$ nm）跃迁的激光诱导荧光。因为 $a^3\Pi_u$ 能级是 C_2 的基态，来自 $d^3\Pi_g$ 能级的激光诱导荧光强度正比于 C_2 的数密度。图 5-44 为 C_3 基态 $X^1\Sigma_g^+$ 和第一激发态 $A^1\Pi_u$ 的部分能级图。将染料激光调谐到跃迁 $^1\Sigma_g^+$（000）$\rightarrow ^1\Pi_u$（000）（$\lambda = 405.3$nm），探测 $^1\Pi_u$（000）$\rightarrow ^1\Sigma_g^+$（020）（$\lambda = 407.4$ nm）跃迁的激光诱导荧光。

图 5-45 为真空中距靶表面 1 mm、激光能量流密度 6J/cm^2、$\lambda = 563.5$ nm 处

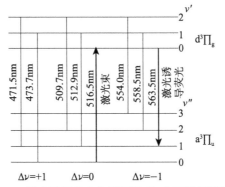

图 5-43　激光诱导荧光光谱测量 C_2 分子的能级图[42]

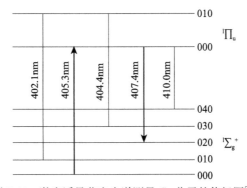

图 5-44　激光诱导荧光光谱测量 C_3 分子的能级图[42]

C_2（（0，1） $d^3\Pi_g \rightarrow a^3\Pi_u$）发射强度的时间关系。荧光信号有两个峰，第一个宽峰为 C_2 分子的自发发射和对应于辐射复合的背景发射。第二个峰为激光诱导荧光信号，强度是自发发射的几倍。非发射的 C_2 分子密度正比于激光诱导荧光信号峰的强度。

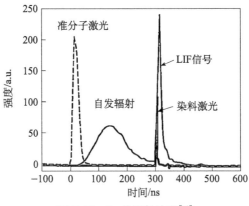

图 5-45　C_2 的发射波形[42]

图 5-46 为在 3.3×10^3 Pa Ar 气氛中激光烧蚀 $100\ \mu s$ 后的 C_3 激光诱导荧光光谱。将激光波长调谐到 C_3 跃迁 $^1\Sigma_g^+$（000）$\to ^1\Pi_u$（000）（$\lambda = 405.3$ nm），激光能量流密度为 $3\ J/cm^2$，可以观察到不同振动能级的激光诱导荧光。图 5-47 为 3.3×10^3 Pa Ar 气氛中距靶表面 3 mm 时 $^1\Pi_u$（000）$\to ^1\Sigma_g^+$（020）（$\lambda = 407.4$ nm）的发射强度随时间变化关系图。

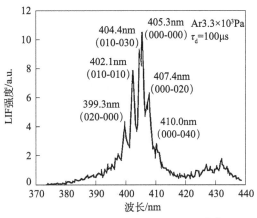

图 5-46　C_3 激光诱导荧光光谱图[42]

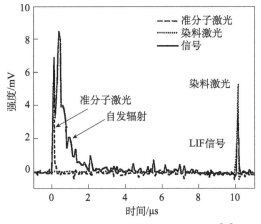

图 5-47　C_3 的发射强度随时间变化图[42]

2. 沉积金刚石薄膜时 C_2 基团密度的光腔衰荡光谱分析

John 等[43] 采用光腔衰荡光谱分析了沉积金刚石薄膜时的 $Ar/H_2/CH_4$ 微波等离子体中 C_2 基团的形成。证实在沉积金刚石薄膜时，$Ar/H_2/CH_4$ 等离子体除了存在 CH_x 基团外，还存在 C_2 基团。图 5-48 为 514～517 nm 的光腔衰荡光谱，得到的谱线位置与 C_2 的 $d^3\Pi_g \to a^3\Pi_u$ Swan 谱带一致。将位于 C_2 Swan 谱带（0，0）

带顶的光腔衰荡光谱进行高分辨拟合，如图 5-49 所示，也证实为 C_2 基团的 Swan 谱带。根据 C_2 Swan 谱带，可以得到等离子体中 C_2 的浓度。

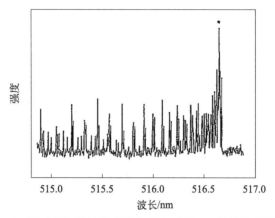

图 5-48 $Ar/H_2/CH_4$ 微波等离子体 514~517 nm 的光腔衰荡光谱[43]

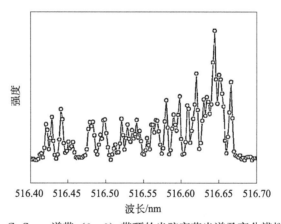

图 5-49 C_2 Swan 谱带（0，0）带顶的光腔衰荡光谱及高分辨拟合谱[43]

Ma 等[44] 采用光腔衰荡光谱分析了金刚石薄膜沉积时的 C_2、CH 基团和 H 原子的绝对柱密度。对于 C_2（a，$\nu=0$）、CH（X，$\nu=0$）基团和 H（$n=2$）原子，染料激光器泵浦的可调谐激光辐射波长分别为~515 nm、~431 nm、~656.2 nm。图 5-50 为 C_2 的 $d^3\Pi_g \leftarrow a^3\Pi_u$（0，0）谱带、CH 的 $A^2\Delta\text{-}X^2\Pi$（0，0）谱带、H 巴耳末-α 转变的光腔衰荡光谱。根据光谱的衰荡速率变化，可以得到基团或原子的绝对柱密度，计算方法如下

$$\{C_2(a，\nu=0)\} = \frac{8\pi L\bar{\nu}^2}{A_{00}P_{\text{line}}} \int_{\text{line}} \Delta k \, \mathrm{d}\bar{\nu} \tag{5-104}$$

式中，L 为衰荡光腔长度（84 cm）；Δk 为由 C_2 吸收导致的衰荡速率系数与波数

相关的变化；A_{00} 为 C_2（$d \longrightarrow a$）（0，0）谱带的爱因斯坦 A 系数，取 $A_{00} = (7.21 \pm 0.30) \times 10^6 \, \mathrm{s}^{-1}$；$P_{line}$ 为线相关的权重因子。

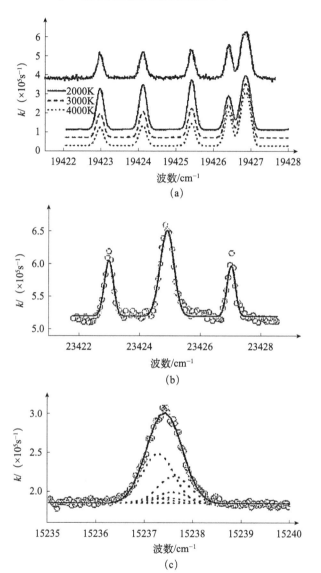

图 5-50　$C_2 \, d^3\Pi_g \leftarrow a^3\Pi_u$（0，0）谱带、CH $A^2\Delta$-$X^2\Pi$（0，0）谱带、
H 巴耳末-α 转变的光腔衰荡光谱[44]

3. C_4F_8 ECR 等离子体中 CF_x 基团的红外吸收光谱、激光诱导荧光光谱分析[45]

Nakamura 等采用单程红外吸收光谱、激光诱导荧光光谱测量了 C_4F_8 ECR

等离子体中 CF 和 CF$_2$ 基团绝对密度的空间分布。测试装置如图 5-51 所示,激光引入系统由八面固定反射镜和一面旋转反射镜组成。通过转动反射镜的反射,红外或紫外激光束照射到固定反射镜上,然后通过等离子体区。这种安排可以方便地改变激光束通过的区域,测量从等离子体中心区到真空室器壁附近边界等离子体区内的基团空间分布。在红外吸收光谱测量中,CF$_2$ 线为 1132.7532 cm^{-1}、CF 线为 1308.6702 cm^{-1}、CF$_3$ 线为 1262.1039 cm^{-1}。在激光诱导荧光光谱测量中,CF、CF$_2$ 基团的激发波长为 232.66 nm [$A^2\Sigma^+$($v'=0$)←$X^2\Pi$($v''=0$)]、261.7 nm [$\tilde{A}$(0,2,0)←$\tilde{X}$(0,0,0)],CF、CF$_2$ 基团的荧光波长为 255.2 nm [$A^2\Sigma^+$($v'=0$)→$X^2\Pi$($v''=3$)]、271.0 nm [$\tilde{A}$(0,2,0)→$\tilde{X}$(0,2,0)]。图 5-52 为 CF、CF$_2$ 基团绝对密度的空间分布,CF$_2$ 基团呈中空分布。

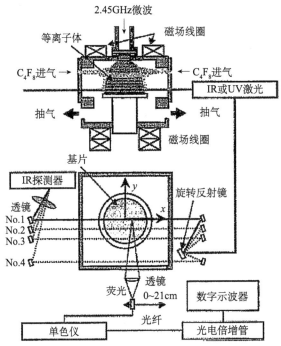

图 5-51 单程红外吸收光谱、激光诱导荧光光谱测量 C$_4$F$_8$ 等离子体中 CF 和 CF$_2$ 基团装置示意图[45]

4. C$_4$F$_8$ 双频等离子体中 F 负离子的光腔衰荡光谱诊断[37]

Booth 等采用光腔衰荡光谱分析了 27 MHz/2 MHz 双频电容耦合等离子体刻蚀系统中 F$^-$ 的密度。采用光腔衰荡光谱测量 F$^-$ 的主要挑战在于反射镜必须在短波长区,而短波长区反射镜的反射率较差,因而对微弱信号的探测是关键。

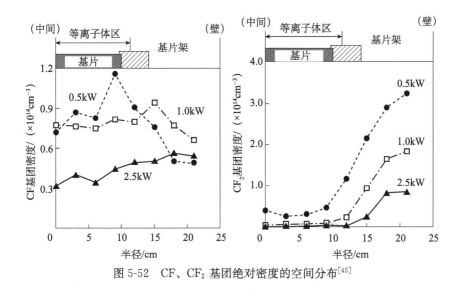

图 5-52　CF、CF$_2$ 基团绝对密度的空间分布[45]

图 5-53 为在 Ar/CF$_4$（160/36 sccm）和 Ar/CF$_4$/O$_2$（160/36/8 sccm）单程吸收率与激光波长之间的关系。误差主要来源于衰荡时间变化引起的吸收率平均值的统计不确定度，在波长上限端，由于反射镜的反射率较低，产生的误差较大。在波长低于 364.5 nm 时，吸收率增大，这是由 F$^-$ 的光致分离所致。根据下式对观察到的吸收谱进行拟合得到 F$^-$ 的密度

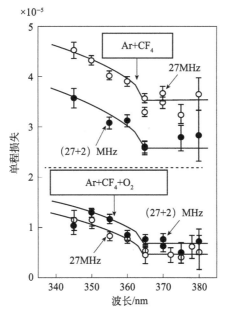

图 5-53　Ar/CF$_4$ 和 Ar/CF$_4$/O$_2$ 单程吸收率与激光波长之间的关系[37]

$$A'(\lambda) = \sigma(\lambda) n_{F^-} L + B \tag{5-105}$$

式中，$\sigma(\lambda)$ 为 F^- 的光致分离截面，n_{F^-} 为 F^- 的密度，L 为等离子体长度，B 为背景常数。27 MHz 单频功率为 250 W 时，在 Ar/CF_4 和 $Ar/CF_4/O_2$ 放电等离子体中得到的 F^- 密度分别为 $9 \times 10^{10}\,cm^{-3}$、$1.2 \times 10^{11}\,cm^{-3}$。27 MHz（250 W）/2 MHz（250 W）双频放电时，F^- 密度没有明显降低。

5.8.3 薄膜沉积过程监测

Tao 等采用连续波光腔衰荡光谱作为终点探测手段，研究了连续波光腔衰荡光谱在离子束溅射沉积 Mn/Fe/Ti 多层薄膜中的应用[46]。在溅射沉积 Mn/Fe/Ti 多层薄膜时，采用的靶为 Mn/Fe（厚 500 Å）、Ti（厚 200 Å）交替的靶，因此，可以通过测量离子束溅射靶时，在空间中的 Mn 成分的变化，即其浓度沿激光束通过的路径积分与时间关系来探测多层膜沉积的终点，如图 5-54 所示。Mn 浓度随时间的变化是采用连续波光腔衰荡光谱得到的，从而，得到 Mn/Fe/Ti 多层薄膜沉积的周期性。

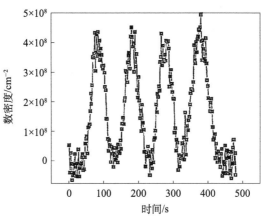

图 5-54　溅射沉积 Mn/Fe/Ti 多层靶时 Mn 路径积分浓度的时间关系[46]

5.9　等离子体刻蚀的光谱诊断

5.9.1　等离子体刻蚀过程的终点检测

等离子体发射光谱的强度定性地反映了自由基或离子的密度。例如，用氟碳等离子体刻蚀 SiO_2 薄膜时，等离子体发射光谱中可以显示出 CO 和 SiF 等副产物信号强度的显著变化，在刻蚀过程结束时这些信号明显降低。因此，可以通过监测这些副产品的信号强度来实现等离子刻蚀过程的终点检测[47]。采用等离子体发射光谱对等离子体刻蚀工艺的终点进行监测，可以更好地控制刻蚀精度。并且通过终点探测技术来确定标准刻蚀时间，可以有效地控制刻蚀工艺，增强工艺的可靠性并减少工艺的波动[4]。

图 5-55 为采用发射光谱监测 Cl_2 等离子体特性刻蚀 ZrO_2 膜（Si 基片上）时 Cl、Si、O、Cl_2 谱线强度的变化[4]。发射光谱中，837.62 nm 为 Cl 原子发射谱线，257.01 nm 为 Cl_2 分子发射谱线，777.42 nm 为 O 原子发射谱线，均来源于反应产物，251.67 nm 为 Si 原子发射谱线，来源于刻蚀产物。当放电产生等离子体后，可以探测到非常强的 Cl 谱线强度。当改变微波功率源功率和基片上施加的射频（RF）偏压源功率时，可以观察到谱线强度的变化。在功率匹配达到稳定时，Cl、Cl_2、O 的强度基本保持常数。当探测的 Si 信号显著增大时，到达了刻蚀终点。这时还可以见到 Cl 强度的稍稍增大和 Cl_2 强度的稍稍降低。这是由于在刻蚀 Si 时消耗了较多的 Cl，引起了真空室内气压的降低。随着气压的降低，电子温度会增大，从而使 Cl_2 分解和 Cl 激发更有效，导致 Cl_2 强度的连续降低和 Cl 光谱线强度的增大。

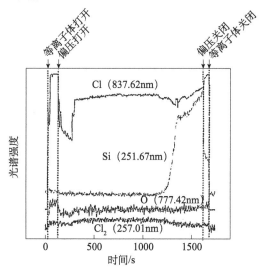

图 5-55　发射光谱监测 Cl_2 等离子体特性刻蚀 ZrO_2 膜（Si 基片上）时
Cl、Si、O、Cl_2 谱线强度的变化[4]

等离子体刻蚀过程的终点检测可以通过反应产物的信号来监控[47]。例如，图 5-56 为 SF_6 等离子体中刻蚀多晶硅过程中与 SiF_4 有关的 290～323 nm 积分光强度变化趋势。刻蚀反应消耗了反应物分子，这些反应物的光信号强度会显著下降。图 5-57 显示了用 BCl_3 刻蚀铝时反应气体 BCl（272.2 nm）和副产物 AlCl（261.8 nm）的光谱线强度变化。在刻蚀到达终点时，波长 272.2 nm 的光谱线强度降低。表 5-7 为等离子体刻蚀过程的终点检测中常用的监测物种（原子、分子、离子）及其光发射谱线波长。

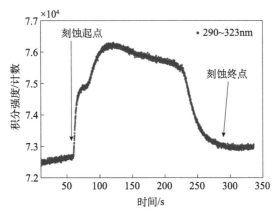

图 5-56　SF$_6$ 等离子体中刻蚀多晶硅过程中 SiF$_4$ 的积分光强度变化趋势[47]

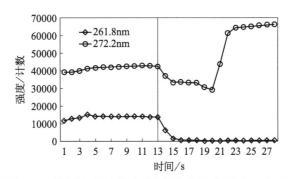

图 5-57　用 BCl$_3$ 刻蚀铝时反应气体 BCl（272.2 nm）和
副产物 AlCl（261.8 nm）的光谱线强度变化[47]

表 5-7　等离子体刻蚀过程的终点检测中常用的原子、分子、离子及其光发射谱线波长[47]

监测物种	波长/nm
Al	308.2，309.3，396.1
AlCl	261.4
As	235.0
C$_2$	516.5
CF$_2$	251.9
Cl	741.4
CN	289.8，304.2，387.0
CO	292.5，302.8，313.8，325.3，482.5，483.5，519.8
F	703.7，712.8
Ga	417.2
H	486.1，656.5
In	325.6

续表

监测物种	波长/nm
N	674.0
N_2	315.9，337.1
NO	247.9，288.5，289.3，303.5，304.3，319.8，320.7，337.7，338.6
O	777.2，844.7
OH	281.1，306.4，308.9
S	469.5
Si	288.2
SiCl	287.1
SiF	440.1，777.0

5.9.2 等离子体刻蚀机理分析

采用发射光谱，对等离子体刻蚀过程的基团进行诊断，有助于分析等离子体刻蚀机理。对于 Si 相关材料刻蚀，主要采用碳氟等离子体，包括 CF_4、CHF_3、C_2F_6、C_4F_8 等。

Ye 等采用发射光谱，研究了 CHF_3 的双频电容耦合等离子体（DF-CCP）刻蚀 SiCOH 低 k 薄膜时碳氟基团特性，及其与等离子体参数的关联，为分析等离子体刻蚀机理提供依据[48-50]。

图 5-58 为 CHF_3 的 13.56（27.12、60）MHz/2 MHz DF-CCP 的等离子体发射光谱。在发射光谱中，可观测到的主要基团为 CF_2（220.0～280.0 nm）、H_α（656.3 nm）、H_β（486.1 nm）、F（703.7 nm）和 H_2（603.2 nm）。产生 CF_2、H、F 基团的分解反应及相应的分解能 ΔH 为

$$CHF_3 + e^- \longrightarrow CF_2 + HF, \quad \Delta H = 2.43 \text{ eV} \tag{5-106}$$

$$CHF_3 + e^- \longrightarrow CF_3 + H, \quad \Delta H = 4.52 \text{ eV} \tag{5-107}$$

$$CHF_3 + e^- \longrightarrow CHF_2 + F, \quad \Delta H = 4.90 \text{ eV} \tag{5-108}$$

$$CF_3 + e^- \longrightarrow CF_2 + F, \quad \Delta H = 3.83 \text{ eV} \tag{5-109}$$

$$CF_2 + e^- \longrightarrow CF + F, \quad \Delta H = 5.35 \text{ eV} \tag{5-110}$$

采用光化线强度法测定了 DF-CCP 等离子体中的 CF_2、F、H 相对浓度，图 5-59 给出了单频（13.56 MHz、2 MHz）与双频（13.56 MHz/2 MHz）电容耦合放电等离子体中的 CF_2、F、H 基团相对浓度随功率的变化关系。从图 5-59 得到，在单频电容耦合放电时，放电功率的增加导致 CF_2、F、H 基团相对浓度的增大。但不同频率的单频放电，得到的 CF_2、F、H 基团相对浓度不同。在 13.56 MHz 单频放电时，CF_2 的相对浓度比 F 高；但在 2 MHz 单频放电时，F 和 CF_2 的相对浓度分布与 13.56 MHz 单频放电时的分布相反。在双频激发产生

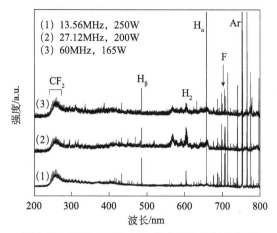

图 5-58　CHF₃ 双频 CCP 等离子体发射光谱图

等离子体时，低频（2 MHz）功率的增加使 F、H 基团浓度增加，但基本不影响 CF₂ 基团浓度。因此，通过调节低频（2 MHz）功率可以提高多孔 SiCOH 薄膜刻蚀所需的 F 原子浓度、控制 F/CF₂ 基团浓度的比例。

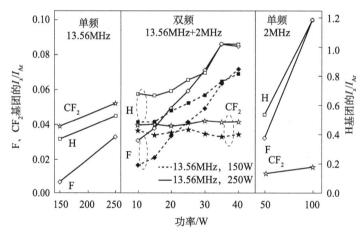

图 5-59　13.56 MHz、2 MHz 单频和 13.56 MHz/2 MHz
双频电容耦合放电等离子体中 CF₂、F、H 基团相对浓度随功率的变化关系

　　Ye 等进一步研究了双频等离子体中空间可分辨的 CF₂、F 基团相对浓度，测量位置如图 5-60 所示，不同高频频率下放电等离子体中 CF₂、F 基团相对浓度的空间分布如图 5-61 所示。在 13.56 MHz（250 W）/2 MHz 双频放电时，B 位置测到的 F 基团浓度与 A 位置近似，C 位置测到的 F 基团浓度低于 B 位置，C 与 B 之间的差别随着低频功率的增加而增大。在 27.12 MHz（200 W）/2 MHz 双频放电时，A、B 位置的 F 浓度不再相同，B 位置的 F 浓度开始减小，C 位置

的浓度进一步降低。在 60 MHz（165 W）/2 MHz 双频放电时，A、B、C 三个位置之间的基团浓度差异进一步增大。因此，高频功率源的频率影响着 F、CF$_2$ 基团的空间均匀性，频率越高，空间均匀性越差。

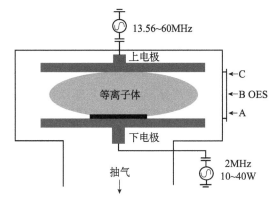

图 5-60　双频等离子体中空间可分辨的 CF$_2$、F 基团相对浓度测量位置示意图

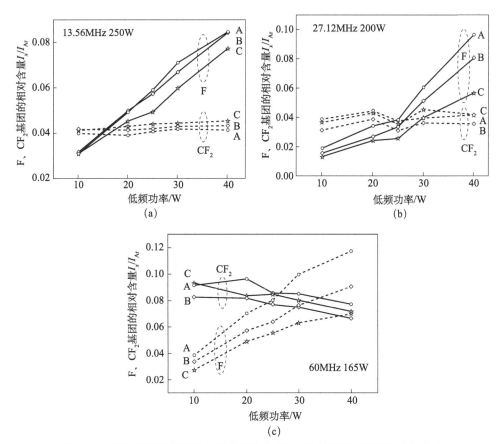

图 5-61　不同高频频率下放电等离子体中 CF$_2$、F 基团相对浓度的空间分布

在 CHF$_3$ DF-CCP 等离子体中，F、CF$_2$ 基团的产生与电子-中性气体碰撞过程有关，因此取决于等离子体的电子温度。根据光强比值法，采用式（5-35），依据 H$_\alpha$、H$_\beta$ 谱线强度计算了电子激发温度，等离子体的电子激发温度分布如图 5-62 所示。将 F、CF$_2$ 基团浓度分布（图 5-61）与电子激发温度的分布相比较，发现 CF$_2$ 基团分布规律与电子激发温度的分布相符合，CF$_2$ 基团的产生主要是电子-中性气体碰撞的结果。F 基团浓度的分布与电子激发温度的分布不符，即在电子激发温度基本接近常数分布时，F 基团浓度呈增大的趋势，且在高频频率增大时，电子激发温度的空间分布差异减小，而 F 基团浓度的空间分布差异在增大，因此，F 的主要产生机理可能与离子-中性气体碰撞过程有关。

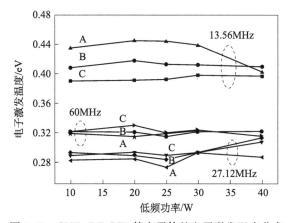

图 5-62　CHF$_3$ DF-CCP 等离子体的电子激发温度分布

5.10　大气压放电等离子体的光谱诊断

5.10.1　大气压放电等离子体的光谱诊断概述

随着大气压放电等离子体源技术及其应用的快速发展，大气压放电等离子体的诊断备受人们关注。但是，由于目前常用的等离子体诊断技术（朗缪尔探针技术、质谱技术、拒斥场能量分析技术）主要是针对低气压放电等离子体的测量诊断，因此，光谱技术成为大气压放电等离子体诊断的主要技术[51-58]。目前用于大气压放电等离子体诊断的光谱技术主要包括发射光谱（OES）技术、激光诱导荧光光谱（LIF）技术和吸收光谱技术。通过光与等离子体物种的相互作用，可以获得气体温度、电子密度、电子激发温度、电场强度、激发物种的密度，并识别等离子体中的主要成分。

发射光谱技术比较简洁，是大气压放电等离子体诊断采用的主要技术。通过直接采集大气压放电等离子体的发射光谱，可以得到电子密度、电场强度 E/N。

其基本方法是采用高分辨的发射光谱技术，获得单根发射谱线，依据 Stark 展宽效应，测量电子密度、电场强度 E/N。例如，采用这种方法，人们已经测量了 $Ar^{[53,55]}$、$He-H_2O^{[59]}$ 纳秒脉冲微等离子体和微波微等离子体[60] 的电子密度，并利用 Stark 极化谱测量了 $He^{[61-62]}$、$He-H_2^{[63]}$ 介质阻挡放电（DBD）的电场强度。另外，利用 Ar 大气压放电等离子体的发射光谱，按照电子态中电子碰撞过程的碰撞-辐射（CR）模型，通过发射谱线的强度比（即线比法），也可以确定大气压放电等离子体的电子密度[54]。采用线比法，测量的电子密度范围是 $n_e = 10^{13} \sim 10^{16}\,cm^{-3}$，而对于密度高于 $10^{18}\,cm^{-3}$，Stark 展宽法则是更好的方法。根据碰撞-辐射模型，从 N_2 的大气压放电等离子体发射光谱的谱带比，可以得到电场强度 E/N。

激光诱导荧光光谱技术是测量大气压放电等离子体中瞬态物种的最好技术，是唯一将灵敏度、时间分辨、空间分辨集一身的技术。时间分辨率取决于激光脉冲的持续时间，一般为 10 ns。空间分辨率取决于激光束的尺寸和探测的样品体积，对于 mm^3 的体积探测是非常容易的。从分析的角度来看，激光诱导荧光光谱技术是一种吸收过程，但是具有可观察的荧光，与部分光被吸收的过程是不一样的。激光诱导荧光光谱技术的优点在于具有较高的空间分辨、较高的灵敏度，缺点是荧光信号与上能级电子态的碰撞过程密切相关。在大多数情况下，激光诱导荧光光谱不能做绝对测量，需要作标定。对于大气压放电等离子体，激光诱导荧光光谱可以测量 N 的三重亚稳态，可以测量大气压等离子体射流（APPJ）中的 $NO^{[64]}$，测量 CH、CN 活性基团[65-66]，测量 RF APPJ[67-68]、微 APPJ[69-70] 中的 O 原子、N 原子[71]。在等离子体辅助的燃烧、等离子体医学应用等大气压放电等离子体中，处理的气体中会含有一定的水气，这时容易产生极具氧化反应的 OH 基团，其在放电等离子体中的含量是人们希望知道的，用激光诱导荧光光谱可以测量多种放电系统中的 OH 基团含量，这些放电系统包括脉冲电晕放电[72-75]、DBD 放电[76]、脉冲 DBD 放电[77-78]、等离子体射流[79-82]、液体表面的脉冲放电[83]、针尖单丝状放电[59] 和纳秒 H_2-空气等离子体放电[84]。

吸收光谱技术的优点在于可以进行绝对测量，但是，与激光诱导荧光光谱技术相比较，吸收测量的灵敏度较低，空间分辨也受光路的限制，时间分辨也较低，最好达到几十$\mu s^{[85]}$，利用脉冲真空紫外二极管（UV LED）光源和安装光闸的 CCD 探测器，时间分辨可以达到亚μs 量级[86]，利用脉冲光腔振荡光谱可以将时间分辨提高到 50ns，但是要牺牲一定的灵敏度[87]。采用吸收光谱技术，利用氘灯作为光源，人们测量了 Ar/碳氟气体 DBD 放电中的 CF_2 浓度[88]，利用可调二极管激光器光源，人们测量了 RF APPJ 中 $NO^{[89]}$ 和 He 亚稳态[90] 的浓度，测量了微放电中 Ar 亚稳态的浓度[91-92]。

5.10.2　大气压放电等离子体的电子密度测量

对于大气压放电等离子体的电子密度测量，Ar 等离子体发射光谱技术是目前少数可行的测定方法，蒲以康教授等发展了利用光谱线强度比测量大气压放电等离子体电子密度的方法（即线比法），并应用于大气压放电等离子体的光谱诊断[53-56]。

利用光谱线强度比测量大气压放电等离子体电子密度的原理如下[53-54]。

在大气压 Ar 放电中，Ar 2p 能级的主要动力学过程包括 Ar 基态原子的电子碰撞激发

$$e + Ar(gs) \longrightarrow e + Ar(2p_i) \tag{5-111}$$

Ar 1s 能级的电子碰撞激发

$$e + Ar(1s) \longrightarrow e + Ar(2p_i) \tag{5-112}$$

电子碰撞占据态从 2p 能级到其他激发态能级的转移

$$e + Ar(2p_i) \longrightarrow e + Ar(2p_j),$$
$$e + Ar(2p_i) \longrightarrow e + Ar(1s, 2s, 3p, 3d, \cdots) \tag{5-113}$$

以及原子碰撞占据态的转移

$$Ar(gs) + Ar(2p_i) \longrightarrow Ar(gs) + Ar(2p_j),$$
$$Ar(gs) + Ar(2p_i) \longrightarrow Ar(gs) + Ar(1s) \tag{5-114}$$

这里的 gs 指的是基态的 Ar 原子，1s、2p、2s、3p、3d 是激发能级的 Paschen 符号，下标 i 和 j 指的是第 i 和 j 个 2p 能级。对于典型的微等离子体放电条件，即标准大气压、1 eV 的电子温度、6000 K 的气体温度、100 μm 范围的等离子体，上述过程中的反应速率与电子密度的变化关系可以从碰撞-辐射模型（collisional-radiative model，CRM）获得，如图 5-63 所示。

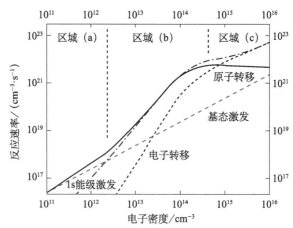

图 5-63　大气压下 Ar 2p 能级主要动力学过程的反应速率和电子密度的变化关系图[53]

图 5-63 中存在三个不同主导过程的动力学区域。在区域（a），即低电子密

度区（$10^{11}\sim10^{12}\,cm^{-3}$），基态激发和原子碰撞转移决定着激发原子的速率平衡。在区域（b），即中等电子密度区（$10^{13}\sim10^{14}\,cm^{-3}$），随着电子密度增大，1s 能级密度增加，1s 能级激发比基态能级激发更加占据主导地位。而在区域（c），即高电子密度区（$10^{15}\sim10^{16}\,cm^{-3}$），电子撞击转移决定着原子碰撞转移过程。采用 Ar 的 CRM 模型可以得到与 2p 多重态类似的动力学图像。电子密度的变化引起 2p 多重态主要过程的变化对原子占据分布具有较大影响，如图 5-64 所示。

大气压等离子体是光学透明的，其光发射的谱线强度比为

$$I_1/I_2=A_1n_1/(A_2n_2) \tag{5-115}$$

这里 I_1 和 I_2 是 2p→1s 跃迁发射光的谱线强度，A_1 和 A_2 是爱因斯坦系数，n_1 和 n_2 是两个不同 2p 能级的密度。将 CRM 给出的分布中的占据比 n_1/n_2 和测量的光谱线强度比 I_1/I_2 进行比较，便可以得到电子密度。在图 5-64 中，三组 2p 能级具有不同的电子密度变化关系，从各组中选择代表性的 2p 能级，2p1、2p3 和 2p6 能级，将占据比 R_{13}（n_{2p1}/n_{2p3}）、R_{36}（n_{2p3}/n_{2p6}）和电子密度的关系绘制成图，得到图 5-65。

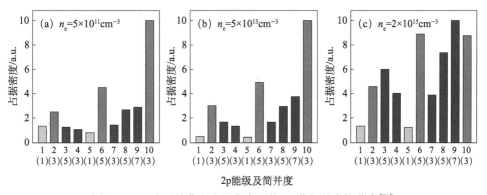

图 5-64 三个区域典型电子密度下的 2p 能级的占据分布[53]

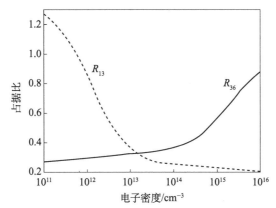

图 5-65 R_{13}（n_{2p1}/n_{2p3}）和 R_{36}（n_{2p3}/n_{2p6}）和电子密度的关系图[53]

　　根据上述原理，高明伟通过测量 Ar 大气压放电等离子体的发射光谱，估算了 Ar 大气压放电等离子体的电子密度[93]。图 5-66 为测量 Ar 大气压放电等离子体发射光谱的实验装置照片，光纤轴线位置距等离子体出口约 5 mm。

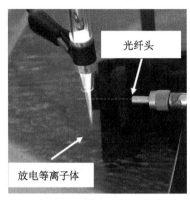

图 5-66　测量 Ar 大气压放电等离子体发射光谱的实验装置照片

　　图 5-67 为典型的 Ar 大气压放电等离子体的发射光谱（Ar 流量 3 L/min，放电电压 7.0 kV），从发射光谱得到 Ar 的 750.2 nm（2p1→1s2）、738.4 nm（2p3→1s4）、763.5 nm（2p6→1s5）三条发射谱线的强度 I_1、I_3、I_6。根据 2p1→1s2（750.2 nm）、2p3→1s4（738.4 nm）、2p6→1s5（763.5 nm）跃迁的爱因斯坦系数 $A_1 = 4.72 \times 10^7 \text{ s}^{-1}$、$A_3 = 8.47 \times 10^6 \text{ s}^{-1}$、$A_6 = 2.45 \times 10^7 \text{ s}^{-1}$[94-95] 和发射谱线强度 I_1、I_3、I_6，利用下式计算占据比 R_{13}（n_{2p1}/n_{2p3}）和 R_{36}（n_{2p3}/n_{2p6}）

$$R_{13} = \frac{n_1}{n_3} = \frac{I_1 A_3}{I_3 A_1} \tag{5-116}$$

$$R_{36} = \frac{n_3}{n_6} = \frac{I_3 A_6}{I_6 A_3} \tag{5-117}$$

根据计算结果，由占据比 R_{13}（n_{2p1}/n_{2p3}）和 R_{36}（n_{2p3}/n_{2p6}）与电子密度的关系（图 5-65），得到大气压 Ar 放电等离子体的电子密度 n。图 5-68 是大气压 Ar 放电等离子体的电子密度随放电电压的变化关系，在电压 4.0～7.0 kV 范围内，大气压 Ar 等离子体放电的电子密度在 1.2×10^{12}～$2.0 \times 10^{12}\text{ cm}^{-3}$，是密度较低的等离子体，在放电电压 5.6 kV 时，电子密度达到最大。

　　以上给出了光谱诊断的一些基本概念和基本方法，以及一些可能的应用。由于光谱诊断涉及复杂的理论，并且相关技术在快速发展，因此，本章仅给出了光谱诊断的一些基础知识，对于开展低温等离子体光谱诊断的相关研究，请进一步查阅相关文献、专著。

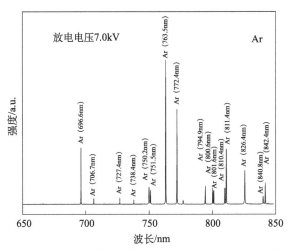

图 5-67　Ar 大气压放电等离子体的发射光谱（Ar 流量 3 L/min，放电电压 7.0 kV）

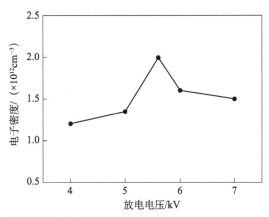

图 5-68　大气压 Ar 放电等离子体的电子密度随放电电压的变化关系

参 考 文 献

[1] Grill A. Cold Plasma in Materials Fabrication：From Fundamentals to Applications [M]. New York：IEEE Press，1994.

[2] Hippler R，Pfau S，Schmidt M，et al. Low Temperature Plasma Physics：Fundamental Aspects and Applications [M]. Berlin：WILEY-VCH，2001.

[3] Lieberman M A，Lichtenberg A J. Principles of Plasma Discharges and Materials Processing [M]. 2nd ed. New Jersey：John Wiley & Sons Inc，2005.

[4] Chen F F，Chang J P. Lecture notes on principles of plasma processing [M]. New York：Plenum/Kluwer Publishers，2002.

[5] Harshbarger W R，Porter R A，Miller T A，et al. A study of the optical emission from an RF plasma during semiconductor etching [J]. Applied Spectroscopy，1977，31 (3)：201-207.

[6] Avantes. AvaSpec operating manual [Z]. Version 2. 0. 2006.

[7] Avantes. AVASOFT for AvaSpec-2048 user's manual [Z]. Version 6. 2. 2006.

[8] Malyshev M V, Donnelly V M. Determination of electron temperatures in plasmas by multiple rare gas optical emission, and implications for advanced actinometry [J]. Journal of Vacuum Science and Technology A, 1997, 15 (3): 550-558.

[9] Boivin R F, Kline J L, Scime E E. Electron temperature measurement by a helium line intensity ratio method in helicon plasmas [J]. Physics of Plasmas, 2001, 8 (12): 5303-5314.

[10] Malyshev M V, Donnelly V M. Trace rare gases optical emission spectroscopy: Nonintrusive method for measuring electron temperatures in low-pressure, low-temperature plasmas [J]. Physical Review E, 1999, 60 (5): 6016-6029.

[11] Fons J T, Lin C C. Measurement of the cross sections for electron-impact excitation into the $5p^5 6p$ levels of xenon [J]. Physical Review A, 1998, 58 (6): 4603-4615.

[12] Chilton J E, Boffard J B, Schappe R S, et al. Measurement of electron-impact excitation into the $3p^5 4p$ levels of argon using Fourier-transform spectroscopy [J]. Physical Review A, 1998, 57 (1): 267-277.

[13] Boffard J B, Piech G A, Gehrke M F, et al. Measurement of electron-impact excitation cross sections out of metastable levels of argon and comparison with ground-state excitation [J]. Physical Review A, 1999, 59 (4): 2749-2763.

[14] Chingsungnoen A, Wilson J I B, Amornkitbamrung V, et al. Spatially resolved atomic excitation temperatures in CH_4/H_2 and C_3H_8/H_2 RF discharges by optical emission spectroscopy [J]. Plasma Sources Science and Technology, 2007, 16 (3): 434-440.

[15] Qayyum A, Zeb S, Naveed M A, et al. Diagnostics of nitrogen plasma by trace rare-gas optical emission spectroscopy [J]. Journal of Applied Physics, 2005, 98 (10): 103303.

[16] Crintea D L, Czarnetzki U, Iordanova S, et al. Plasma diagnostics by optical emission spectroscopy on argon and comparison with Thomson scattering [J]. Journal of Physics D: Applied Physics, 2009, 42 (4): 045208.

[17] Gordillo-Vázquez F J, Camero M, Cómez-Aleixandre C. Spectroscopic measurements of the electron temperature in low pressure radiofrequency $Ar/H_2/C_2H_2$ and $Ar/H_2/CH_4$ plasmas used for the synthesis of nanocarbon structures [J]. Plasma Sources Science and Technology, 2006, 15 (1): 42-51.

[18] Ye C, Xu Y J, Huang X J, et al. Effect of low-frequency power on etching of SiCOH low-k films in CHF_3 13. 56MHz/2MHz dual-frequency capacitively coupled plasma [J]. Microelectronic Engineering, 2009, 86 (3): 421-424.

[19] 黄晓江. 双频容性耦合等离子体特性的发射光谱研究 [D]. 苏州: 苏州大学, 2009.

[20] Bai B, Sawin H H, Cruden B A. Neutral gas temperature measurements of high-power-density fluorocarbon plasmas by fitting swan bands of C_2 molecules [J]. Journal of Applied Physics, 2006, 99 (1): 013308.

[21] 赫兹堡. 分子光谱与分子结构 第一卷 双原子分子光谱 [M]. 北京: 科学出版社, 1983.

［22］ Phillips D M. Determination of gas temperature from unresolved bands in the spectrum from a ni-trogen discharge ［J］. Journal of Physics D-Applied Physics, 1976, 9 (3): 507-521.

［23］ Gottscho R A, Field R W, Dick K A, et al. Deperturbation of the N_2^+ first negative group $B^2\Sigma_u^+$-$X^2\Sigma_g^+$ ［J］. Journal of Molecular Spectroscopy, 1979, 74 (3): 435-455.

［24］ Tuszewski M. Ion and gas temperatures of 0. 46 MHz inductive plasma discharges ［J］. Journal of Applied Physics, 2006, 100 (5): 053301.

［25］ Porter R A, Harshbarger W R. Gas rotational temperature in an RF plasma ［J］. Journal of The Electrochemical Society, 1979, 126 (3): 460-464.

［26］ Hartmann G, Johnson P C. Measurements of relative transition probabilities and the varia-tion of the electronic transition moment for N_2 $C^3\Pi_u$-$B^3\Pi_g$ second positive system ［J］. Journal of Physics B-Atomic Molecular and Optical Physics, 1978, 11 (9): 1597-1612.

［27］ Fukuchi T, Wong A Y, Wuerker R F. Lifetime measurement of the $B^2\Sigma_u^+$ level of N_2^+ by laser-induced fluorescence ［J］. Journal of Applied Physics, 1995, 77 (10): 4899-4902.

［28］ Hershkowitz N, Breun R A. Diagnostics for plasma processing (etching plasmas) (invited) ［J］. Review of Scientific Instruments, 1997, 68 (1): 880-885.

［29］ Augustyniak E, Chew K H, Shohet J L, et al. Atomic absorption spectroscopic measure-ments of silicon atom concentrations in electron cyclotron resonance silicon oxide deposition plasmas ［J］. Journal of Applied Physics, 1999, 85 (1): 87-93.

［30］ Takubo Y, Sato T, Asaoka N, et al. Emission-and fluorescence-spectroscopic investigation of a glow discharge plasma: Absolute number density of radiative and nonradiative atoms in the negative glow ［J］. Physical Review E, 2008, 77 (1): 016405.

［31］ Engeln R, Klarenaar B, Guaitella O. Foundations of optical diagnostics in low temperature plasmas ［J］. Plasma Sources Science and Technology, 2020, 29 (6): 063001.

［32］ Stancu G D, Kaddouri F, Lacoste D A, et al. Atmospheric pressure plasma diagnostics by OES, CRDS and TALIF ［J］. Journal of Physics D: Applied Physics, 2010, 43 (12): 124002.

［33］ Booth J P, Azamoum Y, Sirse N, et al. Absolute atomic chlorine densities in a Cl_2 inductively coupled plasma determined by two-photon laser-induced fluorescence with a new calibration method ［J］. Journal of Physics D: Applied Physics, 2012, 45 (19): 195201.

［34］ Denhartog E A, Persing H, Woods R C. Laser-induced fluorescence measurements of transverse ion temperature in an electron cyclotron resonance plasma ［J］. Applied Physics Letters, 1990, 57 (7): 661-663.

［35］ O'Keefe A, Deacon D A G. Cavity ring-down optical spectrometer for absorption measure-ments using pulsed laser sources ［J］. Review of Scientific Instruments, 1988, 59 (12): 2544-2551.

［36］ Welzel S, Lombardi G, Davies P B, et al. Trace gas measurements using optically resonant cavities and quantum cascade lasers operating at room temperature ［J］. Journal of Applied Physics, 2008, 104 (9): 093115.

［37］ Booth J P, Corr C S, Curley G A, et al. Fluorine negative ion density measurement in a dual frequency capacitive plasma etch reactor by cavity ring-down spectroscopy [J]. Applied Physics Letters, 2006, 88 (15): 151502.

[38] Hori M, Goto T. Measurement techniques of radicals, their gas phase and surface reactions in reactive plasma processing [J]. Applied Surface Science, 2002, 192 (1-4): 135-160.

[39] Bruno G, Capezzuto P, Cicala G. RF glow discharge of SiF$_4$-H$_2$ mixtures: Diagnostics and modeling of the a-Si plasma deposition process [J]. Journal of Applied Physics, 1991, 69 (10): 7256-7267.

[40] 叶超. SiCOH 低 k 薄膜的 ECR 等离子体沉积与介电性能研究 [D]. 苏州: 苏州大学, 2006.

[41] Ye C, Ning Z Y, Xin Y, et al. Optical emission spectroscopy investigation on SiCOH films deposition using decamethylcyclopentasiloxane electron cyclotron resonance plasma [J]. Microelectronic Engineering, 2005, 82 (1): 35-43.

[42] Ikegami T, Ishibashi S, Yamagata Y, et al. Spatial distribution of carbon species in laser ablation of graphite target [J]. Journal of Vacuum Science and Technology A, 2001, 19 (4): 1304-1307.

[43] John P, Rabeau J R, Wilson J I B. The cavity ring-down spectroscopy of C$_2$ in a microwave plasma [J]. Diamond and Related Materials, 2002, 11 (3-6): 608-611.

[44] Ma J, Richley J C, Ashfold M N R, et al. Probing the plasma chemistry in a microwave reactor used for diamond chemical vapor deposition by cavity ring down spectroscopy [J]. Journal of Applied Physics, 2008, 104 (10): 103305.

[45] Nakamura M, Hori M, Goto T. Spatial distribution of the absolute densities of CFx radicals in fluorocarbon plasmas determined from single-path infrared laser absorption and laser-induced fluorescence [J]. Journal of Applied Physics, 2001, 90 (2): 580-586.

[46] Tao L, Yalin A P, Yamamoto N. Cavity ring-down spectroscopy sensor for ion beam etch monitoring and end-point detection of multilayer structures [J]. Review of Scientific Instruments, 2008, 79 (11): 115107.

[47] Jang H, Lee H S, Lee H, et al. Non-invasive plasma monitoring tools and multivariate analysis techniques for sensitivity improvement [J]. Applied Science and Convergence Technology, 2014, 23 (6): 328-339.

[48] Xu Y J, Ye C, Huang X J, et al. Investigation on CHF$_3$ dual-frequency capacitively coupled plasma by optical emission spectroscopy [J]. Chinese Physics Letters, 2008, 25 (8): 2942-2945.

[49] Yuan Q H, Ye C, Xin Y, et al. Control of the discharge chemistry of CHF$_3$ in dual-frequency capacitively coupled plasmas [J]. Applied Physics Letters, 2008, 93 (7): 071503.

[50] 胡佳, 徐轶君, 叶超. CHF$_3$ 双频电容耦合放电等离子体特性研究 [J]. 物理学报, 2010, 59 (4): 2661-2665.

[51] Dilecce G. Optical spectroscopy diagnostics of discharges at atmospheric pressure [J]. Plasma Sources Science and Technology, 2014, 23 (1): 015011.

[52] Paris P，Aints M，Valk F，et al. Intensity ratio of spectral bands of nitrogen as a measure of electric field strength in plasmas [J]. Journal of Physics D：Applied Physics，2005，38 (21)：3894-3899.

[53] Zhu X M，Pu Y K，Balcon N，et al. Measurement of the electron density in atmospheric-pressure low-temperature argon discharges by line-ratio method of optical emission spectroscopy [J]. Journal of Physics D：Applied Physics，2009，42 (14)：142003.

[54] Zhu X M，Pu Y K. A simple collisional-radiative model for low-temperature argon discharges with pressure ranging from 1 Pa to atmospheric pressure：Kinetics of Paschen 1s and 2p levels [J]. Journal of Physics D：Applied Physics，2010，43 (1)：015204.

[55] Zhu X M，Walsh J L，Chen W C，et al. Measurement of the temporal evolution of electron density in a nanosecond pulsed argon microplasma：Using both Stark broadening and an OES line-ratio method [J]. Journal of Physics D：Applied Physics，2012，45 (29)：295201.

[56] Zhu X M，Pu Y K. Optical emission spectroscopy in low-temperature plasmas containing argon and nitrogen：Determination of the electron temperature and density by the line-ratio method [J]. Journal of Physics D：Applied Physics，2010，43 (40)：403001.

[57] Sousa J S，Puech V. Diagnostics of reactive oxygen species produced by microplasmas [J]. Journal of Physics D：Applied Physics，2013，46 (46)：464005.

[58] Takeda K，Kato M，Jia F，et al. Effect of gas flow on transport of O (^3P_j) atoms produced in ac power excited non-equilibrium atmospheric-pressure O_2/Ar plasma jet [J]. Journal of Physics D：Applied Physics，2013，46 (46)：464006.

[59] Verreycken T，van der Horst R M，Baede A H F M，et al. Time and spatially resolved LIF of OH in a plasma filament in atmospheric pressure He-H_2O [J]. Journal of Physics D：Applied Physics，2012，45 (4)：045205.

[60] Hrycak B，Jasinski M，Mizeraczyk J. Spectroscopic investigations of microwave microplasmas in various gases at atmospheric pressure [J]. European Physical Journal D，2010，60 (3)：609-619.

[61] Obradovic B M，Ivkovic S S，Kuraica M M. Spectroscopic measurement of electric field in dielectric barrier discharge in helium [J]. Applied Physics Letters，2008，92 (19)：191501.

[62] Ivković S S，Obradović B M，Cvetanović N，et al. Measurement of electric field development in dielectric barrier discharge in helium [J]. Journal of Physics D：Applied Physics，2009，42 (22)：225206.

[63] Ivković S S，Obradović B M，Kuraica M M. Electric field measurement in a DBD in helium and helium-hydrogen mixture [J]. Journal of Physics D：Applied Physics，2012，45 (27)：275204.

[64] van Gessel A F H，Hrycak B，Jasinski M，et al. Temperature and NO density measurements by LIF and OES on an atmospheric pressure plasma jet [J]. Journal of Physics D：Applied Physics，2013，46 (9)：095201.

[65] Dilecce G, Ambrico P F, Scarduelli G, et al. CN (B$^2\Sigma^+$) formation and emission in a N$_2$-CH$_4$ atmospheric pressure dielectric barrier discharge [J]. Plasma Sources Science and Technology, 2009, 18 (1): 015010.

[66] Dilecce G, Ambrico P F, de Benedictis S. CH spectroscopic observables in He-CH$_4$ and N$_2$-CH$_4$ atmospheric pressure dielectric barrier discharges [J]. Journal of Physics D: Applied Physics, 2010, 43 (12): 124004.

[67] Niemi K, von der Gathen V S, Döbele H F. Absolute atomic oxygen density measurements by two-photon absorption laser-induced fluorescence spectroscopy in an RF-excited atmospheric pressure plasma jet [J]. Plasma Sources Science and Technology, 2005, 14 (2): 375-386.

[68] Reuter S, Winter J, Schmidt-Bleker A, et al. Atomic oxygen in a cold argon plasma jet: TALIF spectroscopy in ambient air with modelling and measurements of ambient species diffusion [J]. Plasma Sources Science and Technology, 2012, 21 (2): 024005.

[69] Knake N, Niemi K, Reuter S, et al. Absolute atomic oxygen density profiles in the discharge core of a microscale atmospheric pressure plasma jet [J]. Applied Physics Letters, 2008, 3 (13): 131503.

[70] Knake N, Schulz-von der Gathen V. Investigations of the spatio-temporal build-up of atomic oxygen inside the micro-scaled atmospheric pressure plasma jet [J]. European Physical Journal D, 2010, 60 (3): 645-652.

[71] Es-Sebbar E, Sarra-Bournet C, Naudé N, et al. Absolute nitrogen atom density measurements by two-photon laser-induced fluorescence spectroscopy in atmospheric pressure dielectric barrier discharges of pure nitrogen [J]. Journal of Applied Physics, 2009, 106 (7): 073302.

[72] Ono R, Oda T. Dynamics and density estimation of hydroxyl radicals in a pulsed corona discharge [J]. Journal of Physics D: Applied Physics, 2002, 35 (17): 2133-2138.

[73] Ono R, Oda T. Dynamics of ozone and OH radicals generated by pulsed corona discharge in humid-air flow reactor measured by laser spectroscopy [J]. Journal of Applied Physics, 2003, 93 (10): 5876-5882.

[74] Kanazawa S, Tanaka H, Kajiwara A, et al. LIF imaging of OH radicals in DC positive streamer coronas [J]. Thin Solid Films, 2007, 515 (9): 4266-4271.

[75] Nakagawa Y, Ono R, Oda T. Density and temperature measurement of OH radicals in atmospheric-pressure pulsed corona discharge in humid air [J]. Journal of Applied Physics, 2011, 110 (7): 073304.

[76] Magne L, Pasquiers S, Blin-Simiand N, et al. Production and reactivity of the hydroxyl radical in homogeneous high pressure plasmas of atmospheric gases containing traces of light olefins [J]. Journal of Physics D: Applied Physics, 2007, 40 (10): 3112-3127.

[77] Dilecce G, De Benedictis S. Laser diagnostics of high-pressure discharges: Laser induced fluorescence detection of OH in He/Ar-H$_2$O dielectric barrier discharges [J]. Plasma Physics and Controlled Fusion, 2011, 53 (12): 124006.

[78] Dilecce G, Ambrico P F, Simek M, et al. LIF diagnostics of hydroxyl radical in atmospheric pressure He-H₂O dielectric barrier discharges [J]. Chemial Physics, 2012, 398: 142-147.

[79] Xiong Q, Nikiforov A Y, Li L, et al. Absolute OH density determination by laser induced fluorescence spectroscopy in an atmospheric pressure RF plasma jet [J]. European Physical Journal D, 2012, 66 (11): 281.

[80] Yonemori S, Nakagawa Y, Ono R, et al. Measurement of OH density and air-helium mixture ratio in an atmospheric-pressure helium plasma jet [J]. Journal of Physics D: Applied Physics, 2012, 45 (22): 225202.

[81] Voráč J, Dvořák P, Procházka V, et al. Measurement of hydroxyl radical (OH) concentration in an argon RF plasma jet by laser-induced fluorescence [J]. Plasma Sources Science and Technology, 2013, 22 (2): 025016.

[82] Pei X, Lu Y, Wu S, et al. A study on the temporally and spatially resolved OH radical distribution of a room-temperature atmospheric-pressure plasma jet by laser-induced fluorescence imaging [J]. Plasma Sources Science and Technology, 2013, 22 (2): 025023.

[83] Kanazawa S, Kawano H, Watanabe S, et al. Observation of OH radicals produced by pulsed discharges on the surface of a liquid [J]. Plasma Sources Science and Technology, 2011, 20 (3): 034010.

[84] Choi I, Yin Z, Adamovich I V, et al. Hydroxyl radical kinetics in repetitively pulsed hydrogen-air nanosecond plasmas [J]. IEEE Transactions on Plasma Science, 2011, 39 (12): 3288-3299.

[85] Dilecce G, Ambrico P F, Simek M, et al. OH density measurement by time-resolved broad band absorption spectroscopy in an Ar-H₂O dielectric barrier discharge [J]. Journal of Physics D: Applied Physics, 2012, 45 (12): 125203.

[86] Hibert C, Gaurand I, Motret O, et al. [OH (X)] measurements by resonant absorption spectroscopy in a pulsed dielectric barrier discharge [J]. Journal of Applied Physics, 1999, 85 (10): 7070-7075.

[87] Stancu G D, Kaddouri F, Lacoste D A, et al. Atmospheric pressure plasma diagnostics by OES, CRDS and TALIF [J]. Journal of Physics D: Applied Physics, 2010, 43 (12): 124002.

[88] Vinogradov I P, Dinkelmann A, Lunk A. Measurement of the absolute CF₂ concentration in a dielectric barrier discharge running in argon/fluorocarbon mixtures [J]. Journal of Physics D: Applied Physics, 2004, 37 (21): 3000-3007.

[89] Pipa A V, Bindemann T, Foest R, et al. Absolute production rate measurements of nitric oxide by an atmospheric pressure plasma jet (APPJ) [J]. Journal of Physics D: Applied Physics, 2008, 41 (19): 194011.

[90] Niemi K, Waskoenig J, Sadeghi N, et al. The role of helium metastable states in radio-frequency driven helium-oxygen atmospheric pressure plasma jets: Measurement and numerical simulation [J]. Plasma Sources Science and Technology, 2011, 20 (5): 055005.

[91] Penache C，Miclea M，Brauning-Demian A，et al. Characterization of a high-pressure microdischarge using diode laser atomic absorption spectroscopy [J]. Plasma Sources Science and Technology，2002，11（4）：476-483.

[92] Belostotskiy S G，Ouk T，Donnelly V M，et al. Time-and space-resolved measurements of Ar（$1s_5$）metastable density in a microplasma using diode laser absorption spectroscopy [J]. Journal of Physics D：Applied Physics，2011，44（14）：145202.

[93] 高明伟. 大气压 Ar/O_2 微等离子体放电特性及其对肿瘤细胞作用的研究 [D]. 苏州：苏州大学，2016.

[94] Crintea D L，Czarnetzki U，Iordanova S，et al. Plasma diagnostics by optical emission spectroscopy on argon and comparison with Thomson scattering [J]. Journal of Physics D：Applied Physics，2009，42（4）：045208.

[95] Gordillo-Vázquez F J，Camero M，Gómez-Aleixandre C. Spectroscopic measurements of the electron temperature in low pressure radiofrequency Ar/H_2/C_2H_2 and Ar/H_2/CH_4 plasmas used for the synthesis of nanocarbon structures [J]. Plasma Sources Science and Technology，2006，15（1）：42-51.

第6章 低温等离子体的质谱诊断

自 Thomson 发明了著名的抛物面摄谱仪、测量了 Ne 的同位素^{20}Ne 和^{22}Ne 以来，单聚焦和双聚焦的高分辨率质谱仪得到发展，并在等离子体研究中得到应用。1953 年，Paul 和 Steinwedel 发明了四极质谱仪，成为等离子体质谱诊断的里程碑。等离子体质谱主要用于等离子体中重粒子的诊断，可以定性和定量分析原子、分子、基团和离子，确定这些物种的性质、浓度和能量，成为等离子体薄膜沉积、刻蚀和表面处理等加工工艺控制的重要手段。目前常用的质谱仪主要有磁偏转质量分析器、飞行时间谱仪（TOF）和四极质谱仪。磁偏转质量分析器通过洛伦兹力的作用来分析离子，飞行时间谱仪通过不同质量离子的漂移速度差异来分析离子，四极质谱仪根据离子的质量与电荷比 m/e 来分析离子。在低温等离子体诊断中，四极质谱仪是最常用的质谱仪。本章将介绍几种质谱诊断的基本原理、测量方法及主要应用。

6.1 质谱诊断的基本原理

质谱分析的基本过程如下[1-2]：在离化源中将原子或分子离化而产生离子，接着在质量分析系统将离子进行分离，然后利用离子探测器和能量分析器得到离子种类、浓度和离子能量。因此，质谱分析的关键是样品的离化和离子的分离。

1. 原子、分子的离化

在绝大多数质谱仪中，原子、分子离化的标准方法为电子碰撞离化。在某些特殊应用中，可以采用化学离化、场致离化和光离化。

1）电子碰撞离化

电子碰撞离化是形成离子的常用方法。原子和分子的离化过程如下

$$\text{原子离化} \quad e^- + A \longrightarrow A^+ + 2e^- \tag{6-1}$$

$$\text{分子离化和形成分子离子} \quad e^- + AB \longrightarrow AB^+ + 2e^- \tag{6-2}$$

$$\text{分解离化和形成离子碎片} \quad e^- + AB \longrightarrow A + B^+ + 2e^- \tag{6-3}$$

$$\text{分解离化和形成离子对} \quad e^- + AB \longrightarrow A^+ + B^+ + 3e^- \tag{6-4}$$

较高动能的电子碰撞也能产生多电荷离子，如 A^{++} 和 AB^{++}。电子碰撞离子源所产生的离子流 i_ν^+ 可表示为

$$i_\nu^+ = i_e^- n_n \sigma_\nu l \tag{6-5}$$

它与电子流 i_e^-、中性气体密度 n_n、形成离子碎片 ν 的离化截面 σ_ν 和离化区的长

度 l 有关。

在离化过程中，中性粒子通过电子附着能够产生负离子

$$e^- + A \longrightarrow A^- \tag{6-6}$$

$$e^- + AB \longrightarrow A^- + B^+ + e^- \tag{6-7}$$

对于低能量电子，电子附着截面最大。通过电子附着形成的分子离子的分解概率低，因此，负离子质谱主要取决于分子离子。

原子和分子的离化概率用离化截面来确定。绝大多数分子在碰撞电子能量为 $5 \sim 15$ eV 时开始离化，在 70 eV 时截面达到极大值，如图 6-1 所示。电子碰撞会产生分子的母离子和碎片离子，因此，每种分子都具有特征质谱，其特征质谱图包含了原始分子的结构信息。但是，对于混合气体，碎片离子的形成会使分子组分的辨别变得较复杂。电子碰撞离化的优点在于离化电子的能量能够容易地改变，采用 $20 \sim 30$ eV 的低电子能量可以降低分子的分解率，减小碎片离子的产生，也有利于测量母离子的离化能量或碎片离子的表观能量。

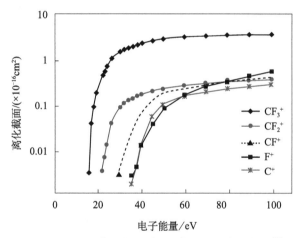

图 6-1 原子和分子在不同电子能量下的离化截面[1]

采用电子碰撞离化时，离化室中必须确保满足单次碰撞的条件，即：①分子与电子只碰撞一次，不出现多次过程；②不包含离子与其他粒子的二次反应。因此，离化室中的气压必须非常低，在电子束密度约 10 μA/mm² 时，气压一般在 $10^{-5} \sim 10^{-3}$ Pa。

2）化学离化

有些化合物稳定性差，用电子碰撞离化方式不易得到分子离子，这时需要采用化学离化，化学离化可以抑制母分子的碎裂。在化学离化过程中要引进某种反应气体，先利用电子碰撞将反应气体离化，然后反应气体离化产生的离子与样品分子通过离子-分子反应、电荷转移、离子附着，使样品气体离化。例如，采用

Ar、CH$_4$ 作为反应气体或采用 Li$^+$ 作为附着离子将气体 M 或 RNH$_2$ 进行化学离化的过程如下

$$电荷转移　　Ar^+ + M \longrightarrow Ar + M^+ \tag{6-8}$$

$$离子\text{-}分子反应　　CH_5^+ + RNH_2 \longrightarrow RNH_3^+ + CH_4 \tag{6-9}$$

$$离子附着　　Li^+ + M \longrightarrow LiM^+ \tag{6-10}$$

这种离化源通常工作在 $30 \sim 100$ Pa 的较高气压范围，混合的样品气体在 $10 \sim 10^4$ ppm 范围。

3）场致离化

对于等离子体质谱分析，场致离化也是一个重要手段。通过在针尖形的电极上施加 10^8 V/cm 高电场使得微小的能量向分子转移，从而形成分子离子，而没有额外的碎裂过程发生。场致离化可用于分析气体混合物。

4）光离化

采用特定波长的光辐照，可以使分子发生离化。光离化比较合适于离化能量需要精确测量的情形，因为离化光子的能量是可以精确控制的。

2. 离子的分离

在离子源中生成的各种离子，必须用适当的方法将它们分开，然后依次送到离子探测器和能量分析器中进行检测。离子的分离在质量分析器中完成，质量分析器的作用是将离子源产生的离子按 m/z（质量/有效电荷数）顺序分开并排列成谱。质量分析器有静态型和动态型两种。

静态型质量分析器主要是磁偏转质量分析器。离子进入分析器的磁场后，受到洛伦兹力的作用而做圆周运动。对于质量为 m、电量为 ze（e 为基本电量）、速度为 v 的离子，运动轨道半径 r 为

$$r = \sqrt{\frac{2mV}{zeB^2}} \tag{6-11}$$

由上式可知，在一定的 B、V 条件下，不同 m/z 的离子其运动半径不同，因而由离子源产生的离子，经过磁分析器后可实现分离。如果检测器的位置不变（即 r 不变），连续改变 V 或 B，可以使不同 m/z 的离子顺序进入检测器，实现质量扫描，得到样品的质谱。

动态型质量分析器包括飞行时间谱仪、回旋质谱仪、射频质谱仪和四极质谱仪。在动态系统中，离子按质量进行分离是通过随时间变化的电磁场或离子的漂流运动来实现的。例如，在飞行时间谱仪中，通过脉冲电场形成单能量的离子流脉冲，然后让离子在一个无场的漂流管中运动，质量较轻的离子由于运动较快先到达离子探测器，而质量较重的离子由于运动较慢而后到达，结果实现了不同质量离子的分离。

3. 离子能量分析

在许多应用中，等离子体中的离子能量是十分重要的参量，因此，现代的等

离子体质谱仪上,在离子源与质量分析器之间,配置了能量分析器来完成能量色散质谱分析(EDMS)。等离子体中的离子不是单一能量,而是具有某种能量分布的。对于这种能量分布,可以采用减速场分析器,通过对测得的电流电压特性进行一阶微分,获得运动方向与电场平行的离子的能量分布函数;也可以直接通过测量电矢量场来获得能量分布。对于能量接近 1000 eV 的离子,分辨率可以达到 0.5 eV。

4. 离子的检测

经过质量分析器分离的离子需要使用适当的探测器来收集,质谱中使用的离子探测器主要有法拉第筒(FC)、电子倍增器(CDEM)和光电倍增管。

对于一般的离子,采用法拉第筒收集器就可以收集和测量离子的离子流。探测器的信号就是离子撞击收集器所释放的、被放大的电流。对于氮离子,法拉第筒的灵敏度为 1.5×10^{-6} A/Pa,因此,法拉第筒的电流非常小。法拉第筒作为离子探测器是非常稳定的,没有寿命问题。

当探测极限高于法拉第筒探测器的灵敏度时,或对于快速质量扫描中所需的快响应,就需要使用电子倍增器。电子倍增器由几个具有较高的表面二次电子发射能力的中间电极组成。第一个中间电极在 2000 V 下工作。在这个电压下,荷能的离子被加速,撞击到电极的表面(通常采用 CuBe 合金制作),引起大量二次电子发射。这些二次电子被加速到探测器的下一电极,再引起放大的二次电子发射,结果每一级电子的数目都被放大,从而将进入的离子流信号进行了足够的增益放大。电子倍增器的中间级数目大约为 15 级,受最后一级所能承受的最大电流的限制。电子倍增器的增益取决于工作电压和中间级的表面条件。在 -2000 V 下工作时电子倍增器的典型增益为 10^5。提高倍增器电压可以提高灵敏度,但同时会降低倍增器的寿命。中间级 CuBe 暴露的表面如果受到空气或碳氢污染,可能导致增益下降 $50\% \sim 90\%$,因此应尽可能避免将电子倍增器暴露于空气中。碳氢污染的主要来源是真空泵油蒸气的返油,采用无油的涡轮分子泵可以避免这种污染。为了补偿中间级表面的恶化,电子倍增器应在一定的电压范围内工作,如 $-3000 \sim -1000$V。

离子探测器的选择与应用取决于探测极限气压和响应时间这两个因素。

1)探测极限气压

法拉第筒的探测极限气压为 1.33×10^{-8} Pa,采用电子倍增器可以获得更高的灵敏度。当在二次电子倍增器上加上 $2 \sim 4$ kV 电压时,增益在 $10^4 \sim 10^8$,相应的探测极限气压为 1.33×10^{-12} Pa。两种探测器的高气压极限通常为 1.33×10^{-2} Pa,在这个气压下离子源中的气体散射增大,并且信号与总气压呈非线性关系。

2)响应时间

由于经常需要快速的质量扫描,离子探测器的响应时间变得非常重要。法拉第筒探测器的响应时间取决于所使用的放大器,与允许的噪声有关。对于约

10^{-5} 的最低噪声，响应时间为几秒，如果允许的噪声更高，响应可以更快。在牺牲探测极限的情况下，响应时间可以降低到百分之一秒的数量级。电子倍增器的响应时间取决于电子在真空中的运动速度，可以快到微秒量级。二次电子倍增器的分辨时间一般在 30～300 kHz。

对于低气压低温等离子体中的中性气体和离子质谱分析的基本过程如图 6-2 所示。通过取样系统从等离子体中取出中性气体（和离子），通过减压（或离子）传输系统进入质谱仪的离化源，在离化源中离化而产生离子，或者将取样的离子不经过离化而直接进入质量分析系统，在质量分析系统将离子进行分离，然后利用离子探测器和能量分析器得到离子种类、浓度和离子能量。

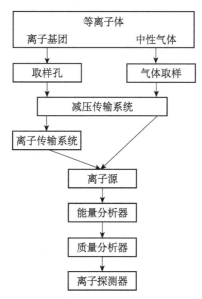

图 6-2 低气压低温等离子体中的中性气体和离子质谱分析的基本过程[1]

等离子体的质谱分析通常有通量分析和分压分析两种类型。通量分析主要用于分析直接从取样孔取出的、在向分析器运动过程中没有任何碰撞的粒子，可以测定被探测系统中的离子和基团的动能、浓度。分压分析主要用于被测系统中中性成分或离子成分的相对浓度的分析，通常需要采用减压装置来降低质谱仪与等离子体空间之间的压强，以便在传输过程中尽量降低粒子与器壁以及粒子之间的碰撞，使其对结果不产生过大的干扰。

6.2 四极质谱仪

四极质谱仪是等离子体诊断中最常用的质谱仪，由离化源、四极杆质量分析器、离子探测器组成，四极质谱仪的基本工作原理和主要结构如下[2,3]。

6.2.1 四极质谱仪的组成与工作原理

1. 离化源

四极质谱仪的离化源采用电子碰撞离化。在离子源中，荷能电子束与取自等离子体反应室的粒子发生碰撞，将其变成离子。典型的离化源结构如图 6-3 所示。灯丝用涂氧化钍的铱丝做成，加热后产生电子束。在施加了 70 V 直流电压的阳极作用下，电子束被加速，与中性粒子碰撞形成离子。离子被处于负电势的引出电极引出，并被聚焦电极聚焦形成窄束，沿着四极杆的 z 轴（与杆的方向平行）射入四极杆质量分析器。

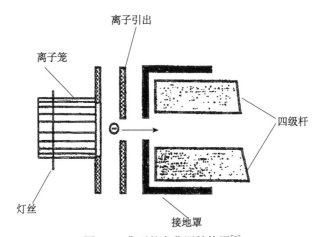

图 6-3　典型的离化源结构图[2]

2. 四极杆质量分析器

四极杆质量分析器是四极质谱仪的主要部分，由四个位于正方形四个顶点的平行导体杆或导体电极组成，如图 6-4 所示。理想的导体杆截面为双曲线形，在实际应用中往往采用圆形截面。四极杆质量分析器的典型尺寸为：杆长 $L=16$ cm，杆间半间距 $r=0.3$ cm。

四极杆质量分析器的工作原理如下。在相对的一对导体电极杆上施加电压信号 $\Phi(t)=U+V\cos(\omega t)$，在另一对导体杆上施加相反的电压信号 $-\Phi(t)$，其中，U 是直流电压，V 是频率为 ω 的射频电压的幅值。将质量为 m、电荷为 $+e$ 的离子沿四极杆的 z 轴射入四极场中，由于电场的作用，离子将沿着杆的方向做振荡运动，离子运动的微分方程为

$$m\frac{\mathrm{d}^2x}{\mathrm{d}t^2}+\frac{2e(U+V\cos\omega t)}{r^2}x=0 \tag{6-12}$$

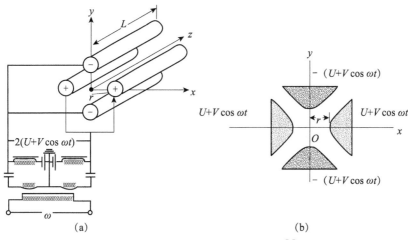

图 6-4　四极杆质量分析器示意图[1]

$$m\frac{\mathrm{d}^2 y}{\mathrm{d}t^2} - \frac{2e(U+V\cos\omega t)}{r^2}y = 0 \tag{6-13}$$

$$m\frac{\mathrm{d}^2 z}{\mathrm{d}t^2} = 0 \tag{6-14}$$

令

$$\xi = \frac{\omega t}{2} \tag{6-15}$$

$$a = \frac{8eU}{mr^2\omega^2} \tag{6-16}$$

$$q = \frac{4eV}{mr^2\omega^2} \tag{6-17}$$

则式（6-12）～式（6-14）可转化为马蒂厄（Mathieu）方程

$$\frac{\mathrm{d}^2 x}{\mathrm{d}\xi^2} + (a - 2q\cos 2\xi)x = 0 \tag{6-18}$$

$$\frac{\mathrm{d}^2 y}{\mathrm{d}\xi^2} - (a + 2q\cos 2\xi)y = 0 \tag{6-19}$$

$$\frac{\mathrm{d}^2 z}{\mathrm{d}\xi^2} = 0 \tag{6-20}$$

在马蒂厄方程中，离子的轨迹由式（6-16）、式（6-17）的参数 a、q 确定。图 6-5 为四极质谱仪的 a、q 关系图和稳定解存在的区域。

由式（6-16）、式（6-17）可以得到

$$\frac{a}{q} = \frac{2U}{V} \tag{6-21}$$

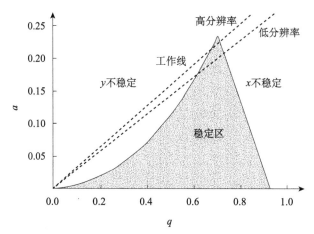

图 6-5 四极质谱仪的 a、q 关系图和稳定解存在的区域[1]

当电压的直流分量 U 与射频电压的幅值 V 的比值选定后，就决定了 a/q。在 a、q 关系图上，a/q 为定值就是一根通过原点的直线，称为质量扫描线，质量扫描线与稳定区相交的部分是有稳定解的范围，对应于这个质量范围的离子能够沿 z 轴通过四极场而到达收集极，质量小于稳定解的离子因振幅增大而碰到 x 方向上的电极而被吸收，质量大于稳定解的离子因振幅增大而碰到 y 方向上的电极而被吸收，这样就实现了将离子按质量的分离。

能通过四极场的离子是对应于质量扫描线与稳定区相交部分的离子，因此 a/q 值就给出了可以通过电磁场的离子质量范围，决定了四极杆质量分析器的分辨率。在近 $a = 0.23699$、$q = 0.70600$ 的稳定区顶部，对于预先选择的 U、V、r、ω，只有给定 m/e 值的离子可以通过四极杆电场。在保持 U/V 为常数的前提下，通过改变 U、V 值，可以让其他离子通过四极场，从而实现质量扫描。

四极杆质量分析器的性能用传输率与质量的关系来表征。仪器的传输率与离子速度有关。在固定能量下，大质量离子的传输效率比小质量离子低。

3. 离子探测器

在四极质谱仪中，离子探测器可采用法拉第筒或电子倍增器。法拉第筒是一般测量时最常用的探测器，对于微弱的信号，需要采用电子倍增器。

法拉第筒的灵敏度与离子的质量无关，也就是说法拉第筒没有质量识别能力。二次电子倍增器具有质量识别能力，它取决于其结构的设计和工作电压。在高电压下，对大质量离子有较高的灵敏度。法拉第筒测量方法简单方便，电子倍增器的增益会随时间和外界环境而变化，因此电子倍增器需要定期定标。

用法拉第筒和二次电子倍增器得到的四极质谱仪的灵敏度如表 6-1 所示，虽然四极质谱仪的动态范围达到 10^7，在实际等离子体诊断中，因为空间残留气体的污染，本底信号较高，极少能到这个范围。在等离子体诊断中，经常遇到的高本底

物质主要在 $m/z = 28$ amu 和 29 amu 处。对于 $m/z = 28$ amu，本底主要为 CO、C_2H_4、N_2、^{28}Si；对于 $m/z = 29$ amu，本底主要为 ^{13}CO、$^{14}N^{15}N$、C_2H_5、^{29}Si。

表 6-1 四极质谱仪的灵敏度（气压测定精度为 10%）

气压/Pa	1.33×10^{-6}	1.33×10^{-7}	1.33×10^{-8}	1.33×10^{-9}
电流/A	10^{-12}	10^{-13}	10^{-14}	10^{-15}
电子倍增器时间/s	10^{-5}	10^{-4}	10^{-3}	10^{-2}
法拉第筒时间/s	0.02	0.2	2	

6.2.2 四极质谱仪的分辨率

四极质谱仪的分辨率[2,4] 定义为分离相邻质量峰的能力，通常采用的分辨率为"10%峰谷"定义，即峰中心的质量 m 与峰高 10% 处的 Δm 之比 $m/\Delta m$，如图 6-6 所示。

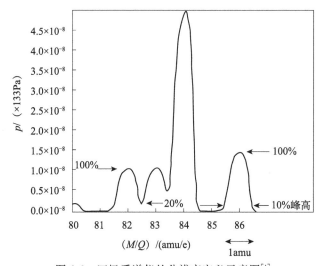

图 6-6 四极质谱仪的分辨率定义示意图[4]

根据 Δm 或比值 $m/\Delta m$，四极质谱仪有两种工作模式：恒定分辨率模式和恒定 Δm 模式。在恒定分辨率模式下，对整个质量范围扫描，会导致大质量、低速度离子测量灵敏度的降低。在恒定 Δm 模式下，分辨率会随质量 m 的增大而增大，但同时会附加仪器传输的影响。最佳的工作模式是恒 Δm 的扫描模式，即保持 Δm 恒定在某个数值以确保质量的分离达到 1 amu，这时，分辨率正比于 m。如果 $\Delta m = 1$，在质量为 30 amu 处分离相邻峰所需的分辨率为 30 amu，而在质量为 250 amu 处分辨率必须达到 250 amu 才能分离相邻峰。因此，四极质谱仪采用恒 Δm 的扫描模式，以便在测量低质量离子时有较高的灵敏度。

在实用中，绝大多数四极杆系统可以通过电调节使其既可以工作在恒定分辨率模式下，也可以工作在恒定 Δm 模式下。选择某个模式后，必须用已知的化合物或标准混合气体，对整个质量范围内的峰强和分辨率进行标定。

当采用四极质谱仪探测低质量离子时，由于 U 和 V 都接近零，所以 V/U 比值非常大，四极杆质量分析器停止了作为质量过滤器的作用，大量质量没有分离的离子通过分析器，探测器检测到一个大电流信号，这个大电流信号称为零冲击，零冲击干扰了四极质谱仪对质量为 1 amu 和 2 amu 离子的测定，因此，不能用四极质谱仪分析气体氢。

6.2.3 四极质谱仪的标定

四极质谱仪的标定就是确定一种特定气体的质谱信号与其分压强之间的关系[2]。将待测的某种气体单独加入反应器中，测量这种气体的质谱图就完成了标定过程。标定过程必须在某个气压、流量范围内作多次重复测量，且反应器中没有放电。标定过程还必须确定质谱图与离子源的离化电压之间的关系。标定过程还应对惰性气体进行标定，作为参照。

当确定了选定的质谱图与气体分压强之间的关系后，根据标定的质量数，可以推断出与前驱气体相对应的放电等离子体基团的分压强。前提是在标定的质量数处没有其他等离子体基团的贡献，并且测量的分压强必须满足下列方程

$$\sum_i p_i = p \tag{6-22}$$

式中，p_i 是气体 i 的分压强，求和针对该气体所有的等离子体产物基团；p 为等离子体反应器的总压强，必须使用其他方法单独测量。

等离子体产物的识别和测量非常复杂。由于等离子体中产生的许多基团不能事先标定，因此，等离子体产物的识别和测量需要通过多次重复才可以完成。对于等离子体产物，观察到的质谱必须先根据可能的稳定的中性基团来解释，这些中性基团可以在原始气体或气体混合物的等离子体中产生。为了确定在离子源某个电子轰击能量下的灵敏度因子和裂片谱，需要用放电产物的分子进行附加的标定测量。在有些放电情况下，不能得到稳定的分子产物，这时必须采用间接的方法来确定灵敏度因子。

在中性基团分析中，由于定性分析（确定裂片谱图和表观电势）和定量分析（确定绝对灵敏度，即谱峰信号强度与分压强的比）需要进行大量的数据标定。在用计算机快速采集数据后，中性基团的分析标定变得简洁容易。

6.2.4 四极质谱仪的优点与缺点

在等离子体诊断中，四极质谱仪的主要优点如下[2]：

(1) 离子质量的分离与离子束能量分布无关；

（2）由于沿着杆的连续聚焦，离子的传输率高，导致了高的灵敏度；

（3）能够快速扫描；

（4）装置尺寸小，易于在等离子体系统上安装，费用低；

（5）离子通道短，允许离子分析器处于较高的真空度（10^{-4}～10^{-3}Pa）；

（6）商售的仪器有 1～200 amu、1～300 amu 甚至 1～2500 amu 的质量范围；

（7）只通过改变电参数就可能控制质量筛选性能，即分辨率与传输率的关系。

四极质谱仪分析的主要缺点在于[2]：

（1）需要仔细设计取样方式和引出光学系统，但不是总能满足对等离子体无干扰的要求；

（2）需要差压系统降低质谱计中的气压，以维持无碰撞的条件，保持取样的真实性。

6.2.5　实用四极质谱仪的结构与性能

某商售四极质谱仪的总体结构如图 6-7 所示[4]，由离化器、离子过滤器、离子探测器组成。

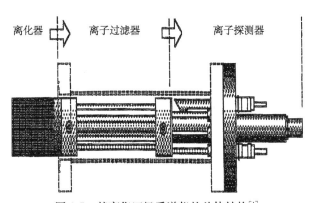

图 6-7　某商售四极质谱仪的总体结构[4]

离化器的结构如图 6-8 所示，由灯丝、阳极栅、聚焦板和排斥极组成。影响离化器离化效率的参数有：电子能量、离子能量、电子发射电流、聚焦电压。电子能量等于灯丝与阳极栅之间的电压差，影响分子的离化效率，分子离化所需的最小动能为离化阈值能。离子能量为进入离子过滤器时的离子动能，等于阳极栅上所加的偏压，离子能量影响收集到的离子信号幅度和质量过滤器的最终分辨率。电子发射电流为灯丝发射到阳极栅的电流。聚焦电压用于优化离子信号。离化器的参数设置如表 6-2 所示。

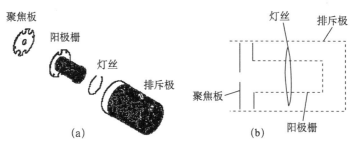

图 6-8 离化器的结构示意图[4]

表 6-2 离化器的参数设置

	预设值	范围	最小调节量
离子能量/eV	12	8（低）、12（高）	—
电子能量/eV	70	25～105	1
聚焦电压/V	−90	0～−150	1
电子发射电流/mA	1.00	0～3.5	0.02

四极杆质量过滤器的结构如图 6-9 所示，尺寸为：杆直径 0.635 cm，杆长 11.43 cm。

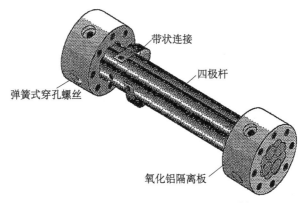

图 6-9 四极杆质量过滤器的结构图[4]

离子探测器包括法拉第筒（FC）（标准）、多通道连续倍增管式电子倍增器 （multi-channel continuous dynode electron multiplier，CDEM）（优化），离子探测器的结构如图 6-10 所示。

此四极质谱仪的测量范围为 1～100 amu，分辨率在 10%峰高处优于 0.5 amu，灵敏度为 2×10^{-4}（FC）、<200（CDEM），可探测最小分压强为 6.65×10^{-9} Pa （FC）、6.65×10^{-12} Pa（CDEM）。

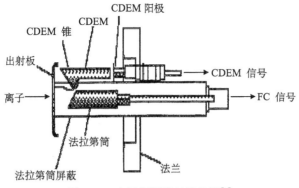

图 6-10　离子探测器的结构图[4]

6.3　飞行时间质谱仪

　　飞行时间质谱仪是根据能量相同的离子因质量不同而具有不同速率的现象作为分析器的一种质谱仪[3]。

　　飞行时间质谱仪的主要部分是一个离子漂移管。在这种质谱仪中，离子源为脉冲式。图 6-11 为飞行时间质谱仪的原理图。由灯丝 F 发出的电子，在脉冲电压作用下加速进入电离室。在电离室中电子与气体分子碰撞后飞入电子阱，被铈（Ce）收集。电离室中产生的各种离子受到背板 B 上正脉冲电压 V 的作用，逸出电离室并继续受到接地的加速栅 G 的直流电势的加速，进入无电场的漂移空间。

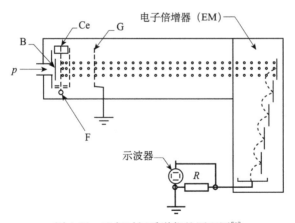

图 6-11　飞行时间质谱仪的原理图[3]

离子在脉冲加速电压 V 作用下得到动能

$$\frac{1}{2}mv^2 = eV \qquad\qquad (6\text{-}23)$$

式中，m 为离子的质量，e 为离子的电荷量，V 为离子加速电压。获得动能的离子以初速度 v 进入漂移空间，假定离子漂移区的长度为 L，离子在漂移区飞行的时间为 t，则

$$t = L \left(\frac{m}{2eV} \right)^{1/2} \tag{6-24}$$

由式（6-24）可以看出，离子在漂移管中飞行的时间与离子质量的平方根成正比。因此，对于能量相同的离子，离子的质量越大，达到接收器所用的时间越长，离子的质量越小，所用时间越短，这样就可以把不同质量的离子分开。

由于离子进入漂移管前的时间分散、空间分散和能量分散，即使是质量相同的离子，由于产生时间的先后、产生空间的前后和初始动能的大小不同，达到检测器的时间就不相同，因而降低了分辨率。通过采取激光脉冲电离方式，离子延迟引出技术和离子反射技术，可以在很大程度上克服上述三个原因造成的分辨率下降。目前，飞行时间质谱仪的分辨率可达 20000 amu 以上，最高可检测的质量数超过 300000 amu，并且具有很高的灵敏度。适当增加漂移管的长度可以增加分辨率。

飞行时间质谱仪的特点如下。

1）扫描速度快

例如，对于 $V = 2800$ V、$L = 100$ cm 的飞行时间质谱仪，若所有离子为单电荷离子，则质量数为 50 amu 的离子到达收集极的时间为

$$t_{50} = 1 \times \sqrt{\frac{50 \times 1.667 \times 10^{-27}}{2 \times 1.69 \times 10^{-19} \times 2800}} = 10 \text{ μs} \tag{6-25}$$

同理，质量数为 200 amu 的离子到达收集极的时间为 20 μs。因此，对于 1～50 amu 质量数范围的全谱扫描，只需 10 μs；对于 1～200 amu 质量数范围的全谱扫描，只需 20 μs。飞行时间质谱仪的扫描速度快的特点，使其特别适用于分析瞬间过程，如脉冲激光等离子体、化学反应等。

2）离子利用率高

所有离子经过无场空间，都能到达收集极，不会受到电子碰撞、复合、场干扰等影响，也没有收集某种离子时其他离子被过滤掉的现象，所以其离子利用率是质谱计中最高的。

3）没有时间失真

由于采用了脉冲离子源，到达收集极的全部离子是离子源脉冲电离期间同时产生的，没有时间延迟。

4）机械结构简单，但电子线路复杂

质量分析器既不需要磁场，也不需要电场，只需要直线漂移的空间，因此仪器结构比较简单。主要问题是检测微小脉冲信号的电子线路较为复杂。近来高速数字电路的迅速发展，毫微秒脉冲时间-数字转换器（TDC）的性能迅速提高，

成本显著下降，使飞行时间质谱计得以迅速发展。

6.4　磁偏转质谱仪

磁偏转质谱仪[3,5] 的原理图如图 6-12 所示。在离子源的出口处设置一个加速电极，离子源与质量分析器之间的电势为 V，当离子经 V 加速后进入磁场，则

$$\frac{1}{2}mv_{\mathrm{i}}^2 = QV = zeV \qquad (6\text{-}26)$$

式中，m 为离子质量，v_{i} 为离子速度，Q 为离子荷电量，z 为离子电荷数，e 为电子电荷。

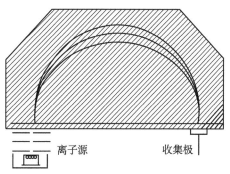

离子源　　　　　收集极

图 6-12　磁偏转质谱仪的原理图[3]

设分析器中磁场为与纸面垂直的方向，当离子进入分析器后，由于磁场的作用，离子受到洛伦兹力的作用而在与磁场垂直的平面内做圆周运动，运动轨道半径 r 如式（6-11）所示。当磁场 B 和加速电压 V 一定时，不同 m/z 的离子将沿不同的半径运动，只有那些轨道半径 r 与检测器位置相适应的离子才能够进入收集极。通过改变加速电压 V 或磁场 B，可以使不同 m/z 的离子顺序进入检测器，实现质量扫描，得到质谱图。一般改变加速电压 V 比改变磁场 B 来得简单方便。

单独用一个磁场作为质量分析器的质谱仪叫做单聚焦磁偏转质谱仪，但是单聚焦磁偏转质谱仪的分辨率很低，主要原因在于它不能克服离子初始能量分散对分辨率造成的影响。在离子源产生的离子当中，质量相同的离子应该聚在一起，但由于在离子源中的离子能量具有微小差别，被相同的加速电势加速后运动速度不完全相同，离子初始能量不同，经过磁场后其偏转半径也不同，而是以能量大小顺序分开，这样使得相邻两种质量的离子很难分离，这种离子动能的发散降低了分辨率。

为了解决这个问题，在离子源和磁场之间增加一个静电场，如图 6-13 所示，带电离子进入静电场之后，受电场力的作用发生偏转，偏转产生的离心力和电场力平衡，即

$$zE = mv^2/r = (2/r) \cdot (mv^2/2) \tag{6-27}$$

式中，E 为静电场强度。式（6-27）表明，在静电场中，离子的运动轨道与其动能 $mv^2/2$ 有关。在静电场之后设置一个狭缝，这样就固定了轨道的曲率半径 r，通过狭缝进入磁场的离子几乎具有完全相同的动能，从而大大提高了仪器的分辨率。静电场的这种作用称为能量聚焦。这种将一个静电场和一个磁场结合在一起，通过电场的能量聚焦和磁场的方向聚焦，共同实现质量分离的分析仪器，叫做双聚焦质谱仪。通过磁场与电场的结合，可以提高分辨率 $m/\Delta m$（Δm 为线宽）和灵敏度 i_v^+/n_n。这种双聚焦仪器的分辨率可以达到 10^5 或更高。分辨率和离子传输与离子质量无关。这是磁质量分析器的优点。缺点是谱仪的尺寸和质量较大。由于尺寸较大，为了避免离子与残余气体分子碰撞而损失离子，在分析器长长的离子通道中气压须达到 10^{-5} Pa。同时，扫描速度慢，操作、调整比较困难，而且仪器造价也比较昂贵。

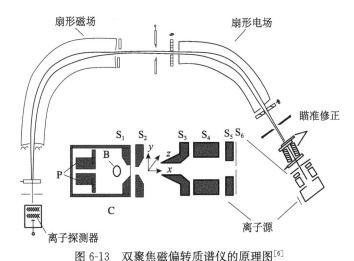

图 6-13 双聚焦磁偏转质谱仪的原理图[6]

S_1. 碰撞室出口狭缝；S_2. 穿透场引出狭缝；S_3. 接地狭缝；S_4 和 S_5. 离子束反射电极；
S_6. 出口狭缝；B. 电子束；P. 排斥极；C. 碰撞室

6.5 质谱仪与等离子体系统的连接

采用质谱测量等离子体中中性粒子和离子时，质谱的取样端口必须与等离子体相接触，即质谱的取样是侵入式，质谱仪与等离子体系统之间需要机械连接和电连接。由于待测粒子的通量取决于取样口鞘层的厚度和电势，以及取样口下游的离子-分子碰撞，因此，选择合适的取样口几何尺寸、合适的引出电势，可以将仪器引起的对等离子体的干扰降至最低。机械连接和电连接的要求如下[1]。

6.5.1　机械连接

质谱仪与等离子体系统的机械连接与研究对象有关。

1. 中性气体分析

当采用通量测量方法来分析等离子体中的中性气体成分时，由原子、分子或基团组成的气体，通过等离子体反应室器壁上的取样孔，或者电极上的取样孔进入质谱仪的离子源，这时气压应低于 10^{-3} Pa。在理想状态下，机械连接应确保粒子从等离子体到探测器之间是无碰撞的传输过程。因此，取样孔的直径应小于气体分子的平均自由程。采用非常短的取样孔结构可以降低粒子与器壁的碰撞概率，并减小取样孔表面的化学反应。取样孔同时起着压强分级的作用。为了避免气体流成分的失真，流过取样孔的分子要求为分子流，这时需要采用高真空抽气系统以降低气压。由于取样孔最小的直径为 10 μm，分子流的条件将气压限制在 10^{-3} Pa 以下。对于较高压差下的测量，由于进入离子源的是黏滞流，而通过泵的是分子流，气体成分可能会发生变化，因此必须用真空泵抽气以保证都处于分子流状态。

用质谱仪进行分压测量时，要求等离子体反应室流出的气体是黏滞流。

2. 离子分析

用质谱仪分析离子成分时需要采用通量测量方法。等离子体室中的离子经过短小的取样孔进入到分析系统中，由静电透镜组成的离子光学传输系统将进入的离子形成离子束，然后穿过能量过滤器、质量过滤器，到达离子探测器。

在等离子体加工的条件下，取样孔的直径为 0.1 mm，小于器壁附近的等离子体鞘层厚度，如图 6-14 所示。对于阴极或具有自偏压的 RF 放电电极，由于较高的鞘电压，鞘层厚度较大，因而注入电极表面的离子能够被取样孔收集。如果气压足够低，鞘是无碰撞的，收集的离子就代表了等离子体中的离子。对于以碰撞为主的鞘层，离子能量的分布在通过鞘层时会发生变化，则取样孔必须尽可能短且薄，以降低碰撞效应。

在取样孔与分析器系统之间，离子与分子的碰撞概率取决于孔直径和反应室中的气压。较高的抽速可以降低残余气压，从而减小影响。在理想取样孔（直径为 R）后部的分析器空间中，中性气体密度 $n_n(x)$ 在空间的衰减可以写为

$$n_n(x) = \frac{n_0}{2}\left[1 - \frac{x}{\sqrt{R^2 + x^2}}\right] + n_a \tag{6-28}$$

式中，x 为距孔的距离，n_0 为等离子体室中平均自由程为 λ 的气体密度，n_a 为分析器中与残余气压相对应的平均自由程为 λ_a 的气体密度。中性气体密度 $n_n(x)$ 在空间的衰减如图 6-15 所示。

在取样孔后部空间，引入的离子束与残余的中性气体之间的碰撞可以根据下

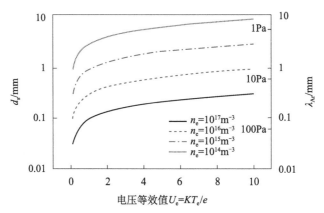

图 6-14 不同电子密度下等离子体鞘层厚度 d_s 与电子温度 T_e 之间的关系[1]

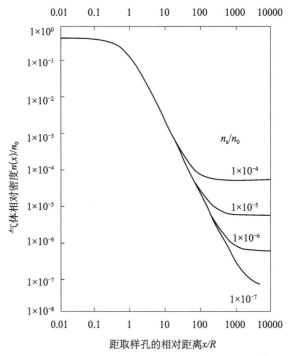

图 6-15 中性气体密度 n_n (x) 在空间的衰减[1]

式来估计

$$\frac{n^+}{n_0^+} = \exp\left[-\frac{x}{\lambda}\left(\frac{1}{2}+\frac{\lambda}{\lambda_a}\right) + \frac{1}{2}\sqrt{\frac{R^2}{\lambda^2}+\frac{x^2}{\lambda^2}}-\frac{R}{\lambda}\right] \quad (6-29)$$

式中，n^+/n_0^+ 为从取样孔到收集极的距离 x 中，无碰撞穿越的离子的相对数目。
图 6-16 给出了在残余气体相对密度比为 $n_a/n_0 = 10^{-5}$，距收集极距离 $x = 1000\lambda$

时，n^+/n_0^+ 与取样孔相对半径 R/λ 的关系。对于取样孔半径约 0.5λ 时，碰撞概率接近 20%。因此，取样孔直径必须尽可能小，最大值为平均自由程。在技术允许的范围内，取样孔也必须尽可能薄。通常用非常薄的金属箔，在上面打取样孔。对于高真空下的研究，需要用减压抽气来使分析器的残余气压足够低。

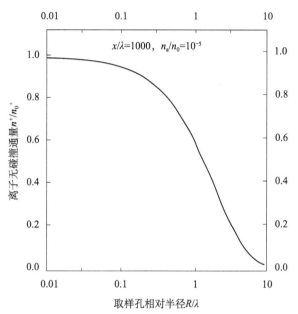

图 6-16　残余气体相对密度比为 $n_a/n_0 = 10^{-5}$，距收集极距离 $x = 1000\lambda$ 时，

n^+/n_0^+ 与取样孔相对半径 R/λ 的关系[1]

　　用质谱仪分析离子成分时，另一个重要的问题是由取样孔、离子传输光路和分析器组成的离子收集系统的接收角，角度的大小影响着离子能量分布。最大接收角取决于取样孔的直径和长度。接收角随着离子能量的增大而减小。例如，离子能量为 $0.1\,\text{eV}$ 时，离子角度为 $20°$。当能量增大到 $100\,\text{eV}$ 时，角度减小至 $1°$。图 6-17（a）为 RF 平板型反应器中，已知接收角与离子能量关系时，在接地电极上测量到的离子分布。图 6-17（b）为能量分布与相应接收角的比值，显然，接收角对低能离子的影响较大。

6.5.2　电连接

　　等离子体负载可看成是放电电路的组成部分，质谱仪也是一种复杂的电装置，在对等离子体进行质谱分析时，质谱仪与等离子体之间的电连接既不能对等离子体产生干扰，也不能影响粒子从等离子体向质谱仪的输送。在对等离子体反应器的中性气体进行分析时，不存在电连接的问题。但是，对于离子的测量，质谱仪与等离子体之间的电连接，与采用的质谱仪类型和研究的等离子体区域

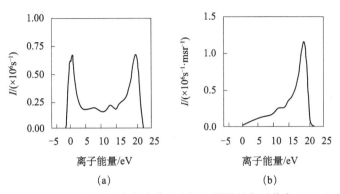

图 6-17　RF 平板型反应器中接地电极上测量的离子分布（a）和
能量分布与相应接收角的比值（b）[1]

有关。

目前等离子体装置绝大多数是金属的，并且质谱仪一般与接地的器壁、RF
放电装置中的接地电极或接地的 DC 阴极相连。四极质量分析器与对地具有 RF
或 DC 偏压的 RF 功率电极相连时，是将整个质谱仪悬浮至与偏压相同的电势，
功率电极与质谱仪入口处之间的电势差为 0。对于在功率电极的高电压鞘层中被
加速的荷能离子，剩余的 RF 场对测量的离子能量分布影响小于 10%。

如果用磁质谱仪测量 keV 范围的离子能量，并使用接地的入口狭缝，需要
采用高电压的放电电路来工作。取样孔的电势必须控制到离子能量适合于质谱仪
工作的数值。离子传输光路中的离子加速电场不能对鞘层区域的电场产生干扰。

直流辉光放电正柱区中离子成分的研究是质谱仪与绝缘容器中等离子体连接
的典型例子。对于离子的加速，参考电势就是由带有取样孔的金属壁探头或在圆
柱状玻璃管中与取样孔相对的器壁探头（图 6-18）的悬浮电势给出的器壁电势。
用质谱研究 ECR 等离子体或其他具有外磁场的等离子体时，质谱仪需要磁屏蔽。

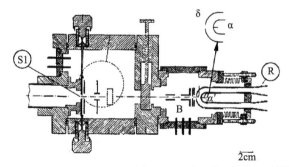

图 6-18　静态扇形磁场质谱仪与圆柱放电管 R 间的连接[1]

δ. 器壁的取样口；α. 电连接的壁探头；B. 离子传输光学系统；S1. 质谱仪的入口狭缝

离子测量结果的灵敏度取决于取样孔的表面条件和离子传输光路。对于绝缘薄膜的沉积，通过对等离子体化学系统的研究，通常可以观察到取样孔表面状态的干扰。离子运动对离子光学系统中部件电势的微小变化非常敏感，尤其是在低能范围。

6.6　质谱数据的表示方法

6.6.1　质谱数据的表示

质谱的测量结果以质谱图的方式给出，质谱数据有三种表示方式：模拟谱图、棒状谱图和数据表格[3]。

1. 模拟谱图

模拟谱图是质谱仪得到的真实谱图，横坐标为质荷比 m/e，单位为原子质量单位（amu），纵坐标为离子流强度。峰的高度取决于仪器的灵敏度和气体的分压强，峰的宽度取决于仪器的分辨率。典型的模拟谱图如图 6-19 所示。

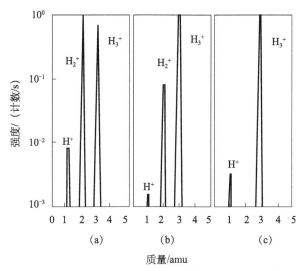

图 6-19　H_2 电容耦合放电等离子体的正离子质谱[7]

2. 棒状谱图

若只关注峰的位置（质量数）、离子流大小（峰的高度），而不关注分辨率和峰形时，可以将谱峰简化为一条线或一根棒，称为棒状谱图。典型的棒状谱图如图 6-20 所示。

3. 数据表格

随着计算机在数据采集方面的应用，根据计算机中存储的离子标准质谱数据

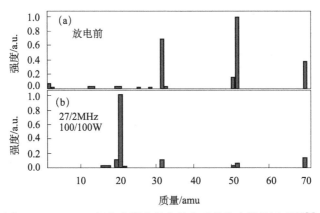

图 6-20 CHF₃ 双频电容耦合放电等离子体的中性基团质谱[8]

库，可自动识别谱峰的位置和峰值，并将各质量数的分压强或离子流值以表格形式显示出来，图 6-21 所示的是某商售四极质谱仪的数据表格界面。

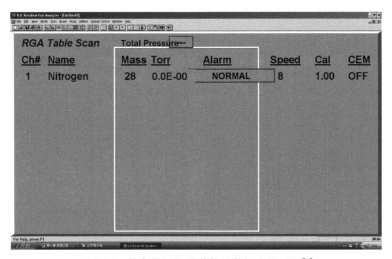

图 6-21 某商售四极质谱仪的数据表格界面[4]

6.6.2 图形系数

在分析质谱的测量结果时，通常认为质谱图上的每一个峰对应一种质荷比的离子。实际上，即使是最简单的气体，在质谱仪中进行质量扫描时，出现的峰都不止一个。其中与气体分子质量数相同的谱峰，即气体分子的单电荷离子峰，称为主峰。除了主峰外，谱图上还包含一系列较小的峰，称为副峰。这是因为气体在电离过程中会产生多种离子，即电子撞击分子时，除了产生一价离子，还会产生多价离子，甚至将分子击碎成为各种碎片的离子，因此在质谱图上形成多个谱峰。

以 N_2 为例，N_2 会产生 N_2^+，在质荷比等于 28 处获得单荷分子离子峰；同时，N_2 会分解产生 N^+，在质荷比等于 14 处获得单荷原子离子峰。如果产生 N_2^{++}，则其质荷比也在 14 处，它们都是主峰外的碎片峰。一般在仪器参数固定不变的条件下，某种气体的原子离子峰与分子离子峰强度（以分子离子峰为 100%）的比值是相对固定，这个比值称为碎片系数，或图形系数。常用气体的图形系数请参见文献 [3]。

6.7　中性气体的质谱分析

6.7.1　中性气体的四极质谱分析技术

用四极质谱仪诊断等离子体中性基团时，可以分为通量分析和分压分析两种类型[1-2]。

1. 中性基团的通量分析

在通量分析中，从等离子体反应室的小孔取样后，被取出的中性基团以无碰撞的直线方式进入质谱仪的离子光学系统，如图 6-22 所示。因此，质谱只分析准直线上的中性粒子。这种方法最适于等离子体中的各种中性基团的分辨和基团能量的优化分析。

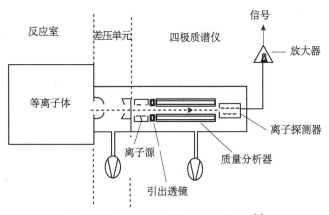

图 6-22　四极质谱仪分析装置示意图[1]

通量分析时，要求取样口的尺寸小于德拜长度，以减小取样口对等离子体的干扰。为了降低在取样口侧壁上的碰撞影响，实际的取样口应该是"零长度"。

用四极质谱仪进行等离子体的通量分析时，实验上的困难是等离子体反应室的气压（$1.33 \times 10^{-1} \sim 1.33 \times 10^3$ Pa）与质谱仪正常工作所需气压（低于 1.33×10^{-2} Pa）之间的差异。为了确保通量分析的粒子是准直线上的粒子，在等离子体室取样口与四极质谱仪真空室之间需要使用减压装置。通过一个低流导的连结管道，并对其独立抽气就可以降低压强，这个装置称为差压单元（DPU），如图 6-22 所示。典型的差压单元连接在等离子体与离子源之间，两端有两个低流导的小口，直径为几十个微米，配有真空泵，可通过其自身的真空系统独立抽气。差压单元的两个小孔必须与四极质谱仪准直以满足准直线上引出的要求。差压单元的气压应该降至 1.33×10^{-2} Pa 以下，保证来自等离子体的分子或基团以分子流状态穿过差压单元进入质谱仪。因为谱仪的真空由其自身真空系统抽气，原则上在等离子体室中的真空度可以置于任意值。

通量分析是在辉光放电等离子体中取样的最常用技术，因为在大多数应用中，对等离子体容器与谱仪之间的距离没有限制。

2. 中性基团的分压分析

在分压分析中，采用等离子体反应器与质量分析仪之间的低流导连接器对气体取样。这时，用渗漏阀来替代差压单元，渗漏阀的主要部件是一个烧结的多孔惰性材料盘或毛细管。

在分压测量装置中，从等离子体室中取出的粒子之间会发生碰撞，也会在粒子到达质量分析器之前与连接单元的器壁发生碰撞。尤其是反应性基团，会在气相中或在表面通过碰撞发生反应，也会在器壁上凝聚，或在向质谱仪的输运过程中损失。因此，测得的分压可能与等离子体室中的分压不对应。另外，测得的分压还取决于质谱仪区域中进行差压抽气的速率。

分压分析不能测量准直线上等离子体中的粒子成分，因此允许质谱仪与等离子体室之间使用简单的真空连接方式，一般比通量分析所需的差压单元要求低。因此，分压分析的仪器比通量分析的仪器更简单。

6.7.2 中性气体质谱的成分识别

用质谱来分析等离子体系统中的中性气体混合物时，第一步是识别成分。每一种物质的辨别是根据其分子离子及其碎片谱图，即根据包含了各种质荷比 m/z 和各种碎片离子的质量谱来识别。在气体混合物中，由于存在不同气体的谱峰重叠，成分识别比较复杂。用 $20 \sim 30$ eV 低能量的电子进行离化，可以降低分子的分解程度，减少碎片峰，使质谱简化而有利于识别。

利用中性气体混合物的能量色散质谱也可以识别碎片离子的母分子。将中性气体用电子碰撞进行离化，根据动量守恒定律，质量为 m_1、m_2 的碎片其剩余动量 E_1、E_2 按照下式分配

$$\frac{m_1}{m_2} = \frac{E_2}{E_1} \tag{6-30}$$

结果，质量较轻的碎片动能较高。例如，在 Ar/TMS（四甲基硅）混合物的 RF 放电中，中性气体产生的 TMS（Si（CH$_3$）$_4$）的基峰 Si（CH$_3$）$_3^+$（$m/z=73$）和 CH$_3^+$

（$m/z=15$）离子的能量分布如图 6-23 所示。在不放电时，CH_3^+ 的能量分布出现一个十分高的能量带尾，表明这时 CH_3^+ 为直接从 TMS 大分子产生的小碎片离子。放电时，CH_3^+ 与 $Si(CH_3)_3^+$ 基峰具有相同的能量分布，不存在高能量带尾，表明这时的 CH_3^+ 不再是 TMS 直接产生的小碎片，可能由 CH_3 基团或 CH_4 分子产生。

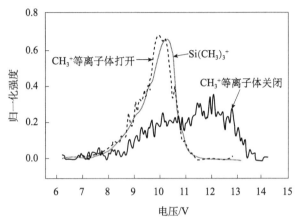

图 6-23　Ar/TMS 混合物 RF 放电中的 $Si(CH_3)_3^+$（$m/z=73$）和

CH_3^+（$m/z=15$）离子的能量分布[1]

6.7.3　中性气体质谱的相对浓度测定

在用质谱分析中性气体时，第二步是确定各种气体成分的相对浓度。在已知灵敏度时，可以直接根据质谱仪的测量结果而得到气体成分的相对浓度。如果不知道灵敏度，就需要用标准参考气体来标定质谱仪。如果气体不是标准商售的，就用分离化截面 $\sigma_{x\nu}$ 来计算相对于参考气体的灵敏度 S_x/S_{ref}。对于给定的电子碰撞能量，灵敏度为

$$S_x = \frac{i_{x\nu}^+}{n_x} \tag{6-31}$$

相对灵敏度为

$$\frac{S_x}{S_{ref}} = \frac{i_{x\nu}^+ n_{ref}}{i_{ref\mu}^+ n_x} = \frac{\sigma_{x\nu}}{\sigma_{ref\mu}} \tag{6-32}$$

式中，μ、ν 表示不同的离子。确定灵敏度时，最好选择质谱中的最强峰。如果不知道分离化截面，就需先通过半经验的方法确定总离化截面，然后用 70 eV 电子能量的分解图从质谱相对峰强来推测分离化截面。

除了测定稳定的中性基团，质谱还可以测量等离子体中的自由基。在活性等离子体中，自由基基本上决定了化学反应。测量自由基密度的方法是阈值离化质

谱法。这种方法应用的条件是碎片粒子的表观能量与相应基团的离化能存在差别。例如，用电子碰撞 CH_4 得到 CH_3^+ 的表观能量是 14.3 eV，而 CH_3^+ 自由基的离化能量是 9.8 eV。用质谱分析等离子体反应室中放电和不放电时的中性气体随离子源电子离化能的变化关系，可以将来自自由基的 CH_3^+ 与来自 CH_4 分子的 CH_3^+ 碎片离子分开，如图 6-24 所示。在计算自由基相对于稳定分子的浓度时，需要知道稳定分子和形成 CH_3^+ 自由基的分离化截面。这时要求取样孔与电子碰撞离子源之间的距离比较短，以避免自由基与真空室中残余气体碰撞或与器壁、电极碰撞造成的自由基通量的损失。误差主要来源于取样孔表面的黏滞系数的差异、离子源热灯丝的高温分解。

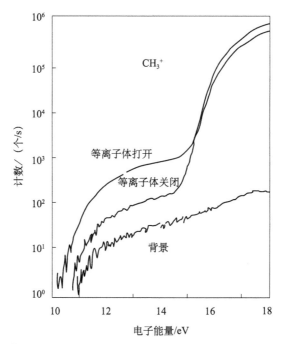

图 6-24　在等离子体反应室中放电开、关时的中性气体随离子源电子离化能的变化关系[1]

6.8　离子的质谱分析

在绝大多数等离子体诊断实验中，分析对象主要是等离子体中的中性基团。但是，若在四极质谱仪前端，采用合适的离子光学系统，如专用的离子透镜，就可以将等离子体中的离子引出，实现对等离子体中的离子成分的诊断[1-2]。通过离子质谱，可以确定等离子体中的离子种类、浓度和能量分布，研究等离子体中的离子反应，控制和优化薄膜沉积、等离子体刻蚀的工艺条件。

6.8.1　离子的四极质谱分析技术

采用四极质谱仪分析离子时，在离子光学系统上需要施加适当的电压，同时质谱仪离子源的灯丝要关闭，以免等离子体中的离子在质谱仪中被进一步离化。由于被分析的离子是在等离子体中产生的，因此整个质量分析器必须与等离子体放电室电绝缘，这样才可以保证独立调节等离子体的放电电压。

四极质谱仪可最佳测量的是能量为 $5\sim25$ eV 的离子。如果通过接地的器壁来取样，且等离子体电势低于 25 V，四极质谱仪就可以在地电势下工作。即使在这种条件下，由于等离子体鞘层中发生了离子-中性粒子碰撞的离子形成过程，还可能使一定能量范围的离子进入质谱仪。与等离子体中的真实含量相比，这时测得的离子能量分布会使观察到的离子相对含量产生偏差。如果从负偏压的电极上取样，或者如果等离子体电势很大，在质谱仪前需要加一个离子能量过滤器，去除能量过高的离子。质谱仪的电势必须处于或稍低于取样口的电势，以便在取样口附近能够观察到形成的离子。

由于取样口与等离子体之间的静电作用，离子的通量分析没有中性基团那样便捷。带电离子通过取样口的通量取决于取样口附近的等离子体条件、取样口的几何形状和静电势。

因为绝大多数四极质谱仪中的传输与离子质量数 m/z 相关，定量的离子质谱需要标定传输与质量数的关系。原理上，可以采用已知离子谱强度分布的且经过标定的离子源来实现。实际应用时，需要用不同中性气体来标定，且需要考虑气体的气压和离化截面。另一种办法是采用具有足够多的碎片离子且其强度分布是已知的物质，但碎片离子没有过高的剩余动能。能量分析器的实际标定是用热蒸发器蒸发钠玻璃（$Na_2O \cdot nSiO_2$）来完成的。热发射 Na_2^+ 的能量可以通过改变发射器的电压来控制。

6.8.2　离子密度与离子能量分布的确定

在等离子体器壁或电极处的离子通量包含了重要的等离子体信息：等离子体中离子的数量、离子形成的位置、器壁或电极处的离子损失速率、取样孔前端鞘层的性质。

对于以扩散为主的等离子体，如果能够排除二次离子反应，电流密度 j_ν^+ 与等离子体内离子密度 n_ν^+ 的关系为

$$j_\nu^+ = b_\nu E n_\nu^+ \tag{6-33}$$

$$\frac{n_\nu^+}{n_\mu^+} = \frac{j_\nu^+ b_\mu}{j_\mu^+ b_\nu} \tag{6-34}$$

式中，b_ν 为离子迁移率，E 为电场强度。如果不包含二次离子反应，通过平衡方

程可以计算等离子体中的离子浓度，这样等离子体质谱就给出了器壁或电极处的离子损失信息。

鞘电压是另一个重要的参数。在 DC 放电中离子最大能量等于这个电压。在 RF 放电时情况比较复杂。在电容耦合 RF 放电中不同结构特性的离子能量分布关系如图 6-25 所示。具有左、右两个单峰能量值的鞍形分布的形成，与无碰撞鞘层中直流鞘电势有关。这些峰之间的能量差与鞘性质之间的关联为

$$\Delta W = \frac{8eU_{RF}}{3\omega d_s}\sqrt{\frac{2eU_{DC}}{m}} \tag{6-35}$$

由此可计算鞘层厚度 d_s。鞘层中的碰撞会导致更复杂的结构，特征是附加了其他峰，这些峰是由距器壁不同位置处的离子所形成。

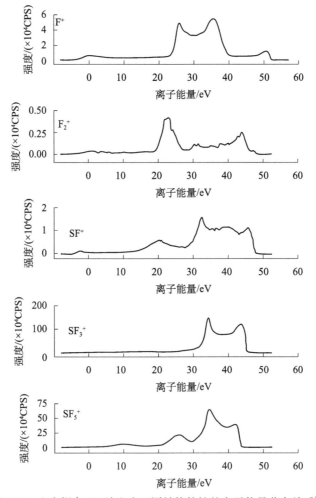

图 6-25 电容耦合 RF 放电中不同结构特性的离子能量分布关系[1]

离子能量分布的研究结果可用于确定轰击器壁或电极上的离子通量。准确的测量只有当质谱仪在较宽能量范围内具有固定的收集效率时才可能实现。用包含有能量分析器的等离子体监测仪测量，需要对离子通量在整个能量范围内积分。对于器壁附近的离子密度进行测量，必须考虑由不同类型离子的特定能量分布所导致的速度差异。

6.8.3　等离子体的离子质谱分析

使用离子质谱可以对等离子体中离子的形成、角度分布等进行研究分析。

1. 离子形成的分析

对直流辉光放电正柱区的等离子体，离子质谱可以给出在等离子体条件下某些特殊的离子形成过程。惰性气体在高激发态原子的碰撞下会形成分子离子，分子离子反应对硅烷 RF 放电中离子的数目有强烈影响，如图 6-26 所示。在图 6-26（b）中，在较高气压下，SiH_3^+ 离子增多的过程与下列反应有关

$$SiH_2^+ + SiH_4 \longrightarrow SiH_3^+ + SiH_3 \tag{6-36}$$

SiH_2^+ 是电子碰撞离化中形成的主要离子。在 RF 放电中，作为离子分子反应的产物，可以观察到 $Si_2H_n^+$。在扩展的 $Ar-H_2-SiH_4$ 喷射电弧等离子体中，作为下列链反应的结果，可以观察到接近 $Si_{10}H_n^+$ 的团簇

$$Si_nH_m^+ + SiH_4 \longrightarrow Si_{n+1}H_p^+ + qH_2 \tag{6-37}$$

这些测量是采用装在等离子体反应室壁上的四极质谱仪在 20 Pa 气压下完成的，如图 6-27 所示。

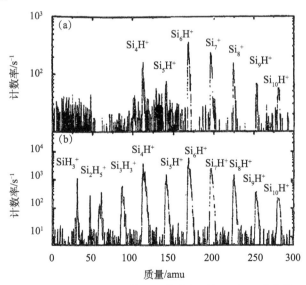

图 6-26　$Ar-H_2-SiH_4$ 等离子体中得到的正离子质谱[1]

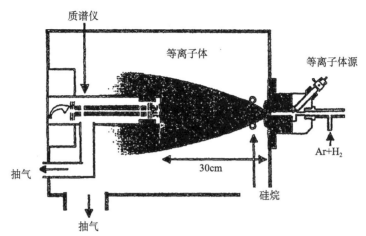

图 6-27　快速沉积 a-Si：H 的扩展热等离子体装置[1]

在低温等离子体中，由于较高的电子能量，电子碰撞离化是形成离子的主要过程。图 6-28 给出了有机硅/Ar 混合气体 RF 放电等离子体中实际测量的、根据离子形成速率系数计算获得的各种离子的比例。对测量到的离子能量分布进行积分，得到各种离子的离子通量。有机硅化合物 n 的碎片离子 ν 形成速率 $Z_{n\nu}$ 为

$$Z_{n\nu} = k_{n\nu} n_e n_n \tag{6-38}$$

式中，n_e、n_n 分别为电子和中性气体的密度。速率系数 $k_{n\nu}$ 用已知的电子碰撞离化截面来计算

$$k_{n\nu} = \sqrt{\frac{8e}{\pi m_e}} \int_{U_i}^{\infty} \sigma_{n\nu}(U) \frac{U}{U_e^{3/2}} \exp\left(-\frac{U}{U_e}\right) dU \tag{6-39}$$

式中，电子采用麦克斯韦分布，其估计温度为 $T_e = eU_e/k$；U_e、U_i、U 分别为电子温度、离子能量和电子能量的等效电压；$eU = \frac{1}{2} m_e v^2$。

2. 离子角度分布的分析

离子撞击表面的角度分布对于微电子加工中的等离子体刻蚀极其重要。角度分布可以采用穿过取样孔后角度在 $\pm 20°$ 内的离子通量测量装置来测量。装置中，带有能量分析器的四极质谱仪可以绕取样孔中的支点转动，角度分辨率约为 $1°$。这种装置在功率电极上 CF_4 的 RF 等离子体测量中得到应用，发现不同离子的轰击角度分布不一样。CF_3^+ 在整个能量范围内的角度分布在 $3° \sim 4°$。CF_2^+、CF^+ 在高能区的角度宽度接近 $5°$，在低能区接近 $15°$。这种不同的角度分布可以解释硅的刻蚀效果。发现 CF_3^+ 的刻蚀率最大，而 CF_2^+、CF^+ 主要效果是沉积钝化层。

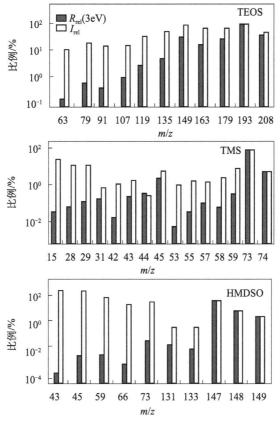

图 6-28　有机硅/Ar 混合气体 RF 放电等离子体中实际测量的
（I_{rel}）和计算得到的（R_{rel}）各种离子的比例[1]

6.9　用质谱确定等离子体物理基本数据

对等离子体系统物理特性的理解、模拟和理论处理，需要大量的基本参数来计算输运和平衡系数。用质谱可以测量这些数据[1]。

电子碰撞离化的基本过程用离化截面来表征。总离化截面描述了总的离子产生。分离化截面给出了特定离子形成的概率。原则上用质谱测量离子源中产生的离子电流可以获得分离化截面，但是，必须知道气体密度、电子束电流和离化区的长度。对于具有多种碎片的离子，以及由于存在同位素而变得复杂的大分子，需要采用高分辨率。如果部分离子有显著的剩余动能，在引出和收集从离子源中出来的所有离子时，需要测量离化截面与电子能量的关系。用质谱可以研究电子碰撞诱导的分解，为了确定反应产物，必须将中性基团离化。

在离子-分子反应的研究中，需要辨别离子的质谱。离子-分子反应研究可以在漂移管中进行。将选定质量的反应离子注入漂移管，在管的下游端用质谱测量反应离子和产物离子，可以获得离子的迁移和扩散系数，也可以获得离子运动与电场和气压的关系。

6.10 低温等离子体的质谱诊断应用

在低温等离子体加工中，用光谱方法可测量的是放电等离子体中的激发基团。由于放电产生的基团只有少部分是激发基团，更多的是处于基态的中性基团，因此对于等离子体中未激发的基团，尤其是有机硅等大质量分子的放电等离子体，质谱分析成为与光谱技术互补的重要低温等离子体诊断手段。此外，质谱还可用来研究等离子体中的化学反应及其动力学过程，研究等离子体与表面的相互作用，从测量结果可以计算反应速率常数。用等离子体质谱测定特定基团信号的剧烈变化，可以作为等离子体刻蚀的终点探测工具。本节主要给出低温等离子体中的质谱诊断应用实例。

6.10.1 四极质谱在放电等离子体中的应用

1. DMCPS/CHF$_3$ 气体及其 ECR 放电等离子体的四极质谱分析[9-11]

掺 F 的 SiCOH 薄膜是一种重要的低介电常数材料，F-SiCOH 薄膜的制备可以采用 DMCPS/CHF$_3$ 混合气体，为了研究 F-SiCOH 薄膜的沉积机理，Ye 等采用四极质谱分析了 DMCPS/CHF$_3$ 气体及其 ECR 放电等离子体的分解行为，主要内容如下。

1）中性气体质谱

DMCPS 是一个具有五重 Si—O 环结构的分子，结构如图 6-29 所示。为了获得 DMCPS/CHF$_3$ 气体在 ECR 放电时的分解行为，首先分析了 DMCPS、CHF$_3$、CHF$_3$/DMCPS 气体在离化能为 25 eV 时的分解性能，图 6-30 为 DMCPS、CHF$_3$、CHF$_3$/DMCPS 在离化能为 25 eV 时的质谱图，DMCPS、CHF$_3$、CHF$_3$/DMCPS 离化形成的碎片离子及相对强度如表 6-3 所示。

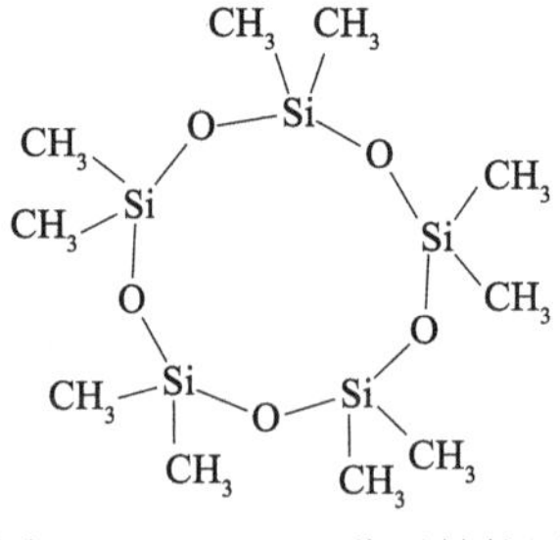

图 6-29 DMCPS 分子结构图

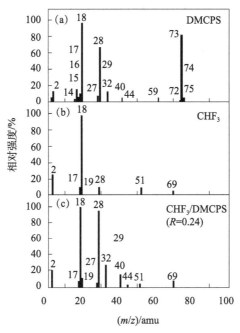

图 6-30　DMCPS、CHF$_3$ 和 CHF$_3$/DMCPS 在 25 eV 离化能时的质谱

表 6-3　DMCPS、CHF$_3$、CHF$_3$/DMCPS 离化形成的碎片离子及相对强度

(m/z)/amu	离子	相对强度/%		
		DMCPS 气体	CHF$_3$ 气体	CHF$_3$/DMCPS 气体
14	CH$_2^+$	3.76		
15	CH$_3^+$	15.71		0.94
16	O$^+$	6.66		1.12
19	F$^+$		2.68	3.22
27	C$_2$H$_3^+$	7.45		5.32
28	Si$^+$/C$_2$H$_4^+$	68.29	9.15	95.18
29	SiH$^+$/C$_2$H$_5^+$	2.19		4.30
44	SiO$^+$	1.24		3.89
51	CHF$_2^+$		8.99	4.67
59	SiOCH$_3^+$	1.04		
69	CF$_3^+$		5.03	3.08
72	SiOC$_2$H$_4^+$	3.24		
73	SiOC$_2$H$_5^+$	84.67		
74	SiOC$_2$H$_6^+$	6.69		
75	SiO$_2$CH$_3^+$	2.75		

从图 6-30 (a) 可得到，DMCPS 分解产生的碎片主要为 Si^+、SiH^+、SiO^+、$SiOCH_3^+$、$SiOC_2H_4^+$、$SiOC_2H_5^+$、$SiOC_2H_6^+$、$SiO_2CH_3^+$、CH_2^+、CH_3^+、$C_2H_3^+$、$C_2H_4^+$、$C_2H_5^+$。结合 DMCPS 的标准质谱和 Castex 的测量结果[12-13]，DMCPS 分解产生的与 Si 有关的碎片主要为具有 Si—O 链结构的 SiO^+、$SiOCH_3^+$、$SiOC_2H_5^+$、$SiOC_2H_6^+$、$Si_3O_2C_6H_{18}$（$m/z = 44$ amu、59 amu、73 amu、74 amu、206 amu）和具有三重 Si—O 环结构的 $Si_3O_3C_3H_{12}^+$、$Si_3O_3C_6H_{18}^+$（$m/z = 180$ amu、222 amu），如图 6-31 所示。

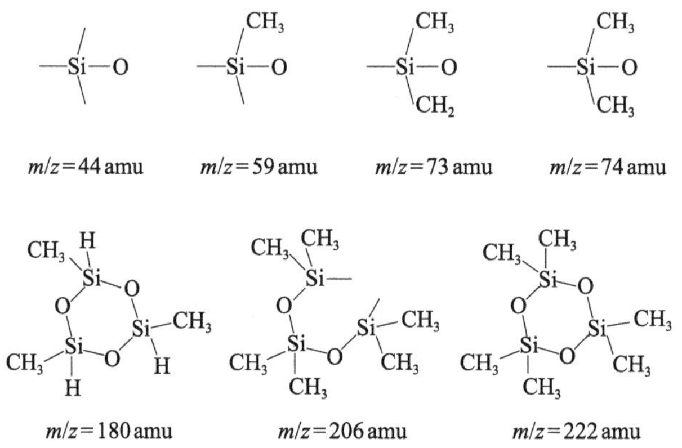

图 6-31　DMCPS 分子分解产生的碎片结构图

根据 Mclafferty 电子转移理论和链结构有机硅分子的离化机理[14-16]，DMCPS 分子的分解过程如下。

在荷能电子的碰撞作用下，DMCPS 分子首先失去电离能最低的电子，即失去 O 原子上的一个 n 电子（非成键电子对称为 n 电子），成为 $DMCPS^+$ 分子离子，接着在正电荷中心的诱导下发生 i 断裂，正电荷中心转移到 Si 原子上，形成 Si—O 链离子。反应过程如式（6-40）所示（式中，• 表示游离基，+ 表示电荷中心，⤷ 表示单电子转移，⤷ 表示电子对转移）。

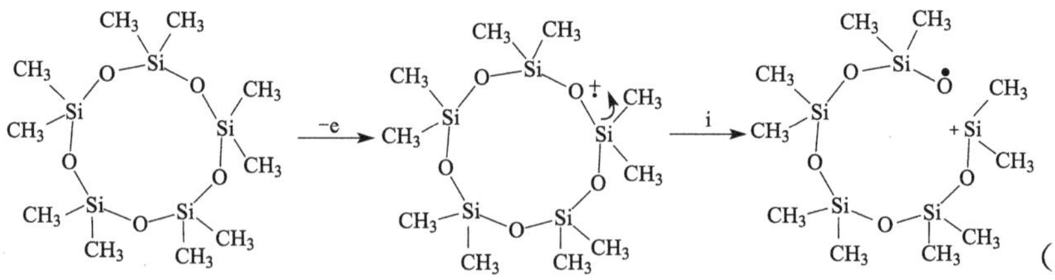

$$(6\text{-}40)$$

然后，氧原子的孤电子对与邻近的硅原子 3d 空轨道配位，使 Si—O—Si 键断裂，从而线形聚二甲基硅氧烷裂解形成三环硅氧烷和 Si—O 链离子，反应过程如式（6-40）所示。

$$\text{(6-41)}$$

形成的 ·O—Si—O—Si$^+$ 进一步发生二次裂变，此时由于游离基与电荷中心位于不同的原子上，根据电子转移理论，存在着由游离基引发的 α 裂变、由电荷中心引发的 i 裂变以及氢重排引发的裂变，形成 SiOC$_2$H$_6^+$（$m/z = 74$ amu）、SiO$_2$CH$_3^+$（$m/z = 75$ amu）、SiOC$_2$H$_5^+$（$m/z = 73$ amu），反应过程如式（6-42）～式（6-44）所示。

$$\text{(6-42)}$$

$$\text{(6-43)}$$

$$\text{(6-44)}$$

根据表 6-3，SiOC$_2$H$_5^+$ 相对强度达到了 84.67%，因此，反应（6-44）是产生碎片的主要途径。在电荷中心的诱导下，SiOC$_2$H$_5^+$ 发生 i 裂变，电荷中心转移到 Si 原子上，产生 SiOCH$_3^+$，SiOCH$_3^+$ 同样继续发生二次裂解，产生 SiCH$_3^+$、SiO$^+$（$m/z = 45$ amu、44 amu），反应过程如式（6-45）所示。

$$\text{(6-45)}$$

电子碰撞不仅诱导分子的单分子裂解，也会激发中性基团、离子、游离基之间的复合反应。如 SiCH$_3^+$ 丢失甲基后形成 Si$^+$（$m/z = 28$ amu），Si$^+$ 和 H$^+$ 复合产生 SiH$^+$，H$^+$ 和 OH$^+$ 复合生成 H$_2$O$^+$ 以及甲基基团分解生成 CH$_2^+$。而 CH$_2$CH$_3^+$、CH$_2$CH$_2^+$、H$_2^+$ 则分别来源于碳氢离子、氢离子之间的复合作用。由表 6-3 可以看出 CH$_2^+$、CH$_3^+$ 含量较高，而 C$^+$、CH$^+$ 含量较低，这表明 DMCPS 侧链碳氢基团的离解基本以甲基丢失为主，这是因为离解过程与侧链基团的键能有关。形成侧链基团的键包括 Si—C、C—H 键，而 Si—C 键能为 368 kJ/mol，而 C—H 键能为 410 kJ/mol，所以甲基基团易于从 Si 原子上断裂形成 CH$_x$ 离子而不是 C—H 键断裂形成 Si—C 键和氢离子。

从图 6-30（b）可得到，CHF_3 分解产生的碎片主要为 F^+、CF_3^+、CHF_2^+，CHF_3 的分解过程如下[17]

$$CHF_3 + e^- \longrightarrow CF_3 + H, \quad \Delta H = 4.52 \text{ eV} \tag{6-46}$$

$$CHF_3 + e^- \longrightarrow CHF_2 + F, \quad \Delta H = 4.90 \text{ eV} \tag{6-47}$$

从图 6-30（c）可得到，CHF_3/DMCPS 分解产生的碎片主要为 CH_3^+、F^+、$C_2H_3^+$、$Si^+/C_2H_4^+$、$SiH^+/C_2H_5^+$、O^+、SiO^+、CF_3^+、CHF_2^+。与 DMCPS、CHF_3 气体分别分解的过程相比，$SiOC_2H_4^+$、$SiOC_2H_5^+$、$SiOC_2H_6^+$、$SiO_2CH_3^+$、$SiOCH_3^+$、CH_2^+ 消失。Si^+ 的量大大增加，由 CHF_3 分解产生的碎片在 CHF_3/DMCPS 混合气体的质谱仍然存在，但 CF_3^+ 和 CHF_2^+ 的含量减少。

2）等离子体中性基团质谱

图 6-32 为 DMCPS 和 CHF_3/DMCPS 的 ECR 等离子体质谱图（离化能 25 eV），离化形成的碎片离子及相对强度如表 6-4 所示。

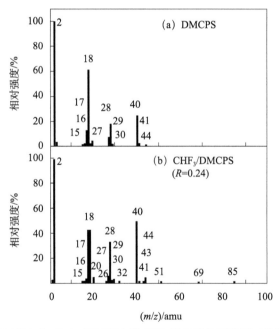

图 6-32　DMCPS 和 CHF_3/DMCPS 的 ECR 等离子体质谱图（离化能 25 eV）

表 6-4　DMCPS、CHF_3/DMCPS 的 ECR 等离子体质谱中的碎片离子及相对强度

(m/z) /amu	离子	相对强度/%	
		DMCPS 等离子体	CHF_3/DMCPS 等离子体
15	CH_3^+	1.60	1.33
16	O^+	2.10	1.47

续表

(m/z) /amu	离子	相对强度/%	
		DMCPS 等离子体	CHF$_3$/DMCPS 等离子体
20	HF$^+$		3.74
26	C$_2$H$_2^+$		1.26
27	C$_2$H$_3^+$	7.14	5.82
28	Si$^+$/C$_2$H$_4^+$	17.65	33.33
29	SiH$^+$/C$_2$H$_5^+$	1.69	2.19
30	SiH$_2^+$	3.28	3.09
41	SiCH$^+$	2.29	1.06
42	SiCH$_2^+$		0.71
43	SiCH$_3^+$	0.50	1.84
44	SiO$^+$	1.51	4.72
51	CHF$_2^+$		1.52
69	CF$_3^+$		0.50
85	SiF$_3^+$		1.56

从图 6-32（a）可得到，在 DMCPS 气体质谱中存在的 SiOCH$_3^+$、SiOC$_2$H$_4^+$、SiOC$_2$H$_5^+$、SiOC$_2$H$_6^+$、SiO$_2$CH$_3^+$ 重离子在 DMCPS 等离子体质谱中均消失，只存在质量较轻的 Si$^+$、SiH$^+$、SiH$_2^+$、SiCH$^+$、SiCH$_3^+$、SiO$^+$（$m/z=28$ amu、29 amu、30 amu、41 amu、43 amu、44 amu）。SiOCH$_3^+$、SiOC$_2$H$_4^+$、SiOC$_2$H$_5^+$、SiOC$_2$H$_6^+$、SiO$_2$CH$_3^+$ 重离子的消失是由于这些离子在四极质谱仪的进一步离化。SiCH$_3^+$ 和 SiO$^+$ 的存在表明在 ECR 放电中，DMCPS 分解的产物主要是 SiOC$_2$H$_5$ 和一些小基团。在 DMCPS 等离子体质谱中，CH$_2^+$（$m/z=14$ amu）消失，CH$_3^+$（$m/z=15$ amu）的含量减少，碳氢离子交联形成 C$_2$H$_3^+$、C$_2$H$_4^+$、C$_2$H$_5^+$（$m/z=27$ amu、28 amu、29 amu）。

从图 6-32（b）可得到，CHF$_3$/DMCPS 的 ECR 等离子体质谱中的碎片有来自 DMCPS 分解产生的 CH$_3^+$、O$^+$、Si$^+$、SiH$^+$、SiH$_2^+$、SiCH$^+$、SiCH$_2^+$、SiCH$_3^+$、SiO$^+$（$m/z=15$ amu、16 amu、28 amu、29 amu、30 amu、41 amu、42 amu、43 amu、44 amu），来自 CHF$_3$ 分解产生的 CHF$_2^+$、CF$_3^+$（$m/z=51$ amu、69 amu），来自离子复合形成的 HF$^+$、C$_2$H$_2^+$、C$_2$H$_3^+$、C$_2$H$_4^+$、C$_2$H$_5^+$、SiF$_3^+$（$m/z=20$ amu、26 amu、27 amu、28 amu、29 amu、85 amu）。与 CHF$_3$/DMCPS 混合气体的质谱相比，F$^+$ 消失，出现 SiF$_3^+$，表明等离子体中存在 Si 与 F 之间的反应。质谱中 SiCH$_3^+$ 和 SiO$^+$ 的存在表明等离子体中存在 SiOC$_2$H$_5$ 基团。质谱中 Si$^+$、O$^+$、CH$_3^+$、SiCH$_2^+$、SiCH$_3^+$ 的存在表明等离子体中存在 SiO、

$SiOCH_3$、$SiCH_3$ 基团。质谱中 $C_2H_2^+$、$C_2H_3^+$、$C_2H_4^+$、$C_2H_5^+$ 的存在表明等离子体中碳氢基团之间发生了交联反应。根据不同放电条件下的基团分布规律，并结合 F-SiCOH 薄膜的结构特征，可以对 F-SiCOH 薄膜的沉积机理作出解释。

2. TEOS 螺旋波放电等离子体中正离子形成的四极质谱分析

Aumaille 等研究了低气压螺旋波 O_2/TEOS、Ar/TEOS 等离子体中正离子的产生过程[17]。采用的质谱仪为 PPM421 Balzers 等离子体工艺监测仪，可测量的质量范围为 1~512 amu、能量范围为 -500~$+500$ eV。PPM421 监测仪由离子传输光学系统、离化室、带有能量过滤器的四极杆质量分析器和二次电子倍增管探测器组成。离子取样口的直径为 100 μm，质谱仪的本底气压为 1.33×10^{-5} Pa，工作气压为 1.33×10^{-3} Pa。

图 6-33 为 O_2/TEOS、Ar/TEOS 螺旋波放电等离子体中的离子质谱。不同碎片离子的相对含量如表 6-5 所示。在 Ar/TEOS 等离子体中，产生的离子碎片质量数达到 343 amu；而在 O_2/TEOS 等离子体中，产生的离子碎片质量数达到 209 amu，Ar/TEOS 等离子体中产生的离子碎片比 O_2/TEOS 等离子体中多。与 O_2/TEOS 等离子体比较，Ar/TEOS 等离子体中的 TEOS 母离子与 TEOS 中性分子之间的离子-分子反应速率，对离子碎片的产生有更重要的作用。

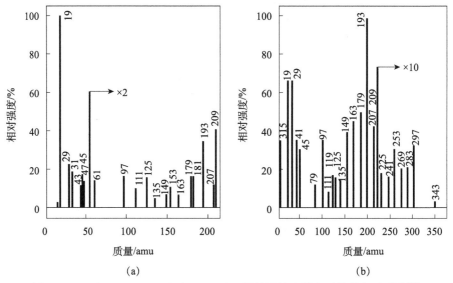

图 6-33　O_2/TEOS（a）、Ar/TEOS（b）螺旋波放电等离子体的离子质谱[17]

表 6-5　O_2/TEOS、Ar/TEOS 螺旋波放电等离子体中碎片离子的相对含量

(m/z) /amu	离子	I/%	(m/z) /amu	离子	I/%
		(a)			
19	H_3O^+	100	135	$SiO_3C_4H_{11}^+$	2.5

续表

(m/z) /amu	离子	$I/\%$	(m/z) /amu	离子	$I/\%$
29	$C_2H_5^+$、CHO^+	23	149	$SiO_3C_5H_7^+$	4
31	CH_3O^+	19	153	$SiO_5C_3H_9^+$	5.5
32	O_2^+	10	163	$SiO_3C_6H_{15}^+$	4
43	$C_2H_3O^+$	11	179	$SiO_4C_6H_{15}^+$	8.5
45	$SiOH^+$、$C_2H_5O^+$、CO_2H^+	17	181	$SiO_5C_5H_{13}^+$	8.5
47	$SiOH_3^+$	15	193	$SiO_4C_7H_{17}^+$	17.5
61	$SiOH_5^+$、SiO_2H^+	7	207	$SiO_4C_8H_{19}^+$	6
97	$SiO_4H_5^+$	8.5	208	$SiO_4C_8H_{20}^+$	4
111	$SiO_4CH_7^+$	5	209	$SiO_4C_8H_{21}^+$	21
125	$SiO_5CH_5^+$	8			
			(b)		
3	H_3^+	35	149	$SiO_3C_5H_7^+$	41
15	CH_3^+	37	163	$SiO_3C_6H_{15}^+$	47
19	H_3O^+	66	179	$SiO_4C_6H_{15}^+$	51
27	$C_2H_3^+$	53	193	$SiO_4C_7H_{17}^+$	100
29	$C_2H_5^+$、CHO^+	67	207	$SiO_4C_8H_{19}^+$	43
40	Ar^+	18	208	$SiO_4C_8H_{20}^+$	26
41	ArH^+	36	209	$SiO_4C_8H_{21}^+$	50
45	$SiOH^+$、$C_2H_5O^+$、CO_2H^+	30	225	$Si_2O_5C_6H_{17}^+$	2
79	$SiO_3H_3^+$	10	241	$Si_2O_6C_6H_{17}^+$	2
97	$SiO_4H_5^+$	35	253	$Si_2O_5C_8H_{21}^+$	4
119	$SiO_2C_4H_{11}^+$	19	269	$Si_2O_6C_8H_{21}^+$	2
125	$SiO_5CH_5^+$	16	297	$Si_2O_6C_{10}H_{25}^+$	4
135	$SiO_3C_4H_{11}^+$	14	343	$Si_2O_7C_{12}H_{31}^+$	0.2

3. CH_4/H_2 微波等离子体沉积金刚石薄膜的四极质谱分析

Fujii 等采用 Li^+ 附着质谱分析了金刚石薄膜沉积的 CH_4/H_2 微波放电等离子体中的中性基团和离子对薄膜生长的影响[18]。Li^+ 附着质谱是在较高气压范围确定基团与稳定物种的重要方法。图 6-34 为金刚石薄膜沉积时 Li^+ 附着质谱实验装置，图 6-35 为 Li^+ 附着的中性基团质谱和离子质谱，质谱中中性基团和离子的相对含量如表 6-6 所示。质谱中，C、C_2、C_2H、C_2H_2、C_2H_3、C_2H_4、C_2H_5 是主要基团，且 C 原子是含量最高的基团，结果表明 C 原子在金刚石薄膜生长中起重要作用。

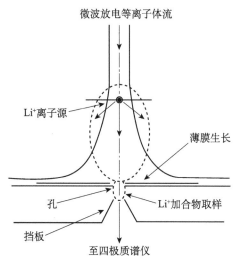

图 6-34　金刚石薄膜沉积时 Li⁺ 附着质谱实验装置[18]

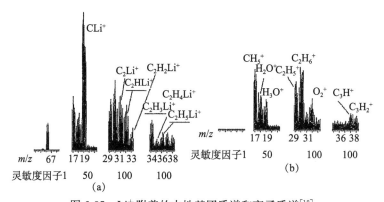

图 6-35　Li⁺ 附着的中性基团质谱和离子质谱[18]

表 6-6　CH₄/H₂ 微波放电等离子体的 Li⁺ 附着质谱中中性基团和离子的相对含量

中性基团（相对含量）	离子（相对含量）
C (100)	CH_4^+ (23)，CH_5^+ (28)
C_2 (23)，C_2H (9)，C_2H_2 (8)	C_2H^+ (13)，$C_2H_2^+$ (20)，$C_2H_3^+$ (14)，$C_2H_4^+$ (53)，
C_2H_3 (17)，C_2H_4 (6)，C_2H_5 (9)	$C_2H_5^+$ (27)，$C_2H_6^+$ (32)，$C_2H_7^+$ (8)
C_3 (14)	C_3H^+ (8)，$C_3H_2^+$ (7)，$C_3H_3^+$ (8)，$C_3H_4^+$ (13)，
	$C_3H_5^+$ (19)，$C_3H_6^+$ (20)，$C_3H_7^+$ (5)，$C_3H_8^+$ (6)

4. 碳氟等离子体的四极质谱分析

　　碳氟等离子体是硅材料刻蚀常用的等离子体，用质谱分析碳氟等离子体中中性基团与离子，可以获得碳氟气体的分解特性，并控制硅材料的刻蚀工艺[19-20]。

　　Buchmann 等用四极质谱研究了 CF_4/O_2 等离子体中的离子与中性基团，图 6-36

为典型的 CF_4/O_2 等离子体质谱图。CF_3^+ 和 O_2^+ 是质谱中含量最多的离子，CF_2^+ 和 CHF_2^+ 也在质谱中出现，CHF_2^+ 的出现可能是由于反应室器壁上吸附的含氢基团与等离子体反应的结果。CF_4/O_2 等离子体中粒子之间的反应产生了 COF^+、COF_2^+。由于反应离子刻蚀了反应器阴极上放置的硅片，质谱中出现了 SiF_3^+，可能的 SiF_2^+、SiF^+ 与 COF_2^+、COF^+ 的质量数相同，质谱峰发生了重叠。

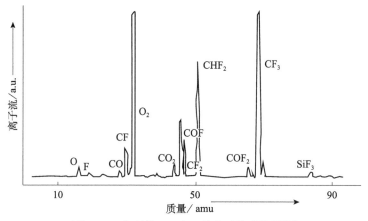

图 6-36　典型的 CF_4/O_2 等离子体质谱图[19]

Jayaraman 等研究了 C_2F_6 和 CHF_3 等离子体中的中性基团与离子。图 6-37 和图 6-38 分别为 C_2F_6 等离子体的中性基团与离子质谱图。在 C_2F_6 等离子体中，CF_3^+ 是分解产生的主要基团，C_2F_6 分解还产生了少量 CF^+、CF_2^+、$C_2F_5^+$。质谱中的 SiF_x 为刻蚀产物。图 6-39 和图 6-40 分别为 CHF_3 等离子体的中性基团与离子质谱图。在 CHF_3 等离子体中，CF_3^+ 和 CHF_2^+ 是分解产生的主要基团，CHF_3 分解还产生了少量 CF_2^+、CF^+、CHF^+、CH^+、F^+。

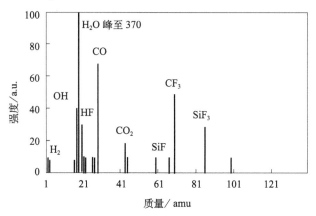

图 6-37　C_2F_6 等离子体的中性基团质谱图[20]

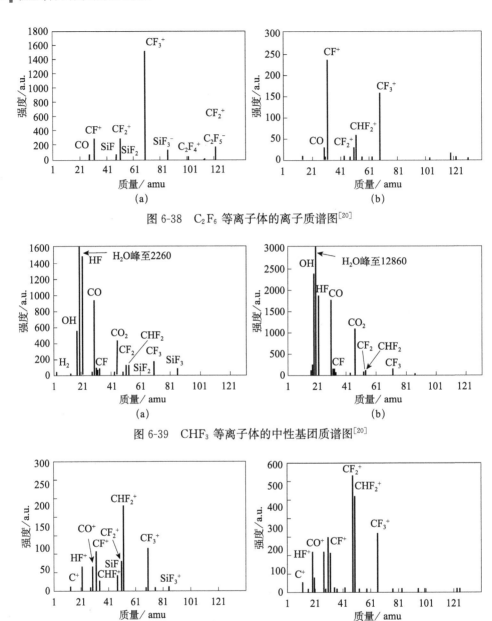

图 6-38　C_2F_6 等离子体的离子质谱图[20]

图 6-39　CHF_3 等离子体的中性基团质谱图[20]

图 6-40　CHF_3 等离子体的离子质谱图[20]

5. JP-10（$C_{10}H_{16}$）低压射频等离子体的四极质谱分析

Jiao 等用四极质谱研究了 JP-10（$C_{10}H_{16}$）（exo-tetrahydrodicyclopentadiene，外四氢二环戊二烯）的分解特性[21]。JP-10（$C_{10}H_{16}$）是从二环戊二烯氢化得到的合成燃料，具有高体积能量密度，通常用于体积受限制的推进器，如火箭、超音速燃烧喷气引擎、脉冲点火发动机。用四极质谱研究 JP-10（$C_{10}H_{16}$）分解特性的目的在于根据 JP-10（$C_{10}H_{16}$）的热分解，对燃料进行改进，解决高速流动条件下点火燃烧动力学过程太慢、燃烧效率低的问题。

采用 RF 电容耦合放电将 $C_{10}H_{16}$ 分解，RF 功率在 3～30 W，图 6-41 为 $C_{10}H_{16}$ 的 RF 电容耦合放电质谱图。图中 H_2^+ 为 $C_{10}H_{16}$ 的分解产物，$C_{10}H_{16}^+$ 为 $C_{10}H_{16}$ 的母分子离子，其强度反映了等离子体中的 $C_{10}H_{16}$ 分子含量。图 6-42 为 H_2 和 $C_{10}H_{16}$ 的含量随 RF 放电功率的变化关系，可见当施加了 RF 功率后，$C_{10}H_{16}$ 的分解增强，H_2 的产生率增大，因此，通过等离子体增强的分解，可以改善 $C_{10}H_{16}$ 的燃烧效率。

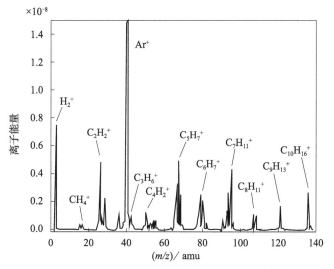

图 6-41 $C_{10}H_{16}$ 的 RF 电容耦合放电质谱图[21]

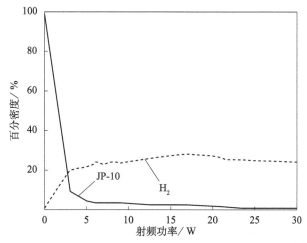

图 6-42 H_2 和 $C_{10}H_{16}$ 的含量随 RF 放电功率的变化关系[21]

6.10.2 双聚焦磁偏转质谱在放电等离子体中的应用

Takeuchi 等采用双聚焦磁偏转质谱分析了离子束诱导沉积 SiC 薄膜时的 HMDS［(CH₃)₃SiSi(CH₃)₃］离化特性[22]。HMDS 的离化采用电子碰撞，离化能选择为 10 eV、12.5 eV、15 eV、20 eV、25 eV、70 eV。图 6-43 为离化能为 70 eV、20 eV 时的 HMDS 电子碰撞离化质谱，不同离化能下的碎片离子质量数及其相对含量如表 6-7 所示。

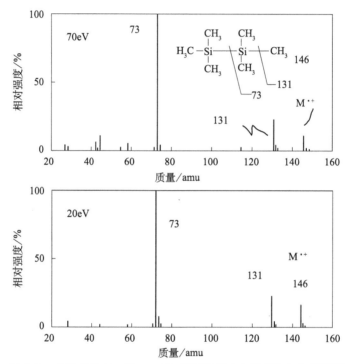

图 6-43　离化能为 70 eV、20eV 时的 HMDS 电子碰撞离化质谱[22]

表 6-7　不同离化能下的碎片离子质量数及其相对含量

(m/z)/amu	电子碰撞离化能/eV					
	70	25	20	15	12.5	10
28	3.4	1.6	1.1			
29	1.5					
43	5.9	1.2				
44	1.9					
45	10.8	4.7	1.1			
55	1.1					

续表

(m/z) /amu	电子碰撞离化能/eV					
	70	25	20	15	12.5	10
58	1.5	1.0	1.1	1.5		
59	3.4	1.6				
72	2.7	3.0	2.7	2.6	1.9	3.5
73	100.0	100.0	100.0	100.0	100.0	96.5
74	8.2	9.0	8.7	8.2	8.8	11.1
75	3.8	3.5	3.8	4.0	4.0	5.7
115	1.6	2.1	1.0			
131	23.0	24.1	24.5	21.9	18.4	12.0
132	3.6	3.5	4.2	3.9	3.7	3.2
133	2.0	2.1	2.3	2.2	1.6	2.5
146	11.7	14.6	17.8	26.0	43.3	100.0
147	2.0	2.5	3.3	5.0	7.3	22.2
148	1.0	1.3	1.7	2.2	3.6	9.5

根据质谱中的碎片离子，提出了 HMDS 的电子碰撞离化过程，如图 6-44 所示。在电子碰撞作用下，$(CH_3)_3SiSi(CH_3)_3$ 失去电子而形成母离子 $(CH_3)_3SiSi(CH_3)_3^{\cdot+}$，母离子失去甲基而形成 $(CH_3)_3SiSi(CH_3)_2^+$，或通过简单的 Si—Si 键断裂而形成 $(CH_3)_3Si^+$，$(CH_3)_3Si^+$ 二次分解形成 $CH_3SiH_2^+$。

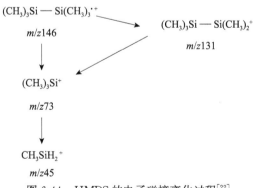

图 6-44　HMDS 的电子碰撞离化过程[22]

作为比较，用质谱分析了与 HMDS 具有类似分子结构的 TMB [$(CH_3)_3CC(CH_3)_3$] 分子的离化特性。图 6-45 为离化能为 70 eV、20 eV 时的 TMB 电子碰撞离化质谱，不同离化能下的碎片离子质量数及其相对含量如表 6-8 所示。

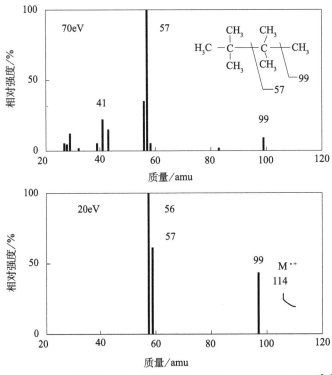

图 6-45　离化能为 70 eV、20 eV 时的 TMB 电子碰撞离化质谱[22]

表 6-8　不同离化能下的碎片离子质量数及其相对含量

(m/z) /amu	电子碰撞离化能/eV						
	70	25	20	15	12.5	10	9
27	3.9						
28	3.4	1.6	1.0				
29	10.9	4.7	2.6				
32	1.0						
39	5.1						
40	1.1						
41	21.5	11.8	6.3	2.4			
42	1.3						
43	14.5	11.9	8.9	4.4	1.8		
53	1.2						
55	3.3	2.0	1.1				

续表

(m/z)/amu	电子碰撞离化能/eV						
	70	25	20	15	12.5	10	9
56	35.3	35.6	41.8	47.8	70.1	100.1	100.0
57	100.0	100.0	100.0	100.0	100.0	55.9	45.5
58	4.6	4.4	5.1	5.0	5.3	3.0	5.5
83	1.0	1.1					
95							2.9
98							2.6
99	7.9	9.1	10.5	14.5	21.5	37.7	27.9
100		1.0	1.1	1.1	2.0	2.7	5.5
114						1.3	4.0

根据 TMB 质谱中的碎片离子，提出了 TMB 的电子碰撞离化主要过程是，在电子碰撞作用下 $(CH_3)_3CC(CH_3)_3$ 失去甲基而形成 $(CH_3)_3CC(CH_3)_2^+$，或通过简单的 C—C 键断裂而形成 $(CH_3)_3C^+$。因此，即使 TMB 与 HMDS 具有相同的分子结构，两者的分解过程却是不同的。

6.10.3　飞行时间质谱在放电等离子体中的应用

1. 脉冲激光烧蚀 Ni、Al、ZnO 靶的四极质谱和飞行时间质谱分析

脉冲激光烧蚀法是薄膜沉积的重要方法之一，薄膜的性质与等离子体羽中基团的相对含量与速度密切相关。Sage 等采用四极质谱和飞行时间质谱分析了脉冲激光烧蚀 Ni、Al、ZnO 靶的离子特性[23]。由于飞行时间质谱采用的是脉冲技术，因此对于脉冲激光烧蚀等离子体羽中带电粒子的测量是高度兼容的。

图 6-46 为用能量 18 mJ、35 mJ、17 mJ 脉冲激光烧蚀 Al、Ni、ZnO 时的质谱图。用脉冲激光烧蚀 Al 产生的主要是 Al^{2+}、Al^+。用脉冲激光烧蚀 Ni 产生的主要是 Ni^{3+}、Ni^{2+}、Ni^+ 和 $^{58}Ni^+$、$^{60}Ni^+$ 同位素离子。用脉冲激光烧蚀 ZnO 产生的主要是 O^{2+}、O^+、Zn^{3+}、Zn^{2+}、Zn^+ 和 $^{64}Zn^+$、$^{66}Zn^+$、$^{68}Zn^+$ 同位素离子。

图 6-47 为 Ni^{3+}、Ni^{2+}、Ni^+ 的飞行时间质谱，Ni^{3+}、Ni^{2+}、Ni^+ 的飞行时间依此增大。根据飞行时间质谱，可以得到 Ni^{3+}、Ni^{2+}、Ni^+ 的速度分布和离子动能分布，分别如图 6-48 和图 6-49 所示。

2. 脉冲磁控溅射等离子体组分的飞行时间质谱分析

Oks 等采用飞行时间质谱（TOF）对高功率脉冲磁控溅射系统靶材料的溅射性能开展了分析[24]。

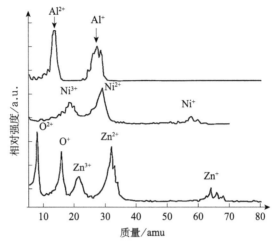

图 6-46 用能量 18 mJ、35 mJ、17 mJ 脉冲激光烧蚀 Al、Ni、ZnO 时的质谱图[23]

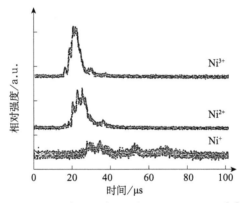

图 6-47 Ni^{3+}、Ni^{2+}、Ni^{+} 的飞行时间质谱[23]

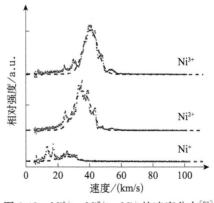

图 6-48 Ni^{3+}、Ni^{2+}、Ni^{+} 的速度分布[23]

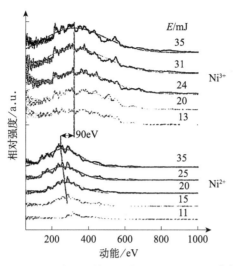

图 6-49　Ni^{3+}、Ni^{2+}、Ni^+ 的离子动能分布[23]

图 6-50 为实验装置和基本电路示意图。从等离子体中提取待分析的离子，通过格栅引出系统引出，引出电压为 30 kV。然后离子加速向谱仪入口运动。在入口处，受谱仪入口门脉冲控制作用，离子束流中的一小部分进入到漂移空间，由于质量/电荷比的差异，不同离子的漂移速度出现差异，从而在不同的时间达到距离谱仪入口 1.03 m 处的法拉第筒探测器，得到飞行时间质谱。测量的时间分辨率主要受飞行时间质谱门脉冲持续时间的限制，飞行时间质谱门脉冲持续时间为 200 ns。

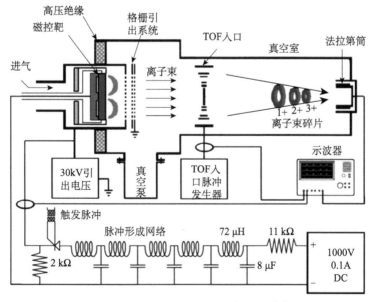

图 6-50　实验装置和基本电路示意图[24]

图 6-51 为铜靶脉冲磁控放电在脉冲开始后不同时间的飞行时间质谱，其中图 6-51（a）为在脉冲开始后 20 μs、最大放电电流限制为 10 A 的飞行时间质谱，图 6-51（b）为脉冲开始后 125 μs、最大放电电流限制为 60 A 的飞行时间质谱。由飞行时间质谱可以发现，在每个脉冲开始时，等离子体成分由氩离子主导，铜含量在最初 100 μs 内迅速增加，在最大电流限制为 10 A 时达到 80% 左右，当放电电流高达 60 A 时甚至达到 95%。在脉冲早期，噪声大；当脉冲接近稳态时，等离子体主要为单电荷的铜离子 Cu^+，存在少量氩离子 Ar^+ 和双电荷铜离子 Cu^{2+}，双电荷氩离子 Ar^{2+} 的比例很小。飞行时间质谱测量结果表明，高功率脉冲磁控溅射具有良好的溅射性能。

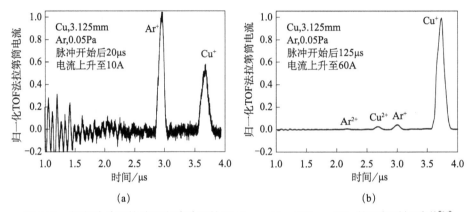

图 6-51　铜靶脉冲磁控放电在脉冲开始后 20 μs（a）、125 μs（b）的飞行时间质谱[24]

参 考 文 献

[1] Hippler R, Pfau S, Schmidt M, et al. Low Temperature Plasma Physics: Fundamental Aspects and Applications [M]. Berlin: WILEY-VCH, 2001.

[2] Grill A. Cold Plasma in Materials Fabrication: From Fundamentals to Applications [M]. New York: IEEE Press, 1994.

[3] 王欲知，陈旭. 真空技术 [M]. 2 版. 北京：北京航空航天大学出版社，2007.

[4] Kurt J. Lesker company. Operating manual and programming reference: AccuQuad residual gas analyzer (Models: AccuQuad™ 100D) [Z]. 1996.

[5] 苏克蔓，潘铁英，张玉兰. 波谱解析法 [M]. 上海：华东理工大学出版社，2002.

[6] Basner R, Foest R, Schmidt M, et al. Absolute total and partial electron impact ionization cross sections of hexamethyldisilane [J]. International Journal of Mass Spectrometry, 1998, 176 (3): 245-252.

[7] Munomura S, Kondo M. Characterization of high-pressure capacitively coupled hydrogen plasmas [J]. Journal of Applied Physics, 2007, 102 (9): 093306.

[8] Yuan Q H, Ye C, Xin Y, et al. Control of the discharge chemistry of CHF₃ in dual-frequency

capacitively coupled plasmas [J]. Applied Physics Letters, 2008, 93 (7): 071503.

[9] Ye C, Zhang H Y, Ning Z Y. Effect of decamethylcyclopentasiloxane and trifluoromethane electron cyclotron resonance plasmas on F-SiCOH low dielectric constant film deposition [J]. Journal of Applied Physics, 2009, 106 (1): 013302.

[10] Zhang H Y, Ye C, Ning Z Y. Mass spectrometry investigation on decamethylcyclopentasiloxane electron cyclotron resonance plasma for SiCOH film deposition [J]. Chinese Physics Letters, 2008, 25 (2): 636-639.

[11] 张海燕. 氟掺杂 SiCOH 薄膜沉积的等离子体化学特性研究 [D]. 苏州: 苏州大学, 2008.

[12] D5 reference mass spectrum. http://webbook.nist.gov/chemistry.

[13] Castex A, Favennec L, Jousseaume V, et al. Study of plasma mechanisms of hybrid a-Si-OC:H low-k film deposition from decamethylcyclopentasiloxane and cyclohexene oxide [J]. Microelectronic Engineering, 2005, 82 (3-4): 416-421.

[14] Mclafferty F W. Mass spectrometric analysis broad applicability to chemical research [J]. Analytical Chemistry, 1956, 28 (3): 306-316.

[15] Kingston D G I, Bursey J T, Bursey M M. Intramolecular hydrogen transfer in mass spectra. II. The McLafferty rearrangement and related reactions [J]. Chemical Reviews, 1974, 74 (2): 215-242.

[16] Arai S, Tsujimoto K, Tachi S. Deposition in dry-etching gas plasmas [J]. Japanese Journal of Applied Physics Part 1-Regular Papers Short Notes and Review Papers, 1992, 31 (6B): 2011-2019.

[17] Aumaille K, Granier A, Grolleau B, et al. Mass spectrometric investigation of the positive ions formed in low-pressure oxygen/tetraethoxysilane and argon/tetraethoxysilane plasmas [J]. Journal of Applied Physics, 2001, 89 (9): 5227-5229.

[18] Fujii T, Kareev M. Mass spectrometric studies of a CH_4/H_2 microwave plasma under diamond deposition conditions [J]. Journal of Applied Physics, 2001, 89 (5): 2543-2546.

[19] Buchmann L M, Heinrich F, Hoffmann P, et al. Analysis of a CF_4/O_2 plasma using emission, laser-induced fluorescence, mass, and Langmuir spectroscopy [J]. Journal of Applied Physics, 1990, 67 (8): 3635-3640.

[20] Jayaraman R, McGrath R T, Hebner G A. Ion and neutral species in C_2F_6 and CHF_3 dielectric etch discharges [J]. Journal of Vacuum Science & Technology A, 1999, 17 (4): 1545-1551.

[21] Jiao C Q, Ganguly B N, Garscadden A. Mass spectrometry study of decomposition of exo-tetrahydrodicyclopentadiene by low-power, low-pressure RF plasma [J]. Journal of Applied Physics, 2009, 105 (3): 033305.

[22] Takeuchi T, Tanaka M, Matsutani T, et al. Ionization of hexamethyldisilane for SiC deposition [J]. Surface and Coatings Technology, 2002, 158-159: 408-411.

[23] Sage R S, Cappel U B, Ashfold M N R, et al. Quadrupole mass spectrometry and time-of-flight analysis of ions resulting from 532 nm pulsed laser ablation of Ni, Al, and ZnO

targets [J]. Journal of Applied Physics，2008，103 (9)：093301.

[24] Oks E，Anders A. Evolution of the plasma composition of a high power impulse magnetron sputtering system studied with a time-of-flight spectrometer [J]. Journal of Applied Physics，2009，105 (9)：093304.

第 7 章　低温等离子体离子能量的诊断

　　放电等离子体中离子能量分布（IED）和离子流密度的测量诊断，在薄膜沉积、刻蚀以及等离子体源的设计方面，具有非常重要的应用。例如，在微电子器件工艺中，沟槽刻蚀的刻蚀速率、各向异性、沟道剖面结构等刻蚀性能以及刻蚀的等离子体化学特性与离子能量分布、离子通量特性密切相关。在薄膜沉积中，薄膜的生长、结晶、相成分、微观结构以及物理性能都依赖于离子能量分布与离子通量特性。因此，离子能量的测量诊断是低温等离子体性能诊断的重要内容之一。在离子能量测量诊断的各种设备中，拒斥场能量分析仪（a retarding field analyser，RFEA）的尺寸小，费用低，使用便捷，成为工业生产和科学研究中离子能量诊断的重要技术[1-8]。

7.1　拒斥场能量分析技术

7.1.1　基本原理

　　拒斥场能量分析仪测量离子能量分布的基本原理是[1]：采用若干个沿着离子束路径方向的绝缘栅极和一个离子收集器组成测量系统，通过栅极电压扫描筛选，记录离子收集器的离子流，得到电流-电压特性曲线，然后对电流-电压特性曲线进行一次微分，便可以得到离子速度分布函数。

　　拒斥场能量分析仪的栅结构如图 7-1 所示，其中 G0、G1、G2 为电绝缘栅，C 为离子收集板，图 7-2 为栅 G0、G1、G2 和离子收集板 C 上的电势分布图。在图 7-1 中，入口面向等离子体区，让离子、电子经过鞘层进入到拒斥场能量分析仪。栅 G0 置于取样口内侧并与取样口内侧电连接，作用是减小对等离子体的取样开口面积，减小鞘电场的扰动，防止尺寸小于德拜长度的等离子体进入分析器。在第二个栅 G1 上，施加一个扫描电压，区分不同能量的离子和电子。当栅 G1 相对于栅 G0 为负电势时，进入装置的电子被排斥。在第三个栅 G2，施加一个正的电压（即离子拒斥电势），产生一个正离子的势垒。若正离子能量高到足以越过这个势垒，这些离子便可以穿过栅 G2，到达收集板 C，成为离子收集器记录到的离子流，而能量低于势垒的正离子被反射。随着栅 G2 上施加的正电压从低到高进行扫描（即改变拒斥电势），不同能量的离子就相继穿过栅 G2 到达收集板 C，结果得到电流-电压特性曲线，如图 7-3 所示。依据下式对电流-电压

特性曲线进行一次微分

$$f(\text{IVDF}) = -\frac{m_i}{e^2} \cdot \frac{1}{T_g A_0} \cdot \frac{\mathrm{d}I_c(\varphi_r)}{\mathrm{d}\varphi_r} \tag{7-1}$$

便得到离子速度分布函数，如图 7-3 所示。(7-1) 式中，m_i 为离子质量，T_g 为离子通过栅的总透过率，A_0 为入口处的总开口面积，I_c 为探测器电流，φ_r 为栅电势。

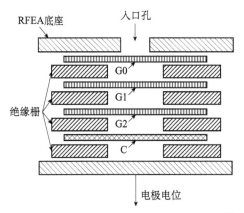

图 7-1 拒斥场能量分析仪的栅结构示意图[1]

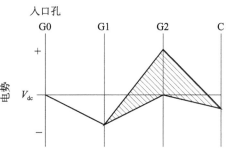

图 7-2 栅 G0、G1、G2 和离子收集板 C 上的电势分布图[1]

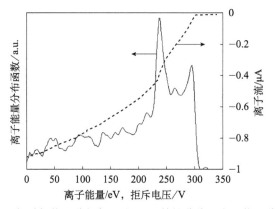

图 7-3 拒斥场能量分析仪电流-电压特性曲线及离子能量分布[1]

7.1.2 测试技术

实用的拒斥场能量分析仪包括探头、控制电源、软件。以 Semion HV-2500 拒斥场能量分析仪为例[9]，探头为圆盘状，外壳为铝制，直径为 50 mm，上端面开有 37 个直径为 0.83 mm 的取样口，总的离子接受面积为 20.0 mm²，如图 7-4 所示。探头尺寸比较小，探头可以灵活地放在基片台表面或真空室内的任何测量位置，例如，图 7-5 为探头置于基片台表面，用于测量基片台表面离子能量分布的放置方式。探头通过真空连接接口与控制电源相连。Semion HV-2500 拒斥场能量分析仪可测量的离子能量范围为 $0 \sim 2500$ eV，工作气压上限为 100 Pa，不需要差分泵抽系统，气体温度上限为 $200{}^\circ\mathrm{C}$。系统采用高阻抗低通滤波器使得 RFEA 悬浮在基片偏压电势，支持偏压的频率范围为 1 kHz~ 100 MHz、偏压的峰–峰值电压到 1 kV。

图 7-4 拒斥场能量分析仪探头照片[9]

图 7-5 拒斥场能量分析仪
探头置于基片台上的照片

通过离子收集器记录的离子流，依据下式可以确定离子通量

$$J_{\mathrm{i}} = I_{\mathrm{i}}/(A_{\circ}T_{\mathrm{g}}) \tag{7-2}$$

式中，I_{i} 为拒斥电势为 0 时，离子收集器记录的离子流；T_{g} 为总的透过率，假定每个栅的离子透过率为 50%，$T_{\mathrm{g}}=0.125$；$A_{\circ}$ 为总的离子接收面积。

7.2 离子的速度与能量分布

拒斥场能量分析仪测量得到的离子特性采用离子速度分布或离子能量分布来表示[10]。到达拒斥场能量分析仪离子收集板的离子流由能量大于拒斥电势的离子组成，对于施加偏压收集离子的两栅结构，根据到达收集板表面的离子速度分布 $f(v)$，可得离子流为

$$I = \beta_{\mathrm{RFA}}\theta_a\theta_r \int_{v_{\min}}^{\infty} v f(v)\, \mathrm{d}v \tag{7-3}$$

式中，$v_{\min} = \sqrt{2eV_{\mathrm{c}}/M}$，$\theta_a$ 和 θ_r 为栅的开口面积，β_{RFA} 可以根据 $v_{\min}=0$ 时式（7-3）中的积分等于进入仪器的离子饱和电流 $eAn_{\mathrm{s}}u_{\mathrm{B}}$ 来确定。

式（7-3）中的积分与栅电势无关（尽管存在一个电势下限），这时利用对积分式进行微分的莱布尼茨定律

$$\frac{\mathrm{d}}{\mathrm{d}y} \int_{b(y)}^{a(y)} F(x, y) \, \mathrm{d}x = F(a, y) \frac{\partial b}{\partial y} - F(b, y) \frac{\partial b}{\partial y} + \int_{b(y)}^{a(y)} \frac{\partial F}{\partial y} \mathrm{d}x \qquad (7\text{-}4)$$

得到电流-电压特性的一次微分为

$$\frac{\mathrm{d}I}{\mathrm{d}V_{\mathrm{c}}} = -\beta_{\mathrm{RFA}} \theta_a \theta_r \sqrt{\frac{2eV_{\mathrm{c}}}{M}} f\left[\sqrt{\frac{2eV_{\mathrm{c}}}{M}}\right] \left[\frac{1}{2}\sqrt{\frac{2e}{MV_{\mathrm{c}}}}\right] \qquad (7\text{-}5)$$

$$= -\beta_{\mathrm{RFA}} \theta_a \theta_r \frac{e}{M} f\left[\sqrt{\frac{2eV_{\mathrm{c}}}{M}}\right] \qquad (7\text{-}6)$$

因此,电流-电压特性的一次微分就正比于离子速度分布函数(IVDF),或正比于离子能量分布函数(IEDF)。

由于在 v 到 $v+\mathrm{d}v$ 速度区间的粒子数目与在 ε 到 $\varepsilon+\mathrm{d}\varepsilon$ 能量区间的粒子数目相等,因此有

$$f(v)\mathrm{d}v = f_\varepsilon(\varepsilon)\mathrm{d}\varepsilon \qquad (7\text{-}7)$$

式中,$\varepsilon = Mv^2/2$。

将速度分布函数转变为能量分布函数

$$f_\varepsilon(\varepsilon) = \frac{1}{Mv} f(v) \qquad (7\text{-}8)$$

根据电流-电压特性,可以得到离子能量分布函数(IEDF)为

$$f_\varepsilon(eV_{\mathrm{c}}) = -\frac{1}{\beta_{\mathrm{RFA}} \theta_a \theta_r} \sqrt{\frac{M}{2eV_{\mathrm{c}}}} \frac{1}{e} \frac{\mathrm{d}I}{\mathrm{d}V_{\mathrm{c}}} \qquad (7\text{-}9)$$

7.3 离子能量分布特性

采用拒斥场能量分析仪测量得到的典型离子能量分布如图 7-6 和图 7-7 所示。在图 7-6 中,离子能量分布呈现为展宽具有低能 E_1、高能 E_2 两个峰的鞍形分布形态,这种分布称为双模离子能量分布(bi-modal IED),两个峰之间的能量差 ΔE 近似等于鞘电压的峰-峰值 $V_{\mathrm{pp}} = 2\,V_{\mathrm{s}}$。在图 7-7 中,离子能量分布呈现为由一个主峰和低能端的若干小峰组成的分布形态,这种分布称为单模离子能量分布(uni-modal IED)。

对于无碰撞等离子体,离子能量分布形态一般取决于离子渡越鞘层时间 τ_i 与射频周期 τ_{RF} 的比值 $\tau_\mathrm{i}/\tau_{\mathrm{RF}}$,与离子质量、射频频率、鞘层宽度有关[10]。

当比值 $\tau_\mathrm{i}/\tau_{\mathrm{RF}} \ll 1$ 时,离子渡越鞘层的时间远小于射频周期,这时每个离子获得的能量取决于这个离子进入鞘层时的相位。对于正弦波 RF 电压,在 RF 电压最大、最小值处(图 7-8),单位时间进入鞘层的离子数目最多,因此形成展宽具有高能、低能双峰的分布形态,即双模离子能量分布。

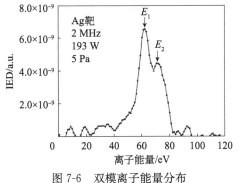

图 7-6　双模离子能量分布

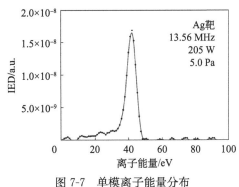

图 7-7　单模离子能量分布

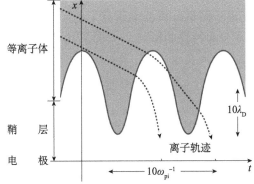

图 7-8　低频放电时，离子渡越鞘层的状态[10]

　　当比值 $\tau_i/\tau_{RF} \gg 1$ 时，离子必须经历多个射频周期才能渡越鞘层（图 7-9），这时离子不能响应鞘电势的瞬态变化，只能响应电场的平均效应，因此高能、低能双峰之间的峰分离大大减小，离子能量分布演变成单峰形态，即单模离子能量分布。

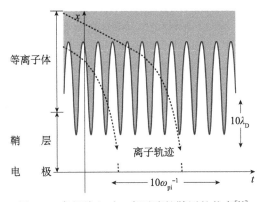

图 7-9　高频放电时，离子渡越鞘层的状态[10]

当比值 $\tau_i/\tau_{RF}\sim 1$ 时，离子渡越鞘层时间与射频周期相当，这时离子经历一个射频周期就可以渡越鞘层，也形成单模离子能量分布。

7.4 拒斥场离子能量分析技术应用

7.4.1 双频双靶磁控溅射的离子能量诊断

双（多）靶共溅射是磁控溅射制备多组元薄膜的重要技术。采用双靶共溅射沉积薄膜时，两个靶通常采用不同频率（例如直流和 13.56 MHz 射频）的功率源驱动，这时两个功率源的功率比对薄膜生长面离子能量的影响，可以采用拒斥场离子能量分析技术来诊断分析。

Ye 等采用拒斥场离子能量分析技术研究了射频、甚高频双频驱动的磁控溅射系统中功率比对离子分布特性的影响[11]，图 7-10 为实验装置示意图。

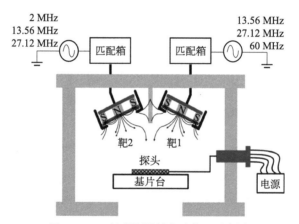

图 7-10 双频磁控溅射实验装置示意图

研究工作首先分析了单频磁控溅射的离子分布特性，图 7-11 为驱动频率 2 MHz、13.56 MHz、27.12 MHz、60 MHz 时磁控溅射的离子能量分布图。由图可见，在驱动频率为 2 MHz 时，离子能量分布呈双模鞍形分布，低能离子峰能量 E_1 为 25.2～36.9 eV，高能离子峰能量 E_2 为 33.6～52.4 eV，峰能量差 ΔE 为 8.4～15.5 eV。在驱动频率分别为 13.56 MHz、27.12 MHz、60 MHz 时，离子能量分布呈单模分布，离子峰能量分别为 15.3～18.3 eV、17.9～30.7 eV、25.6～32.1 eV。研究工作估算了 13.56 MHz、27.12 MHz、60 MHz 在 150 W 功率下磁控溅射放电时离子穿越鞘层的渡越时间 τ_i 和 τ_i/τ_{RF} 比，如表 7-1 所示，可见，对于 13.56 MHz 磁控溅射放电，$\tau_i/\tau_{RF}\sim 1$，而对于 27.12 MHz、60 MHz 磁控溅射放电，$\tau_i/\tau_{RF}\gg 1$，因此离子能量呈单模分布。

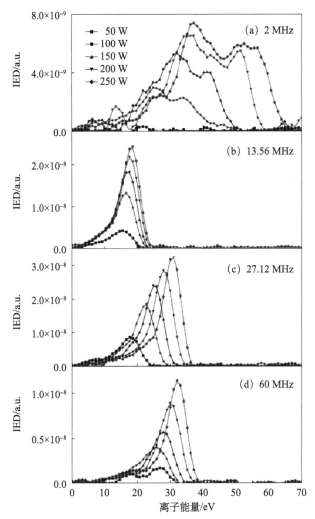

图 7-11 驱动频率 2 MHz、13.56 MHz、27.12 MHz、60 MHz 时磁控溅射的离子能量分布

表 7-1 13.56 MHz、27.12 MHz、60 MHz 在 150 W 功率下磁控溅射放电时
离子穿越鞘层的渡越时间 τ_i 和 τ_i/τ_{RF} 比

频率/MHz	$\tau_i/(\times 10^{-7}\text{s})$	$\tau_{RF}/(\times 10^{-7}\text{s})$	τ_i/τ_{RF}
13.56	0.584	0.737	0.79
27.12	1.311	0.369	3.55
60	2.520	0.167	15.09

　　研究工作接下来分析了双频磁控溅射的离子分布特性。首先计算了低频功率为 250 W、高频功率为 150 W 时双频磁控溅射放电的离子穿越鞘层的渡越时间 τ_i，并列出了双频磁控溅射放电时低频信号周期 τ_l、高频信号周期 τ_h，如表 7-2

所示。可见，对于 2 MHz/13.56 MHz（27.12 MHz、60 MHz）双频磁控溅射放电，属于 $\tau_l > \tau_i > \tau_h$ 的频率区；对于 13.56 MHz/27.12 MHz（60 MHz）双频磁控溅射放电，属于 $\tau_i \sim \tau_l > \tau_h$ 的频率区；对于 27.12 MHz/60 MHz 双频磁控溅射放电，属于 $\tau_i > \tau_l > \tau_h$ 的频率区。

表 7-2   2 MHz、13.56 MHz、27.12 MHz、60 MHz 双频磁控溅射放电时离子穿越鞘层的渡越时间 τ_i

	频率/MHz	$\tau_i/(\times 10^{-7} s)$	$\tau_l/(\times 10^{-7} s)$	$\tau_h/(\times 10^{-7} s)$	频率区间
I	2/13.56	1.687	5.000	0.737	$\tau_l > \tau_i > \tau_h$
	2/27.12	1.546	5.000	0.369	$\tau_l > \tau_i > \tau_h$
	2/60	1.980	5.000	0.167	$\tau_l > \tau_i > \tau_h$
II	13.56/27.12	0.799	0.737	0.369	$\tau_i \sim \tau_l > \tau_h$
	13.56/60	0.839	0.737	0.167	$\tau_i \sim \tau_l > \tau_h$
III	27.12/60	1.049	0.396	0.167	$\tau_i > \tau_l > \tau_h$

在 $\tau_l > \tau_i > \tau_h$ 频率区，双频磁控溅射的离子能量分布如图 7-12 所示，其中 13.56 MHz（27.12 MHz、60 MHz）溅射功率保持为 150 W，2 MHz 溅射功率从 50 W 增加到 250 W。可见，离子能量分布特性不仅取决于溅射驱动频率，还取决于两个靶的溅射功率比。对于 2 MHz/13.56 MHz 双频磁控溅射，在 2 MHz 溅射功率 50～100 W（相应于 2 MHz/13.56 MHz 溅射功率比 0.33～0.67），离子能量分布呈单模分布，离子峰能量也接近于 13.56 MHz 单频磁控溅射放电时的离子峰能量值，表明在这个功率区 13.56 MHz 溅射放电主导着离子能量分布特性。当 2 MHz 溅射功率增加到 150～200 W（对应于 2 MHz/13.56 MHz 溅射功率比 1.00～1.33），离子能量分布仍然呈单模分布，但是离子峰能量向高能量区发生了漂移，表明在这个功率区 13.56 MHz 溅射放电仍然主导着离子能量分布特性，但是 2 MHz 溅射放电对离子能量分布特性具有明显影响。当 2 MHz 溅射功率增加到 250 W 时（对应于 2 MHz/13.56 MHz 溅射功率比 1.67），离子能量分布显示出了双峰分布，其离子峰能量和 2 MHz 单频磁控溅射的峰值能量接近，意味着 2 MHz 溅射放电对离子能量分布的影响在增强。因此，这时的离子能量分布同时受高频（13.56 MHz）和低频（2 MHz）的影响。随着 2 MHz/13.56 MHz 溅射功率比的增大，低频对离子能量分布的影响也在增大。对于 2 MHz/27 MHz 的双频磁控溅射和 2 MHz/60 MHz 的双频磁控溅射，伴随着 2 MHz 功率的增大，2 MHz 溅射对离子能量分布的影响也在逐步增大，出现与 2 MHz/13.56 MHz 双频磁控溅射类似的现象，但是，出现类似现象的功率区间不同。对于 2 MHz/27.12 MHz 双频磁控溅射，当 2 MHz 功率在 200～250 W 时，离子能量分布出现双峰分布，而对于 2 MHz/60 MHz 双频磁控溅射，当 2 MHz 功率为 150～250 W 时，离子能量分布就出现了双峰分布。结果表明，对于双频磁控溅射，随着 2 MHz 功率的增大，放电的离子能量分布会从 13.56 MHz、27.12 MHz、60 MHz 单频磁控溅射放电的单模分布结构演变到 2 MHz 单频磁控溅

射放电的双模分布结构，并且随着高频（13.56 MHz、27.12 MHz、60 MHz）频率的增大，结构演变的出现向较低的双频溅射功率比移动。因此，对于 $\tau_l > \tau_i > \tau_h$ 中间频率区的双频磁控溅射，离子能量分布不仅取决于驱动频率，也受低频/高频功率比的影响。在低频/高频功率比较小时，高频决定离子能量分布的特点，随着低频/高频功率比的增大，低频对于离子能量分布的影响在逐渐增大。

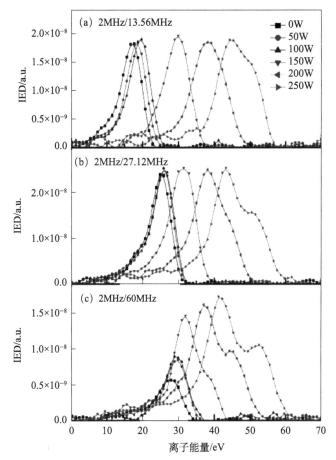

图 7-12　2 MHz/13.56 MHz（27.12 MHz、60 MHz）双频磁控溅射的离子能量分布

在 $\tau_i \sim \tau_l > \tau_h$ 和 $\tau_l > \tau_i > \tau_h$ 频率区，双频磁控溅射的离子能量分布如图 7-13 所示，其中高频的溅射功率固定为 150 W、低频的溅射功率从 50 W 增加到 250 W。可见，对于 13.56 MHz/27.12 MHz 的双频磁控溅射，离子能量分布呈现为一个带有低能带尾的单峰结构。当低频功率为 50～200 W 时，它的峰值能量与 27.12 MHz 的单频磁控溅射峰值能量接近，所以，高频决定了离子能量分布的特性，低频对离子能量分布有一定的影响。当低频功率增大到 250 W 时，低频对离子能量分布的影响在逐渐增大，导致峰值能量向高能量区移动。对于

27.12 MHz/60 MHz 的双频磁控溅射，具有相似的实验结果，但是，峰值能量
的转变发生在低频功率为 200~250 W。结果表明，在较低的低频/高频比时，高
频决定了峰值能量的大小，低频影响其概率分布。然而，在较高的低频/高频功
率比时，低频同时影响峰值能量的变化和离子能量的概率分布。对于 13.56 MHz/
60 MHz 的双频磁控溅射，又有所不同，在低频功率 0~50 W、200~250 W 区
间，离子能量分布随低频功率增大而向高能量区移动，但是在低频功率 50~200 W，
离子能量分布随低频功率增大而向低能量区移动，这种变化体现了低频功率在双
频溅射中对离子能量分布特性的影响过程。

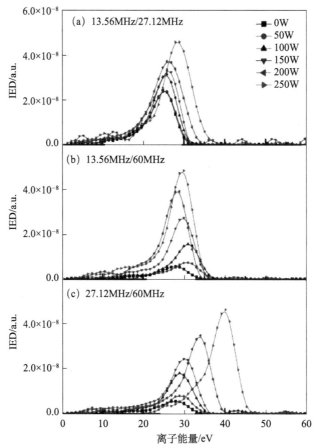

图 7-13　13.56 MHz/27.12 MHz、13.56 MHz/60 MHz、
27.12 MHz/60 MHz 双频磁控溅射的离子能量分布

　　频率组合对双频磁控溅射离子分布特性的影响，可能的机理如下。在双频磁
控溅射放电时，离子能量分布特性取决于鞘层电势的振荡，与驱动频率的变化有
关。随着两个驱动频率的施加，鞘层电势为较慢的低频振荡电势与较快的高频振

荡电势的叠加，如图 7-14 所示，因此鞘层电势可写为

$$V = V_1 \sin\omega_1 t + V_h \sin\omega_h t \tag{7-10}$$

式中，V_1、V_h 分别为低频电压、高频电压的幅值，ω_1、ω_h 分别为低频电压、高频电压的频率。这个鞘层电势导致了等离子体与鞘层边界的振荡，由下式表示

$$s(t) = s_m[\alpha_1(1 + \cos\omega_1 t) + \alpha_h(1 + \cos\omega_h t)]/2 \tag{7-11}$$

式中，$\alpha_1 = V_1/(V_1 + V_h)$、$\alpha_h = V_h/(V_1 + V_h)$，$s_m$ 为最大鞘层宽度。由此可见，两个功率源的电压比和频率决定着等离子体与鞘层边界的振荡，从而决定着鞘层的膨胀与坍塌，影响着离子能量分布特性。

对于 $\tau_1 > \tau_i > \tau_h$ 的频率区，当低频/高频功率比较小时，$\alpha_1 < \alpha_h$，鞘层振荡主要由高频源控制，低频源成为扰动，如图 7-14（a）所示，于是离子渡越鞘层时主要响应平均的高频鞘电势，出现单模的离子能量分布。随着低频功率的增加，$\alpha_1 \sim \alpha_h$，鞘层振荡由高频源和低频源共同控制，因此离子渡越鞘层时需要同时响应瞬态的低频鞘电势和平均的高频鞘电势，导致离子能量向高能量区的移动。当低频/高频功率比较高时，$\alpha_1 > \alpha_h$，鞘层振荡主要由低频源控制，高频源成为扰动，如图 7-14（b）所示，因此离子渡越鞘层时主要响应瞬态的低频鞘电势，出现双模的离子能量分布。对于 $\tau_i \sim \tau_1 > \tau_h$ 频率区、$\tau_i > \tau_1 > \tau_h$ 高频率区，离子能量分布形成的原因与 $\tau_1 > \tau_i > \tau_h$ 的频率区相似，如图 7-14（c）和（d）所示。但是，因为 13.56 MHz、27.12 MHz、60 MHz 单频磁控溅射放电时的离子能量分布均呈单模结构，因此低频/高频功率比的变化并不能改变离子能量分布的结构，而是主要影响离子峰能量。

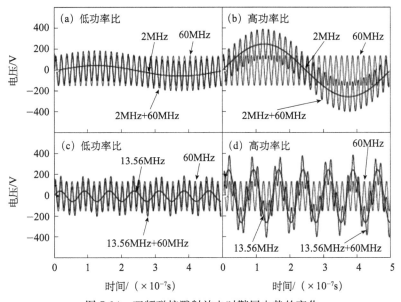

图 7-14　双频磁控溅射放电时鞘层电势的变化

7.4.2　Ag 薄膜初始生长的离子能量关联分析

采用气相法生长金属（如 Ag）薄膜时，初始生长阶段决定了特征长度的尺寸，影响着薄膜和纳米结构的形态和微结构特性，因此，对金属（如 Ag）薄膜形成的初始生长模式及其与放电等离子体中离子能量、离子通量的关联研究一直受到人们关注。

Zhang 等采用 60 MHz 甚高频磁控溅射技术，通过调控离子能量、离子通量，研究了 Ag 薄膜的初始生长行为及其与离子能量、离子通量的关联[12]。发现 Ag 薄膜的初始生长除了遵循成核、生长和交联的岛状生长模式外，在成核前还存在 Ag 纳米颗粒在基底吸附、凝聚形成 Ag 团簇结构的生长阶段。

图 7-15 为溅射频率 60 MHz、溅射功率 50~250 W 下沉积的 Ag 薄膜表面形貌扫描电子显微镜（SEM）照片。当溅射功率为 50 W 时，SEM 照片（图 7-15（a））显示基底表面随机覆盖着尺寸是 10~20 nm 的 Ag 纳米颗粒，密度大约是 0.00014 个/nm^2。在这个阶段，溅射产生的 Ag 纳米颗粒仅吸附在基底表面，没有发生岛的生长。当溅射功率为 100 W 时，SEM 照片（图 7-15（b））显示基底表面是由直径是 10~20 nm 的 Ag 纳米颗粒和直径是 60~100 nm 的 Ag 团簇共同覆盖在基底表面，Ag 纳米颗粒和 Ag 团簇的密度增加到大约 0.00019 个/nm^2，在这个阶段，主要是小尺寸 Ag 纳米颗粒的凝聚和大尺寸 Ag 团簇的形成。当溅射功率为 150W 时，SEM 照片（图 7-15（c））显示基底表面的 Ag 纳米颗粒形成了 6~23 nm 的生长核，密度增加到大约 0.0021 个/nm^2，在这个阶段，主要是 Ag 纳米颗粒形成生长核。当溅射功率为 200 W 时，SEM 照片（图 7-15（d））显示高密度的岛结构和低密度的岛连通结构，岛的密度大约是 0.00026 个/nm^2，在这个阶段，主要是岛的形成过程。当溅射功率为 250 W 时，SEM 照片（图 7-15（e））显示 Ag 薄膜表面呈现岛连通所致的类似蠕虫状结构，在这个阶段，主要是岛连通过程。

与图 7-15 各生长阶段相对应的离子速度分布函数（IVDF）如图 7-16 所示。可以发现，当溅射功率为 50 W 时，IVDF 中没有明显的能量峰。当溅射功率为 100 W 时，IVDF 在 32.1 eV 处出现一个能量峰。当溅射功率为 150 W 时，IVDF 在 32.7 eV 处出现能量峰，峰强度增大。当溅射功率为 200 W 时，IVDF 在 34.6 eV 处出现明显的单峰，峰强度进一步增大。当溅射功率为 250 W 时，IVDF 在 34.3 eV 附近出现多个小单峰，呈现展宽的单峰分布。从图 7-16 近似得到了最可几离子能量，并由拒斥电势为 0 时离子收集器记录的离子流得到了离子通量，不同溅射功率下的最可几离子能量和离子通量随溅射如图 7-17 所示。由于薄膜生长与基片表面吸附粒子沿表面的扩散运动有关，在 50 W 时低能量和低

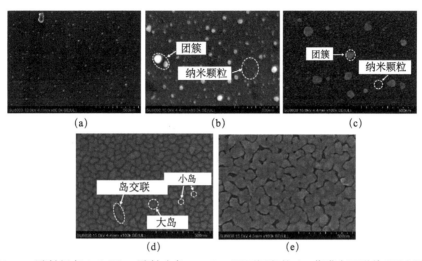

图 7-15 溅射频率 60 MHz、溅射功率 50～250 W 下沉积的 Ag 薄膜表面形貌 SEM 照片

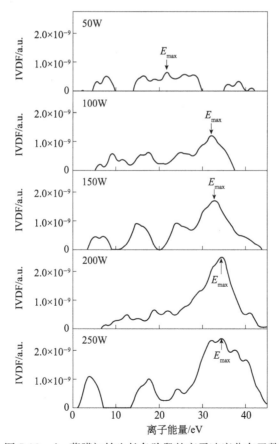

图 7-16 Ag 薄膜初始生长各阶段的离子速度分布函数

通量离子对基底表面作用小，基片表面吸附的 Ag 纳米颗粒不能沿表面做扩散运动，仅吸附在基底表面。随着溅射功率增加，离子能量和离子通量对基底表面作用增大，基片表面吸附的 Ag 纳米颗粒沿表面的扩散运动增强，形成 Ag 团簇，然后成核，形成岛结构并连通。因此，通过离子能量和离子通量的诊断分析，可以更好地说明 Ag 薄膜初始生长行为。

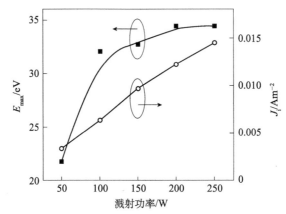

图 7-17　不同溅射功率下的最可几离子能量和离子通量

7.5　能量分辨的质谱分析技术

虽然拒斥场能量分析技术在离子能量诊断中得到了很好的应用，但由于这种技术不能分辨离子种类，无法测量特定离子的能量。因此，需要采用具有质量和能量分析功能的质谱仪，实现特定离子能量的测量。

Mishra 等采用能量分辨的四极质谱仪研究了双频双天线大面积感应耦合等离子体源 Ar/CF_4（90％/10％）放电中时间平均的正离子能量分布[13]，图 7-18 为实验装置示意图。双天线分别使用 2 MHz（低频）和 13.56 MHz（高频）驱动放电。质谱仪位于 ICP 源下方 30 mm 处，放电体积外 20 mm 处。用连接到质谱仪的差分泵系统抽气，将气压降至 4×10^{-4} Pa 以下，将离子取样送至带能量过滤器的质谱仪。质谱仪在正离子探测模式下运行，实现固定荷质比下的能量扫描，测量不同离子的 IED。为了尽量减少随机误差，每个离子均做五次单独扫描，然后取平均值得到 IED。质谱仪的取样孔径为 100 μm。采用时间平均模式采集 IED。

首先采用质量分析功能识别放电等离子体产生的主要离子，如图 7-19 所示，可以发现最主要的氟碳离子是 CF_3^+（69 amu），但是，存在一定量的 Ar^+（40 amu）、CF^+（31 amu）。然后，固定荷质比为 69 amu、31 amu，进行能量扫描，从而得

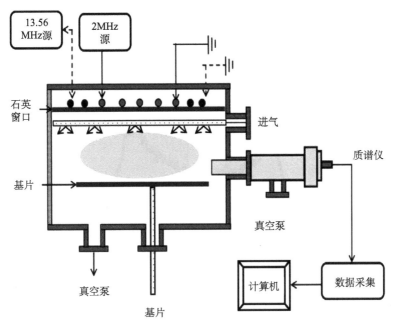

图 7-18　实验装置示意图[13]

到 CF^{+3}（69 amu）、CF$^+$（31 amu）的离子能量分布特性。图 7-20（a）为 $P_{13.56\text{MHz}}$ 为 0 W、$P_{2\text{MHz}}$ 为 250 W、500 W、750 W 和 1000 W 时的 CF$^+$（31 amu）的 IED，图 7-20（b）为 $P_{13.56\text{MHz}}$ 为 0 W、$P_{2\text{MHz}}$ 为 250 W、500 W、750 W 和 1000 W 时的 CF^{+3}（69 amu）的 IED。

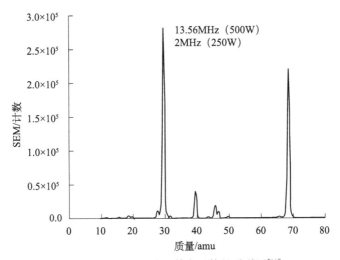

图 7-19　Ar/CF$_4$ 放电等离子体的质谱图[13]

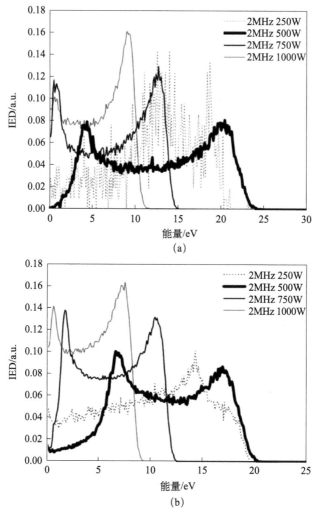

图 7-20 $P_{13.56MHz}=0$ W、P_{2MHz} 为 250 W、500 W、750 W 和 1000W 时 CF$^+$（a）、CF^{+3}（b）的 IED[13]

参 考 文 献

[1] Gahan D，Dolinaj B，Hopkins M. Retarding field analyzer for ion energy distribution measurements at a radio-frequency biased electrode [J]. Review of Scientific Instruments，2008，79（3）：033502.

[2] Gahan D，Daniels S，Hatden C，et al. Characterization of an asymmetric parallel plate radio-frequency discharge using a retarding field energy analyzer [J]. Plasma Sources Science and Technology，2012，21（1）：015002.

[3] Gahan D，Daniels S，Hatden C，et al. Ion energy distribution measurements in RF and

pulsed DC plasma discharges [J]. Plasma Sources Science and Technology, 2012, 21 (2): 024004.

[4] Gahan D, Dolinaj B, Hopkins M. Comparison of plasma parameters determined with a Langmuir probe and with a retarding field energy analyzer [J]. Plasma Sources Science and Technology, 2008, 17 (3): 035026.

[5] Stranak V, Wulff H, Bogdanowicz R, et al. Growth and properties of Ti-Cu films with respect to plasma parameters in dual-magnetron sputtering discharges [J]. European Physical Journal D, 2011, 64 (2-3): 427-435.

[6] Stranak V, Drache S, Bogdanowicz R, et al. Effect of mid-frequency discharge assistance on dual-high power impulse magnetron sputtering [J]. Surface and Coatings Technology, 2012, 206 (11-12): 2801-2809.

[7] Corbella C, Rubio-Roy M, Bertran E, et al. Ion energy distributions in bipolar pulsed-dc discharges of methane measured at the biased cathode [J]. Plasma Sources Science and Technology, 2011, 20 (1): 015006.

[8] Qin X V, Ting Y H, Wendt A E. Tailored ion energy distributions at an RF-biased plasma electrode [J]. Plasma Sources Science and Technology, 2010, 19 (6): 065014.

[9] Impedans Ltd. SemionTM RFEA System Installation & User Guide [Z]. 2012.

[10] Chabert P, Braithwaite N. Physics of Radio-Frequency Plasmas [M]. New York: Cambridge University Press, 2011.

[11] Ye C, He H J, Huang F P, et al. Control of ions energy distribution in dual-frequency magnetron sputtering discharges [J]. Physics of Plasmas, 2014, 21 (4): 043509.

[12] Zhang Y, Ye C, Wang X Y, et al. Initial growth and microstructure feature of Ag films prepared by very-high-frequency magnetron sputtering [J]. Chinese Physics B, 2017, 26 (9): 095206.

[13] Mishra A, Kim T H, Kim K N, et al. Mass spectrometric study of discharges produced by a large-area dual-frequency-dual-antenna inductively coupled plasma source [J]. Journal of Physics D: Applied Physics, 2012, 45 (47): 475201.

第8章 低温等离子体的波干涉诊断

与探针诊断技术比较，基于波的等离子体诊断技术是非侵入的，一般情况下对等离子体没有干扰，因此可用于探针不适用的场合。在等离子体中，波的传播常数依赖于等离子体频率 $\omega_p^2 = e^2 n_e / (\varepsilon_0 m)$，所以波的传播特性可用于测量等离子体密度。根据等离子体放电形式的不同，用波来测量等离子体密度的方法也不同，主要有干涉法、谐振腔微扰法和波传播法，干涉法是最常用的方法，包括微波干涉和激光干涉。本章将介绍基于微波和基于激光的波干涉诊断方法。

8.1 微波干涉法

等离子体频率 ω_p 常常处于微波或比微波频率稍低一点的波段，因此，在波诊断时主要使用微波频段的波[1-2]。微波干涉仪的基本工作原理是测量通过等离子体和不通过等离子体的两束微波的相位差，得到传播常数的变化，从而获得等离子体密度。

在没有外加直流磁场（或线偏振波的电场方向是沿着直流磁场方向）时，忽略碰撞效应，在一个均匀等离子体中波的传播常数由式（8-1）给出

$$k = \left(1 - \frac{\omega_p^2}{\omega^2}\right)^{1/2} k_0 \tag{8-1}$$

式中，$k_0 = \omega/c$，是波在真空中的传播常数。

对于在长度为 l 的等离子体区域中传播的波，若波长 λ 比等离子体密度变化的尺度大，当 k 随空间的等离子体密度等变量缓慢变化时，由波动方程 Wentzel-Kramers-Brillouin（WKB）的解得到波的相位偏移为

$$\phi = \int_0^l k(x) \mathrm{d}x \tag{8-2}$$

将式（8-1）代入式（8-2），减去真空相位偏移 $k_0 l$，得到相位偏移的变化为

$$\Delta\phi = k_0 \left\{ \int_0^l \left[1 - \frac{\omega_p^2(x)}{\omega^2} \right]^{1/2} \mathrm{d}x - l \right\} \tag{8-3}$$

当使用的微波频率比等离子体频率高时，式（8-3）中的开根号项可以展开，从而消去式中的真空相位偏移项，得到

$$\Delta\phi \approx k_0 \int_0^l \frac{\omega_p^2(x)}{2\omega^2} \mathrm{d}x = \frac{k_0 e^2}{2\varepsilon_0 m \omega^2} \int_0^l n(x) \mathrm{d}x \tag{8-4}$$

在这种近似条件下，通过测量波的相位偏移可以直接得到等离子体密度的线积分。

在很多情况下，用这种方法测得的等离子体密度非常准确，而且该数据可用来检验探针数据的可靠性。如果式（8-4）成立的近似条件不满足，仍可以从式（8-3）通过复杂计算而得出等离子体密度。

在实际测量等离子体密度时，用微波干涉仪比较通过等离子体和不通过等离子体的两个微波信号，从而确定等离子体的密度。图 8-1 为微波干涉仪的示意图。在没有等离子体时，调节参考支路的微波信号，使其幅度与等离子体支路信号的幅度相同且有 180° 相位偏移，此时输出信号为零。当存在等离子体时，通过等离子体支路的微波信号的相位偏移会发生改变，此时出现一个不为零的输出信号。

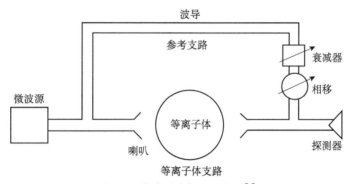

图 8-1　微波干涉仪的示意图[1]

使用干涉仪时，最方便的方法是使 $l \gg \lambda$，从而对于 $\omega_p^2/\omega^2 \ll 1$ 的等离子体，微波信号的相位变化 $\Delta\phi$ 会超过 360°（360° 为一个干涉条纹）。当 $\Delta\phi = 180°$ 时，通过两个支路的信号相位相同，所以输出信号最大；当 $\Delta\phi = 360°$ 时，输出信号又变为零。如果放电等离子体过程变化足够慢，就可能测量出移过的条纹数目（包括它们的分数）。在这种状态下，能够很准确地测量等离子体密度。

但是，等离子体尺度 l 经常会小于微波波长 λ（$l \leqslant \lambda$），此时，只能得到分数条纹（即条纹的数目小于 1）。如果式（8-4）成立，使得 $\Delta\phi \propto n$，密度的测量会相对简单，但必须知道信号幅度。由于在等离子体-电介质交界面有波的反射和折射现象，因此微波信号幅度的测量比较复杂。

当等离子体的尺度小于干涉仪的波长时，除了相位偏移会变小外，还会给测量带来很多困难。如果等离子体横向尺度也可与波长相比，那么波在等离子体周围会发生衍射，给密度的测量带来严重影响，特别是在测量柱状等离子体的密度时问题更为严重。所以，为了解决这个问题，当测量横向尺度较小的等离子体的密度时，需要用高频率的微波干涉仪。但在这种情况下，$\omega_p^2/\omega^2 \ll 1$，则与这一比率成正比的相位偏移也会变得很小，这就使得微波信号的检测变得更加复杂。

图 8-2 为路径长度改变时双通道方法中干涉仪的输出信号,可以清楚地看到干涉条纹的移动。用正弦波拟合曲线并调节相对相位,可以复原基模的相移,从而得到密度。图 8-3 为在轴向终端观察到的致密等离子体的分布图,其中路径长度要选择到可以看到多个干涉条纹。

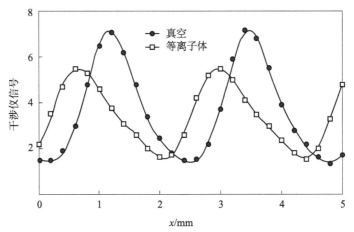

图 8-2 路径长度改变时双通道方法中干涉仪的输出信号[2]

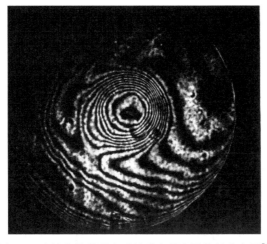

图 8-3 在轴向终端观察到的致密等离子体的分布图[2]

图 8-4 为用 35 GHz 微波干涉仪和朗缪尔探针测得的射频电感耦合等离子体中的电子密度,两个测量结果符合得很好。

Dittmann 采用微波干涉仪开展了低密度等离子体的诊断[3],采用的测量系统如图 8-5 所示。使用的微波干涉仪是稳频的(锁相环(PLL))外差系统,工作频率为 160.28 GHz,相应的波长为 $\lambda = 1.87$ mm。干涉仪的输出功率为 1.3 mW,是一种微侵入的微波干涉诊断方法。

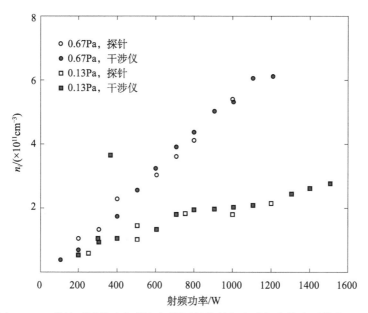

图 8-4　用 35 GHz 微波干涉仪和朗缪尔探针测得的射频电感耦合等离子体中的电子密度[1]

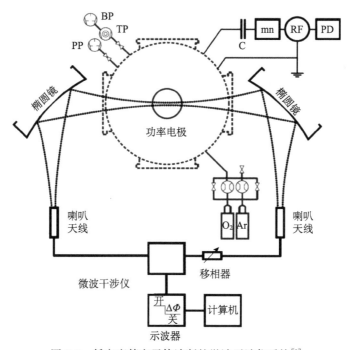

图 8-5　低密度等离子体诊断的微波干涉仪系统[3]

BP. 增压泵；TP. 涡轮分子泵；PP. 流程泵；mn. 匹配网络；RF. 射频功率源；PD. 脉冲延时发生器

微波干涉仪的电路分为三部分,如图 8-6 所示。第一部分是 PLL 单元,在这里测量信号和参考信号之间的相位发生耦合,即外差系统在差频 ω_0 处对微波相位进行时间调制。因此,相位测量与相位的振幅和符号无关。为了实现相位调制,用两个耿氏(Gunn)振荡器产生不同频率的信号让干涉仪工作,一个是测量信号 $\omega_{sig}=80.14$ GHz,另一个是参考信号 $\omega_{ref}=80.17$ GHz,差频 ω_0 为 30 MHz。该差频 ω_0 在双工器 3 中被倍频,提供 60 MHz 中间频率的参考信号,至分析单元。第二部分是测量单元,包括两条路径。在测量路径上,80.14 GHz 信号被倍频,微波通过 D 波段波导、喇叭天线和椭圆镜引导到等离子体中。通过等离子体后,微波通过椭圆镜由第二个喇叭天线接收,并通过 D 波段波导管引导至混频器 b。在参考路径中,80.17 GHz 的信号被倍频并直接传输到混频器 b。这里,倍频参考信号与测量信号混合,以产生一个 60 MHz 的中频信号,该信号还包含来自等离子体的相对相移。

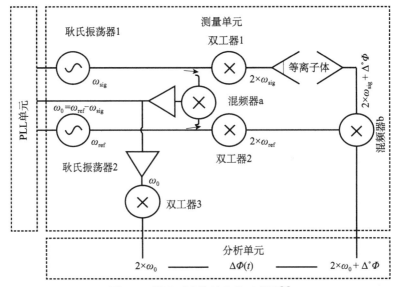

图 8-6 微波干涉仪的电路示意图[3]

为了确定该相移,测量信号和参考信号(两者均为 60 MHz 中频)的相位在电路第三部分的分析单元中进行比较。通过相位混合器可以完成相位的测量。分析单元还包含各种类型的噪声过滤组件和放大器,用于编辑信号。相位测量的时间分辨率受到电子设备(滤波器、视频放大器)的限制,约为 0.2 μs。最后,分析单元输出以电压为单位的 ($V_{\sin(\phi)}$) 正弦相移 ($\sin\phi$) 信号,如图 8-7(a)所示,表示如下

$$V_{\sin(\Delta\phi)}=\frac{V_{\max}-V_{\min}}{2}\cdot\sin\Delta\phi+\frac{V_{\max}+V_{\min}}{2} \tag{8-5}$$

这种正弦形的相移对测量很重要，通过多次测量式（8-5）中的最大电压 V_{max} 和最小电压 V_{min}，可以正确确定相移。图 8-7（b）显示了相移为 1°时，与正弦相移有关的电压偏移。在 π 范围内当正弦过零时，可以得到最佳的相位分辨率。1°相移使电压变化 260mV，适合测量要求。因此，为了获得最佳的相位分辨率，通过图 8-5 实验装置中的移相器将相位信号调整到 π。

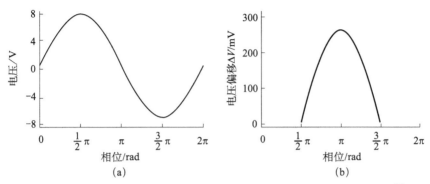

图 8-7　相移的正弦（$\sin\phi$）波形（a）和 1°相移导致的电压变化 ΔV（b）[3]

8.2　传输线微波干涉法

采用微波干涉仪测量等离子体的电子密度时，真空室需要增加两个微波窗口，同时多路径的存在会降低信号的动态范围和精度，因此，微波干涉仪不适用于等离子体加工工艺的监测与控制。Chang 等发展了等离子体电子密度测量的传输线微波干涉仪[4]，这种方法在单频率传输模式下工作，只需要用单相探测器得到传输微波信号的相位偏移。

传输线微波干涉仪的基本工作原理与微波干涉仪相近，不同之处在于探测沿传输线传播的微波方式，即探测等离子体密度变化时等离子体的有效高频介电性能或介电常数的变化。对于给定频率的微波，当等离子体密度变化时，传输线的传播波数或传播常数也发生变化。通过测量等离子体中特定传播长度的微波相位偏移，可以确定等离子体的电子密度。

理想的传输线是表面介质波导。传输的微波主要局限在介质中，但有少部分电磁场在介质的外面传输，结果就可以敏锐地探测波导周围环境的改变。实验上的表面介质波导采用圆形同轴线结构，中间为导体，外面覆盖均匀的介质层，如图 8-8 所示。

在微波干涉仪应用中，同轴线介质波导可以在波导的基模下工作，避免其他模式的干扰。在图 8-8 所示的结构中，基模是轴向对称的横向磁场模式，即 TM_{01} 模式。为了确定波导的传输性能，需要先得到色散关系，方法如下。

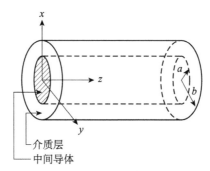

图 8-8　实验采用的同轴线结构表面介质波导[4]

对于 TM_{01} 模式，解纵向电场 E_z 的波方程，得到

$$\left[\nabla_{\mathrm{T}}^2 + \left(\frac{\omega^2}{c^2}\varepsilon_{\mathrm{r}} - \beta^2\right)\right]E_z = 0 \tag{8-6}$$

式中，假设电磁场波形为 $\exp[\mathrm{j}(\omega t - \beta z)]$，$\omega$、$\beta$ 分别为角频率和波的相位常数，c 为真空光速，∇_{T}^2 为圆柱几何结构的横向拉普拉斯算子

$$\nabla_{\mathrm{T}}^2 = \frac{1}{\rho}\frac{\partial}{\partial \rho}\left(\rho\frac{\partial}{\partial \rho}\right) + \frac{1}{\rho^2}\frac{\partial^2}{\partial \phi^2} \tag{8-7}$$

定义介质层区域（$a < \rho < b$）的相对极化率为 ε_{r}，$\varepsilon_{\mathrm{r}} = \varepsilon_{\mathrm{d}}$，$\varepsilon_{\mathrm{d}}$ 为介质的介电常数。在等离子体区域（$\rho > b$），用无碰撞的低温等离子体近似

$$\varepsilon_{\mathrm{r}} = \varepsilon_{\rho} = 1 - \frac{n_{\mathrm{e}}e^2}{\varepsilon_0 m_{\mathrm{e}}\omega^2} \tag{8-8}$$

式中，e、m_{e} 分别为电子电荷与质量，ε_0 为真空介电常量，n_{e} 为等离子体中的电子密度。

对于轴对称模式（TM_{0n}），在介质和等离子体区，波方程的解为

$$E_z = \begin{cases} [A_1 Y_0(\tau_1\rho) + A_2 J_0(\tau_1\rho)]\exp[\mathrm{j}(\omega t - \beta z)], & a < \rho < b \\ [A_3 K_0(\tau_p\rho)]\exp[\mathrm{j}(\omega t - \beta z)], & b < \rho < \infty \end{cases} \tag{8-9}$$

式中，J_0、Y_0 分别为一阶、二阶贝塞尔函数，K_0 为二阶修正的贝塞尔函数且当 $\rho \to \infty$ 时消失，并且

$$\tau_1^2 = \frac{\omega^2}{c^2}\varepsilon_{\mathrm{d}} - \beta^2 \tag{8-10}$$

$$\tau_{\mathrm{p}}^2 = \beta^2 - \frac{\omega^2}{c^2}\varepsilon_{\mathrm{p}} \tag{8-11}$$

这里选择的解的形式为快波模式，即 $\omega/\beta > c/\sqrt{\varepsilon_{\mathrm{d}}}$。代入边界条件，即 $E_z(\rho = a) = 0$，并且介质-等离子体界面（$\rho = b$）的切线场连续，得到色散关系为

$$\frac{\varepsilon_{\mathrm{p}}}{\tau_{\mathrm{p}}}\frac{K_0'(\tau_{\mathrm{p}}b)}{K_0(\tau_{\mathrm{p}}b)} = -\frac{\varepsilon_{\mathrm{d}}}{\tau_1}\frac{J_0(\tau_1 a)Y_0'(\tau_1 b) - Y_0(\tau_1 a)J_0'(\tau_1 b)}{J_0(\tau_1 a)Y_0(\tau_1 b) - Y_0(\tau_1 a)J_0(\tau_1 b)} \tag{8-12}$$

式中，$J_0'(x) = \mathrm{d}J_0/\mathrm{d}x$，$K_0'(x) = \mathrm{d}K_0/\mathrm{d}x$，$Y_0'(x) = \mathrm{d}Y_0/\mathrm{d}x$。对于慢波（$\omega/\beta < c/\sqrt{\varepsilon_d}$），采用同样的方法得到色散关系为

$$\frac{\varepsilon_p}{\tau_p}\frac{K_0'(\tau_p b)}{K_0(\tau_p b)} = \frac{\varepsilon_d}{\tau_2}\frac{I_0'(\tau_2 b)K_0(\tau_2 a) - I_0(\tau_2 a)K_0'(\tau_2 b)}{I_0(\tau_2 b)K_0(\tau_2 a) - I_0(\tau_2 a)K_0(\tau_2 b)} \tag{8-13}$$

式中，$\tau_2^2 = -\tau_1^2$，I_0 为一阶修正的贝塞尔函数。

图 8-9 为波导的色散关系，即解方程（8-12）、方程（8-13）得到的不同电子密度下的 $\beta(\omega)$ 关系，其中同轴线表面介质波导的外径、内径分别为 1.25mm、0.75mm，介质层为聚四氟乙烯，介质的介电常数 ε_d 为 2.08。

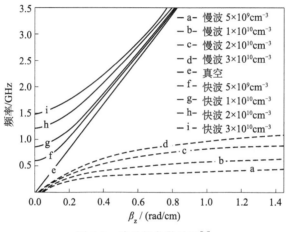

图 8-9　波导的色散关系[4]

根据波导的色散关系，采用与微波干涉仪类似的方法，通过测量经等离子体传输的微波与经参考支路传输的微波之间的相位偏移，可以测量等离子体的电子密度。由于等离子体的存在，信号的相位偏移为

$$\Delta\phi = \int_0^L (\beta_{zv} - \beta_{zp})\mathrm{d}z \tag{8-14}$$

式中，L 为传输线的长度，β_{zv}、β_{zp} 分别为真空中和等离子体中的相位常数。根据色散关系，因为 β_{zp} 与电子密度有关，通过测量传输波的相移，就可以确定对传输线作线平均的"局域"电子密度。电子密度与相位偏移之间的关系如图 8-10 所示，传输线微波干涉仪当相移接近 50°时，得到的电子密度为 $7 \times 10^{10}\,\mathrm{cm}^{-3}$。

实验中，同轴线做成 U 形，放置在真空室壁附近，如图 8-11 所示。传输线微波干涉仪实验系统组成如图 8-12 所示。系统包括：①传输线单元，安装在真空法兰上的同轴介质波导；②微波单元，提供探测用的微波，分析通过介质波导的微波相位。

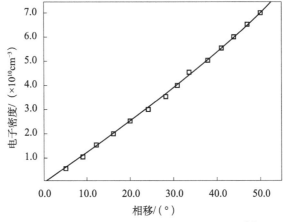

图 8-10 电子密度与相位偏移之间的关系[4]

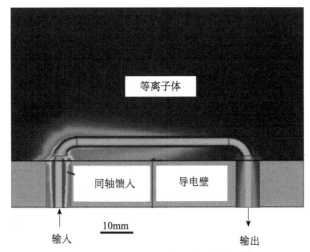

图 8-11 U形同轴线表面介质波导[4]

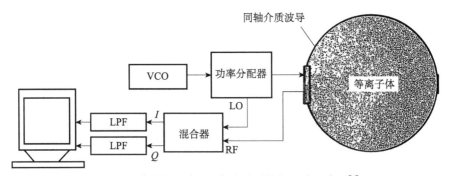

图 8-12 传输线微波干涉仪实验系统的组成示意图[4]

VCO. 压控振荡器；LPF. 数据采集卡；LO. 参考信号；RF. 介质波导信号

在微波单元中，用电压控制的振荡器产生 2.4 GHz 微波信号，利用镜像抑制混频器（I/Q 混频器）比较介质波导信号和参考信号，从混频器的两路输出 I、Q，根据下式计算出相位

$$\phi = \tan^{-1}(I/Q) \tag{8-15}$$

混频器的输出信号直接转换为数字信号，用数据采集卡记录。用 LABVIEW 程序控制数据采集和数据分析。

图 8-13（a）为用相位探测器和矢量网络分析仪测量的 Ar ICP 等离子体在不同功率下的相位偏移，两个结果符合得很好。图 8-13（b）为用传输线微波干涉仪和朗缪尔探针测量的电子密度，由于测量位置不同，两个结果也不同，但得到了相同的变化规律。

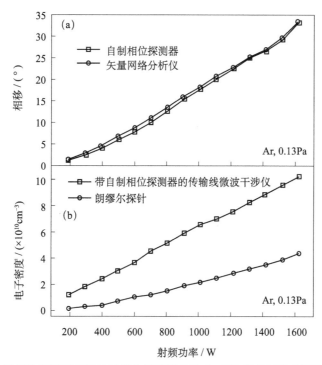

图 8-13　（a）用相位探测器和矢量网络分析仪测量的 Ar ICP 等离子体在不同功率下的相移；
（b）用传输线微波干涉仪和朗缪尔探针测量的电子密度[4]

图 8-14 为用传输线微波干涉仪监测的 ICP 刻蚀机中，在源功率 1000 W/偏压功率 200 W 时，用 Cl_2/Ar（95/5）等离子体刻蚀多晶硅时的电子密度的变化。当功率源的电源打开后，电子密度呈脉冲式增大并达到一个稳定值，当偏压电源打开后，电子密度增加约 12%。当偏压电源关闭后，由于刻蚀产物的存在，电子密度仍保持较高的值。

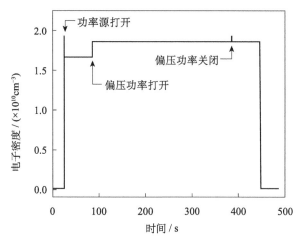

图 8-14　用传输线微波干涉仪监测的 Cl_2/Ar（95/5）等离子体刻蚀多晶硅时电子密度的变化[4]

8.3　激光干涉法

激光干涉[5] 是测量等离子体密度的另一种重要方法，主要应用于稠密等离子体的密度测量。在低温等离子体诊断中，这种方法也获得了应用，例如用激光干涉测量 SF_6 电晕放电等离子体的中性气体密度。虽然这种方法得到的相位偏移较小，但结果还是可靠的。

激光干涉法测量气体密度的基本原理是测量等离子体的折射率变化，然后采用 Gladstone-Dale 关系转化为气体密度。测量方法之一是采用 Lee-Woolsey 极化干涉仪，测量装置的组成如图 8-15 所示。

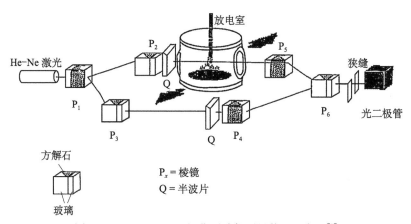

图 8-15　Lee-Woolsey 极化干涉仪测量装置示意图[5]

根据干涉仪的信号幅度 V_0 和存在放电等离子体时的输出信号 ΔV，得到相位偏移为

$$\phi = \left| \sin^{-1}(\Delta V/V_0) \right| \tag{8-16}$$

相位的变化取决于光线穿过方向上的积分折射率变化。图 8-16 为与 z 轴垂直的放电室截面图。在放电室内，密度和折射率是基团坐标的函数。在放电室外，密度和折射率假定为常数 N_0 和 n_0。

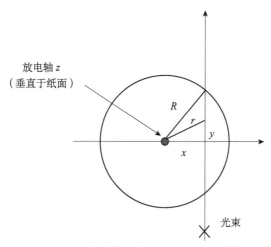

图 8-16　与 z 轴垂直的放电室截面图[5]

让干涉仪的光束在与轴相距 x 的地方穿过放电室，气体成分对光学路径的贡献正比于折射率的局域变化和长度的增量 $\mathrm{d}y$，即

$$\mathrm{d}\phi = [n(r) - n_0]\mathrm{d}y = [n(r) - n_0]\frac{r\,\mathrm{d}r}{(r^2 - x^2)^{1/2}} \tag{8-17}$$

式中，$n(r)$ 为半径 r 处的折射率。沿着光线的方向，光线的相位偏移 ϕ 为

$$\phi = 2\int_x^R [n(r) - n_0]\frac{r}{(r^2 - x^2)^{1/2}}\mathrm{d}r \tag{8-18}$$

这就是折射率 $n(r)$ 的阿贝尔变换。用逆变换可以得到

$$[n(r) - n_0] = \frac{-1}{\pi}\int_x^R \frac{\mathrm{d}\phi}{\mathrm{d}x}\frac{\mathrm{d}x}{(r^2 - x^2)^{1/2}} \tag{8-19}$$

根据不同 x 位置测量的相位偏移 ϕ，对式（8-19）积分，得到折射率 $n(r)$ 的径向分布。根据折射率 $n(r)$，利用 Gladstone-Dale 关系，可以得到 SF_6 电晕放电中 SF_6 中性气体密度 $N(r)$

$$\frac{N(r)}{N_0} = \frac{n(r) - 1}{n_0 - 1} \tag{8-20}$$

图 8-17 为正电压 SF_6 电晕放电中 SF_6 中性气体密度 $N(r)$ 的径向分布。

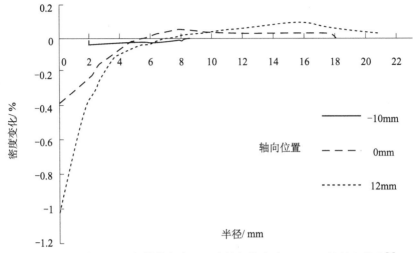

图 8-17　正电压 SF_6 电晕放电中 SF_6 中性气体密度 N（r）的径向分布[5]

8.4　激光双色干涉法

激光双色干涉法[6-7] 是用两束不同波长的光同时测量电子密度和中性气体密度的方法。激光双色干涉法的基本原理是根据等离子体中中性原子和自由电子导致的折射率的变化，确定干涉条纹的移动量，从而测量中性气体和电子的密度。

波长为 λ 的光，通过长度为 L、折射率为 n 的介质后，与参考光之间的相位差 $\Delta\phi$ 为

$$\Delta\phi = \frac{2\pi L(n-1)}{\lambda} \qquad (8\text{-}21)$$

极化率 α（ω）取决于光的频率 ω，与密度为 N 的气体的折射率 n（ω）的关系为

$$\alpha(\omega) = \frac{2\varepsilon_0 \left[n(\omega) - 1 \right]}{N} \qquad (8\text{-}22)$$

自由电子的极化率 α_e（λ）为

$$\alpha_e(\lambda) \approx -\frac{r_0 \lambda^2}{2\pi} \qquad (8\text{-}23)$$

中性气体的极化率 α_0（λ）为

$$\alpha_0(\lambda) \approx \frac{r_0}{4\pi} \sum \frac{f_{m0}\lambda^2}{1-(\lambda_{m0}/\lambda)^2} \qquad (8\text{-}24)$$

式中，λ_{m0} 为 m 能级与基态之间吸收振荡强度为 f_{m0} 的跃迁，对共振跃迁的整个范围求和。对于波长 λ_1、λ_2，用式（8-21）和式（8-22），可以求出给定时间下

的解

$$\Delta\phi_1(t)\lambda_1 = 2\pi L\big[\alpha_0(\lambda_1)N_0(t)-\alpha_e(\lambda_1)N_e(t)\big] \tag{8-25}$$

$$\Delta\phi_2(t)\lambda_2 = 2\pi L\big[\alpha_0(\lambda_2)N_0(t)-\alpha_e(\lambda_2)N_e(t)\big] \tag{8-26}$$

从式（8-25）和式（8-26），得到电子密度 N_e 和中性气体密度 N_0 随时间的变化关系。计算时，假定等离子体是轴对称的，等离子体区的长度用投影法测量。

当介质折射率变化时，由于干涉条纹的移动，光强度发射变化。两个相干平面波的光强为

$$I(t) = I_1 + I_2 + 2\sqrt{I_1 I_2}\cos\phi(t) \tag{8-27}$$

式中，I_1、I_2 为光强，ϕ 为干涉束之间的相位偏移。初始的光强 I（0）直接测量，并定义为作图时的基线，从式（8-27）可以确定初始相位 ϕ（0）。在给定的时间 t，按同样的方法可以计算 ϕ（t），结果可以得到相位偏移 $\Delta\phi$（t）＝ϕ（t）－ϕ（0）。

图 8-18 为双脉冲激光烧蚀法沉积薄膜装置中激光双色干涉法测量系统示意图。使用 Mach-Zehnder 干涉仪，探测用的双波长激光分别为 632.8 nm 的 He-Ne 激光和 457.9 nm 的 Ar 激光。

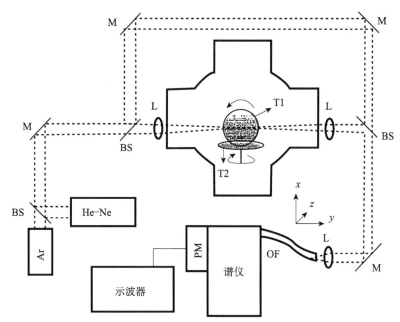

图 8-18　双脉冲激光烧蚀法沉积薄膜装置中激光双色干涉法测量系统示意图[6]
M. 反射镜；L. 透镜；BS. 分束器；T2 基片台；T1 等离子体；PM. 光电倍增管；OF. 光纤

图 8-19 为典型的相位偏移，图 8-20 为双脉冲激光烧蚀石墨靶时测量的电子密度和中性气体密度。

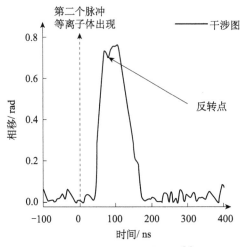

图 8-19　典型的相位偏移[6]

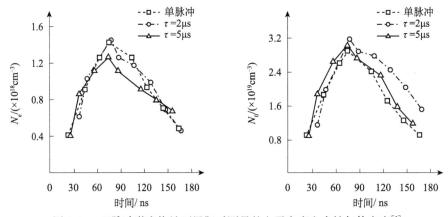

图 8-20　双脉冲激光烧蚀石墨靶时测量的电子密度和中性气体密度[6]

参 考 文 献

[1] Lieberman M A，Lichtenberg A J. Principles of Plasma Discharges and Materials Processing [M]. 2nd ed. New Jersey: John Wiley & Sons Inc，2005.

[2] Chen F F，Chang J P. Lecture Notes on Principles of Plasma Processing [M]. New York: Plenum/Kluwer Publishers，2002.

[3] Dittmann K，Küllig C，Meichsner J. 160GHz Gaussian beam microwave interferometry in low-density RF plasmas [J]. Plasma Sources Science and Technology，2012，21 (2): 024001.

[4] Chang C H，Hsieh C H，Wang H T，et al. A transmission-line microwave interferometer for plasma electron density measurement [J]. Plasma Sources Science and Technology，2007，16 (1): 67-71.

［5］ Lamb D W，Woolsey G A. Laser interferometry of SF₆ coronas ［J］. Journal of Physics D：Applied Physics，1995，28 (10)：2077-2082.

［6］ de Castro R S，Sobral H，Sánchez-Aké C，et al. Two-color interferometry and fast photography measurements of dual-pulsed laser ablation on graphite targets ［J］. Physics Letters A，2006，357 (4-5)：351-354.

［7］ Thiyagarajan M，Scharer J. Experimental investigation of ultraviolet laser induced plasma density and temperature evolution in air ［J］. Journal of Applied Physics，2008，104 (1)：013303.

第9章　放电等离子体阻抗分析技术

等离子体阻抗监测（plasma impedance monitoring，PIM）技术是一种非侵入的探测放电等离子体性能的重要诊断技术，这种技术采用等效电路理论，将等离子体和放电室用电阻、电容、电感来模拟[1]，然后将传统的电流-电压探针法与定向耦合器法相结合，完成电流、电压在线测量以及相位的精确标定，从而得到等离子体阻抗。由于放电等离子体的阻抗特性与等离子体中的物理、化学变化以及真空室内表面条件有关，因此通过对等离子体阻抗的监测，可以诊断放电等离子体、壁条件和各种物理化学反应的变化[2]，从而在等离子体刻蚀工艺的实时监控、薄膜沉积过程的等离子体化学分析等多方面得到应用。

9.1　放电等离子体阻抗分析的理论基础

采用等效电路模型研究射频放电等离子体的特性，是射频放电等离子体性能研究的重要方法之一。根据 Schneider[3] 提出的射频放电等离子体等效电路模型，射频放电等离子体由体等离子体等效电路和电极鞘层等效电路串联组成，如图 9-1 所示。体等离子体等效电路包含了随机电子加热电阻 R_{st}，电子与气体原子碰撞电阻 R_ν，位移电流产生的电容 C_0，以及射频电场中电子惯性产生的电感 L_0[3-4]。电极鞘层等效电路包含了鞘电容 C'_{sh} 和鞘电阻 R'_{sh}[3-4]。

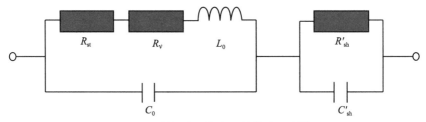

图 9-1　射频放电等离子体等效电路[3]

对于体等离子体等效电路，位移电流产生的电容 C_0 一般在高气压下（>133 Pa）对等离子体阻抗具有明显影响[3]。而电子惯性产生的电感 L_0 则与电源驱动频率 ω、电子等离子体频率 ω_{pe} 有关，在满足 $\omega \ll \omega_{pe}$ 时，电感 L_0 可以忽略[3]。对于容性耦合放电、磁控溅射放电，通常放电气压在 $1.0 \sim 10.0$ Pa，远低于 133 Pa，因此，位移电流产生的电容 C_0 可以忽略，体等离子体等效电路的复阻抗可以写为

$$Z_p = R_{st} + R_\nu + i\omega L_0 \tag{9-1}$$

其中，随机电子加热电阻 R_{st}、电子与气体原子碰撞电阻 R_ν、射频电场中电子惯性产生的电感 L_0 分别为[3-4]

$$R_\nu = \frac{2d\nu m}{Ae^2 n} \ , \ R_{st} \approx \frac{2\vartheta_{te}m}{Ae^2 n}, \ L_0 = \frac{2dm}{Ae^2 n}$$

式中，ν 是电子原子碰撞频率，m 和 e 分别是电子的质量和电荷量，d 是等离子体半宽度，A 是放电截面，n 是体等离子体平均密度。

对于电极鞘层等效电路，其复阻抗可以写为[3-4]

$$Z_s = R_{sh} + \frac{1}{i\omega C_{sh}} \tag{9-2}$$

其中，$R_{sh} = \dfrac{R'_{sh}}{1+\omega^2 R'^2_{sh} C'^2_{sh}}$，$C_{sh} = \dfrac{\omega R'^2_{sh} C'_{sh}}{1+\omega^2 R'^2_{sh} C'^2_{sh}}$。鞘电容 C'_{sh} 与射频鞘层宽度 d_s 有关，鞘电阻 R'_{sh} 表示离子穿越鞘层时，在鞘电势 V_{sh} 作用下，加速离子的功率消耗，分别为[3]

$$C'_{sh} = \frac{A\varepsilon_0}{2d_s}, \ R'_{sh} = \frac{V^2_{sh}}{4I_i V_{dc}}$$

因此，放电等离子体的总阻抗是体等离子体复阻抗 Z_p 和鞘层复阻抗 Z_s 之和，即

$$Z = Z_p + Z_s \tag{9-3}$$

当 $\omega \ll \omega_{pe}$ 时，电子惯性造成的等离子体电感 L_0 可以忽略，等效电路可以简化为一个放电电阻和鞘层电容的串联电路，即

$$Z = (R_{st} + R_\nu + R_{sh}) - i\frac{1}{\omega C_{sh}} \tag{9-4}$$

此时，阻抗虚部 X 呈现容抗特性。这时，放电等离子体等效电路可以简化为"容性鞘模型"，如图 9-2 所示，即 $Z = R_p + jX_s$[3-4]，这里电阻 R_p 包含了体等离子体电子加热和鞘层中离子加速损耗，而 X_s 则与射频鞘层宽度有关。对于平板电极，X_s 可以写为[4]

$$X_s = (C_s \omega)^{-1}, \ C_s = \varepsilon_0 S d_s^{-1}$$

其中，C_s 为鞘层等效电容，ε_0 为真空介电常量，S 为电极面积，d_s 为平均射频鞘层厚度。因此，通过测量放电阻抗，可以获得平均射频鞘层厚度。

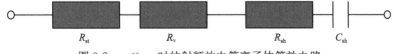

图 9-2 $\omega \ll \omega_{pe}$ 时的射频放电等离子体等效电路

当 $\omega \gg \omega_{pe}$ 时，电子惯性造成的等离子体电感 L_0 不能忽略。等离子体阻抗虚部 X 包含了电子惯性感抗和鞘层容抗，如图 9-3 所示，因此，放电等离子体的总阻抗 Z 可以写为

$$Z = (R_{st} + R_v + R_{sh}) + i\left(\omega L_0 - \frac{1}{\omega C_{sh}}\right) \tag{9-5}$$

此时，阻抗虚部 X 可能呈现容抗特性，也可能呈现感抗特性，或为零，取决于电子惯性感抗和鞘层容抗两个因素。

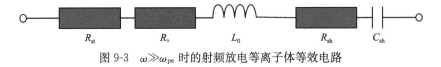

图 9-3　$\omega \gg \omega_{pe}$ 时的射频放电等离子体等效电路

9.2　放电等离子体阻抗分析射频 *V-I* 探针技术

等离子体阻抗分析的基本思想是采用电流-电压探针来测量放电电流、放电电压以及电流与电压之间的相位，得到等离子体阻抗。射频 *V-I* 探针是将传统的电流-电压探针与定向耦合器相结合，同时完成功率在线测量，以及电流、电压测量和相位的精确标定，因此成为放电等离子体阻抗分析以及其在线测量射频放电电性能参数的重要技术。

传统的测量射频放电电性能的技术有两种：①电流-电压探针法，在容性电极或感性线圈附近安装一个电流-电压探针，测量放电电流、放电电压、电流与电压之间的相位；②定向耦合器法，在功率源与匹配网络之间的传输线上安装一个定向耦合器，使耦合器的特征阻抗与传送 RF 功率的传输线阻抗相等，定向耦合器分别取样测量放电入射功率 P_F、反射功率 P_R，根据两者差得到放电吸收功率 $P_{ABS} = P_F - P_R$。射频 *V-I* 探针将这两种技术相结合，实现功率在线测量，电流、电压测量以及相位的精确标定。

以 Octiv 射频 *V-I* 探针为例，射频 *V-I* 探针的测量原理如下[5-6]：探针采用一对测量传感器 A、B，其中 A 作为入射测量传感器，B 作为反射测量传感器，这对传感器的电路图，如图 9-4 所示。

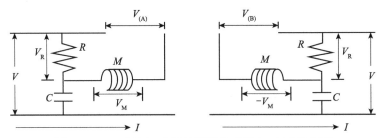

图 9-4　Octiv 射频 *V-I* 探针测量传感器 A、B 电路图[5]

在图 9-4 中，电压 $V_{(A)}$、$V_{(B)}$ 分别为

$$V_{(A)} \propto V + I \tag{9-6}$$

$$V_{(B)} \propto \alpha V - \beta I \tag{9-7}$$

其中，α、β 分别为两个传感器的电流、电压差。整理得到

$$V \propto [\beta V_{(A)} + V_{(B)}]/(\alpha + \beta) \tag{9-8}$$

$$I \propto [\alpha V_{(A)} - V_{(B)}]/(\alpha + \beta) \tag{9-9}$$

在传输线任何位置，电压为入射与反射电压之和，电流为入射与反射电流之差，因此

$$V = V_{F} + V_{R}, \quad I = I_{F} - I_{R} \tag{9-10}$$

$$I = (V_{F} - V_{R})/Z_{0} \tag{9-11}$$

其中，$V_{F} = (V + 50I)/2$，$V_{R} = (V - 50I)/2$。根据测得的 V、I 及相位，便可以获得复阻抗及阻抗实部、虚部。图 9-5 为 Octiv 射频 $V\text{-}I$ 探针的测量探头结构示意图。

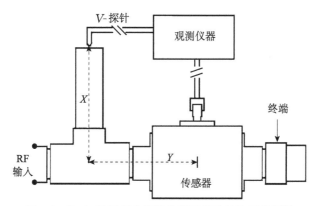

图 9-5　Octiv 射频 $V\text{-}I$ 探针的测量探头结构示意图[7]

采用 Octiv 射频 $V\text{-}I$ 探针测量时，它使用一个简单的回路从 RF 磁场获取电流，用电容从电场获取电压，对获取的电流、电压进行校准，然后转变为 14 比特精度的数字信号并输入现场可编程门阵列（FPGA），在 FPGA 中可以在几个微秒内采集一个发射信号，如图 9-6 所示。Octiv 的高速 FPGA 采集电流、电压波形并对信号进行快速傅里叶变换（FFT），在 FFT 电流、电压谱中，基频呈现为主峰，而谐波和调制成分则呈现为噪声，这样可以隔离谐波和多频的相互调制成分，然后构造一种频谱分析仪和示波器相混合的波形，实现测量。Octiv 射频 $V\text{-}I$ 探针的重要技术特点在于[7-8]：①可以隔离谐波和多频的相互调制成分，从而获得基频波形，并构造一种频谱分析仪和示波器相混合的波形；②除了可以获得电流-时间（$I\text{-}t$）、电流-频率（$I\text{-}f$）特性，还可以获得 $I\text{-}V$ 特性的实部和虚部，因此在等离子体分析中具有重要作用。

射频 $V\text{-}I$ 探针的测量系统包含参数测量仪和软件测控系统。测量探头采用匹

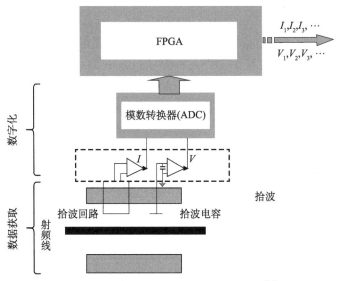

图 9-6　Octiv 射频 V-I 探针的测量原理[7]

配器后置安装方式，即置于功率匹配器与溅射靶之间，通过 USB（通用串行总线）连接方式提供电源并存取数据，使用软件系统控制传感器并采集、显示数据。可以测量的参数有：电压、电流、相位、入射功率、反射功率、复阻抗、离子通量。以 Octiv 射频 V-I 探针为例，测量的主要参数范围：功率为 $0 \sim 12.5$ kW，电压（方均根值）V_{rms} 为 $20 \sim 3000$ V，电流（方均根值）I_{rms} 为 $0.1 \sim 20$ A，相位为 $180°$，频率范围为 350 kHz~ 100 MHz（点频模式）。

9.3　放电等离子体阻抗分析的应用

9.3.1　在磁控放电鞘层研究中的应用

在磁控溅射沉积薄膜时，靶表面鞘层对轰击靶面离子的能量和维持磁控溅射放电的电子能量具有重要的影响，在磁控溅射中起着关键作用。射频 V-I 探针是非侵入的、受溅射环境影响小的诊断技术，可以克服一些侵入式诊断技术的弊端，在磁控放电鞘层特性的实验诊断中具有应用的可能性。

Liu 等采用射频 V-I 探针技术，通过测量 13.56 MHz 磁控溅射放电的等离子体阻抗，利用等式 $X_{\mathrm{s}} = (C_{\mathrm{s}}\omega)^{-1}$ 及 $C_{\mathrm{s}} = \varepsilon_0 S d_{\mathrm{s}}^{-1}$，计算得到靶表面鞘层的平均厚度 d_{s}[9-10]。图 9-7 为 Ag、Cu、Al 靶 13.56 MHz 磁控溅射放电时靶表面鞘层平均厚度 d_{s} 随溅射功率的变化关系。可以看到，鞘层平均厚度 d_{s} 均随溅射功率的增大而减小，并且观察到靶材对鞘层平均厚度 d_{s} 具有影响。对于靶面磁场为

780 Gs 的磁控溅射放电，鞘层平均厚度 d_s 在十分之一 mm 左右。测量结果与其他实验诊断结果进行比较，具有一定的合理性。磁控溅射靶面鞘层厚度的理论预计在 1 mm 数量级[11-12]，但实验测量的鞘层厚度分布较宽，在几毫米到几厘米之间[13-16]。Shidoji 通过测量等离子体电势获得的鞘层厚度为 $d_s=3$ mm（对应的实验条件为：靶表面磁场 $B_{max}=250$ Gs，放电气压 0.4 Pa)[13]，Rossnagel 通过测量等离子体电势获得的鞘层厚度为 $d_s=5$ mm 和 1.2 mm（对应的实验条件：靶表面磁场为 $B_{max}=165$ Gs，放电气压为 0.7 Pa 和 4 Pa)[14]，Bowden 通过激光诱导荧光技术测量得到的鞘层厚度为 $d_s=1.7$ mm、2.2 mm、3.1 mm（对应的实验条件为：靶表面磁场 $B_{max}=450$ G、400 G、200 G)[15]，而 Kakati 等采用发射探针测量的鞘层厚度达到 3 cm 左右[16]。在 Liu 的工作中，靶表面磁场较强（$B_{max}=780$ Gs），根据 Bultinck、Nanbu 等模拟的磁场对鞘层的影响，鞘层厚度随着磁场增大而减小[17-18]，因此，采用射频 V-I 探针技术，通过测量放电等离子体阻抗来估计鞘层厚度具有可行性。

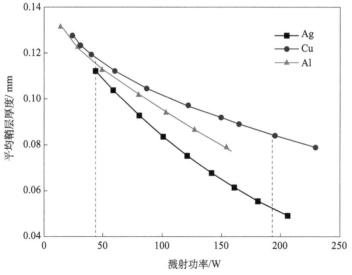

图 9-7　Ag、Cu、Al 靶 13.56 MHz 磁控溅射放电时
靶表面鞘层平均厚度 d_s 随溅射功率的变化关系

9.3.2　在射频、甚高频放电特性研究中的应用

多种频率驱动的放电是等离子体物理与技术关注的重要内容，多种频率驱动的放电等离子体阻抗特性对于分析放电机理具有参考作用。在放电等离子体阻抗特性研究方面，13.56 MHz 射频放电的等离子体阻抗特性是主要研究内容，Liu 等将放电驱动频率扩展到 2～60 MHz 的范围，得到了一些特殊结果。

Liu 等研究了不同溅射驱动频率（2 MHz、13.56 MHz、27.12 MHz、60 MHz）下 Ag、Cu、Al 靶溅射时的等离子体阻抗特性[9-10]。图 9-8 为溅射气压 3.5 Pa 下，不同溅射驱动频率时的复阻抗模 $|Z|$ 随放电电流的变化关系。对于 2 MHz 和 13.56 MHz 磁控溅射，复阻抗模 $|Z|$ 均随放电电流的增加而减小。在溅射频率为 27.12 MHz 时，随着放电电流的增加，Cu 靶的复阻抗模 $|Z|$ 呈减小趋势，Ag、Al 靶的复阻抗模 $|Z|$ 降低到一个最小值后转变为增大趋势。当溅射频率为 60 MHz 时，放电复阻抗模 $|Z|$ 均随放电电流的增加而增大，表现出与 2 MHz、13.56 MHz、27.12 MHz 不同的变化趋势。因此，驱动频率对放电等离子体阻抗具有显著影响。

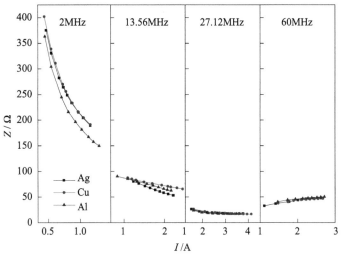

图 9-8　2 MHz、13.56 MHz、27.12 MHz 和 60 MHz
放电等离子体复阻抗模 $|Z|$ 随放电电流的变化关系

放电等离子体复阻抗与阻抗实部 R 和虚部 X 特性有关。图 9-9 为溅射放电等离子体阻抗实部 R 随放电电流的变化关系。对于 2 MHz 磁控溅射，阻抗实部 R 随放电电流的增加而减小，然而对于 13.56 MHz、27.12 MHz、60 MHz 磁控溅射，阻抗实部 R 均随放电电流的增加而增大，呈现不同的变化趋势。根据电阻随电流的变化关系，可以分析放电机理。通常情况下，R-I 特性在低电流区表现为 $R \propto I^{-1}$ 的关系，而随着放电电流的增加，阻抗实部 R 呈逐渐增大的趋势[3]。这种 R-I 特性表明在低电流区，等离子体对放电电阻起决定作用，随着放电电流的增加，这时由于跨越鞘层的 DC 鞘电压对离子的加速作用，转变为鞘层对放电电阻起决定作用[3]。在图 9-9 中，只有在 2 MHz 溅射频率时，存在 $R \propto I^{-1}$ 的关系，而在 13.56 MHz、27.12 MHz、60 MHz 溅射放电时，阻抗实部 R 均随放电电流的增加而增大。因此，在 13.56 MHz、27.12 MHz、60 MHz 溅射放电时，鞘层中离子加速损耗产生的电阻控制阻抗特性，在 2 MHz 溅射频率时，体等离子体电子加热产生的等离子体电阻对阻抗特性有重要影响。

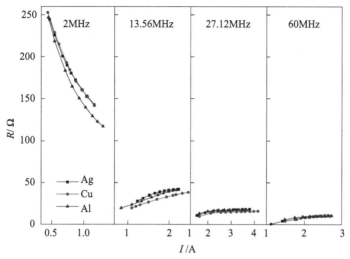

图 9-9 2 MHz、13.56 MHz、27.12 MHz 和 60 MHz
放电等离子体阻抗实部 R 随放电电流的变化关系

图 9-10 为溅射放电等离子体阻抗虚部 X 随放电电流的变化关系。对于 2 MHz、13.56 MHz 磁控溅射，阻抗虚部 X 均为负值，呈现出容抗特性，并随放电电流的增加而减少。在溅射频率 27.12 MHz 时，对于 Cu 靶，阻抗虚部 X 始终为负值，表现出容抗特性，并随着放电电流的增加而减少，但对于 Ag 靶和 Al 靶，随着放电电流增大到 3.38 A（Al 靶）和 3.74 A（Ag 靶），阻抗虚部 X 从负值降低到 0，并随着放电电流的进一步增大，阻抗虚部 X 变为正值。因为虚部 X 为正值时为感抗特性，所以阻抗虚部 X 从负值变为正值意味着放电等离子体阻抗从容抗特性变为感抗特性，并且在放电电流为 3.38 A（Al 靶）和 3.74 A（Ag 靶）时，虚部 $X=0\Omega$，此时鞘层容抗完全被等离子体感抗补偿。这种鞘层容抗和等离子体电抗的相互补偿的现象是电子惯性增强对等离子体阻抗造成的影响[30]。随着驱动频率进一步增大到 60 MHz，阻抗虚部 X 均为正值，呈现出感抗特性，并随着放电电流的增加而增大。这种变化趋势与一般直流和射频溅射放电不同，表明电子惯性产生的感抗决定着阻抗虚部 X 的特性。

9.3.3 在等离子体刻蚀中的应用

利用等离子体阻抗变化对等离子体刻蚀工艺进行实时监控，是等离子体阻抗分析的重要应用。

Dewan 等[19] 将等离子体阻抗监测（PIM）技术应用于 SF_6 等离子体反应刻

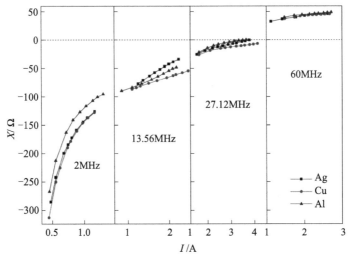

图 9-10 2 MHz、13.56 MHz、27.12 MHz 和 60 MHz
放电等离子体阻抗虚部 X 随放电电流的变化关系

蚀 Si 基底上 SiO_2 层的终点探测，通过监测射频电流和射频电压的基波和前四个谐波的变化、射频电流和射频电压之间的相位、射频功率和射频阻抗来确定终点条件（图 9-11）。发现用等离子体阻抗监控仪在匹配器后端测量的射频电流和射频电压的基波相位 φ_1 是终点探测条件确定的较好的工艺控制参数。

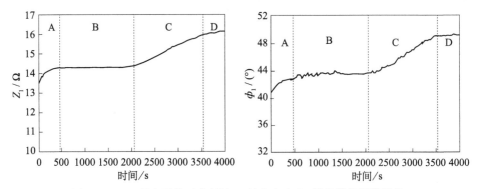

图 9-11 SF_6 等离子体反应刻蚀 Si 基底上 SiO_2 层的等离子体阻抗、
基波相位 φ_1 随刻蚀时间的变化关系[19]
RF 功率 100 W，放电气压 8 Pa，SF_6 流量 5.2 sccm

Jang 等[2] 将 PIM 技术应用于 SiO_2 层刻蚀的终点探测，通过 I-V 监测系统测量的阻抗谐波信号的变化来确定终点。并通过改进的主分量分析（modified principal component analysis，mPCA）技术增强了 SiO_2 层刻蚀的监测的灵敏度。发现 PIM 探测技术比 OES 技术具有更好的灵敏度，在使用了 mPCA 技术后，刻蚀终点探测的灵敏度提高了 2.03 倍。认为将 mPCA 技术与 PIM 探测技术相结合，可以成为刻蚀终点探测的灵敏工具。

Motomura 等[20] 将定向耦合器和矢量处理系统相结合，研发了一种高灵敏度特征阻抗监测（characteristic impedance monitoring，CIM）系统，应用于 CF_4 等离子体刻蚀 SiO_2/Si 晶片的刻蚀终点探测（图 9-12），和 SF_6-N_2 等离子体刻蚀工艺中晶片颤动的探测（图 9-13）。

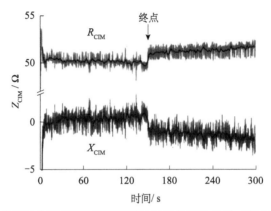

图 9-12　SiO_2/Si 晶片刻蚀的等离子体阻抗随刻蚀时间的变化关系（刻蚀终点大约在 150 s)[20]

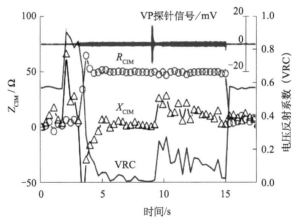

图 9-13　SF_6-N_2 等离子体刻蚀工艺中阻抗 R_{CIM}、X_{CIM} 等
随刻蚀时间的变化关系（晶片颤动出现在 8 s)[20]

Ohmori 等[21] 将 PIM 技术应用于 SiN 层刻蚀的研究，建立了 SiN 刻蚀率的变化与等离子体阻抗之间的关联，从而可以用离子体阻抗监测仪来确定刻蚀的临界尺寸，SiN 刻蚀率与 PIM 测得的电纳 B、电流 I、电抗 X 和电阻 R 存在紧密关联（图 9-14）。

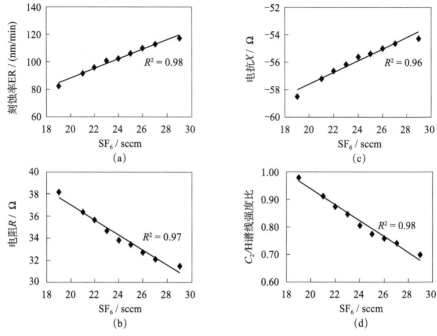

图 9-14　SiN 层刻蚀的刻蚀率、电阻 R、电抗 X、C_2/H 谱线
强度比与刻蚀气体流量的关系[21]

9.3.4　放电等离子体化学分析

PIM 技术作为重要的测量诊断工具，在尘埃等离子体中尘埃颗粒的生长过程、硅烷-氩放电等离子体中粉末动力学过程、Si 薄膜沉积的相变过程的等离子体化学方面得到许多应用。

Chaudhary 等[22] 采用 PIM 技术对 Ar（10%～90%）稀释 SiH$_4$ 的 27.12 MHz PECVD 放电等离子体中粉末形成的过程（图 9-15）开展了研究。监测了颗粒从链式反应到集聚、共聚、形成粉末过程中放电电压与电流（V_r、I_{rms}）、阻抗（Z）、相位角（ϕ）、电子密度（n_e）、体电场（E_b）和鞘层厚度（d_s）的变化。进一步采用 PIM 技术对 SiH$_4$ 的 27.12 MHz 等离子体增强的 PECVD 沉积硅薄膜时从非晶硅（a-Si：H）到纳米晶硅（nc-Si：H）的相变开展了研究[23]。利用 PIM 技术监测了气压 4～53 Pa、功率 4～20 W 下的等离子体特性，发现 PIM 技术可以实时测量硅膜生长时参数精密变化的等离子体性能（图 9-16），是研究薄膜沉积相变过程的一种可能途径。

Wattieaux 等[24] 发展了采用 PIM 技术研究尘埃颗粒生长的方法。尘埃颗粒生长可以对容性耦合射频放电的阻抗特性产生显著影响，因此通过评估放电（鞘

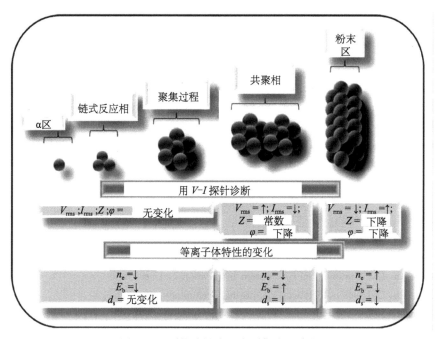

图 9-15　颗粒从链式反应到集聚、共聚、

形成粉末过程中放电电压与电流（V_r、I_{rms}）、阻抗（Z）、

相位角（ϕ）、电子密度（n_e）、体电场（E_b）和鞘层厚度（d_s）的变化[22]

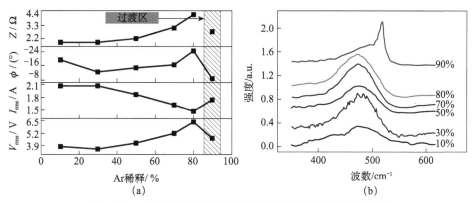

图 9-16　硅薄膜沉积的等离子体性能与薄膜结构的变化[23]

层和体等离子体）的阻抗，可以研究尘埃颗粒的生长。发现在尘埃颗粒生长时，耦合到等离子体的功率显著增加，而系统的分布电容与功率耦合密切相关。另外，等离子体中带电尘埃颗粒的尺寸演化会诱导等离子体鞘层产生静电力，因此可采用 PIM 技术通过对鞘层阻抗的分析研究尘埃颗粒的生长。

参 考 文 献

[1] Motomura T, Kasashima Y, Fukuda O, et al. Note: Practical monitoring system using characteristic impedance measurement during plasma processing [J]. Review of Scientific Instruments, 2014, 85 (2): 026103.

[2] Jang H, Nam J, Kim C K, et al. Real-time endpoint detection of small exposed area SiO$_2$ films in plasma etching using plasma impedance monitoring with modified principal component analysis [J]. Plasma Processes and Polymers, 2013, 10 (10): 850-856.

[3] Godyak V A, Piejak R B, Alexandrovich B M. Electrical characteristics of parallel-plate RF discharges in Argon [J]. IEEE Transactions on Plasma Science, 1991, 19 (4): 660-676.

[4] Chabert P, Braithwaite N. Physics of Radio-Frequency Plasmas [M]. New York: Cambridge University Press, 2011.

[5] Gahan D, Hopkins M B. Electrical characterization of a capacitive rf plasma sheath [J]. Review of Scientific Instruments, 2007, 78 (1): 016102.

[6] Impedans Ltd. Semion™ RFEA System Installation & User Guide [Z]. 2012.

[7] Impedans Ltd. Octiv RF Power Monitoring Technology [Z]. 2012.

[8] Impedans Ltd. Octiv Poly Installation & User Guide [Z]. 2012.

[9] Liu X Y, Ye C, Wang X Y, et al. Plasma impedance characteristics of radio frequency and very high-frequency magnetron discharges [J]. IEEE Transactions on Plasma Science, 2020, 48 (1): 99-103.

[10] 刘溪悦 . 2、13.56、27.12 和 60MHz 磁控溅射放电等离子体阻抗特性研究 [D]. 苏州: 苏州大学, 2020.

[11] Musschoot J, Depla D, Buyle G, et al. Investigation of the sustaining mechanisms of DC magnetron discharges and consequences for I-V characteristics [J]. Journal of Physics D: Applied Physics, 2008, 41 (1): 015209.

[12] Wendt A E, Lieberman M A, Meuth H. Radial current distribution at a planar magnetron cathode [J]. Journal of Vacuum Science and Technology A, 1988, 6 (3): 1827-1831.

[13] Shidoji E, Nemoto M, Nomura T, et al. Three-dimensional simulation of target erosion in DC magnetron sputtering [J]. Japanese Journal of Applied Physics Part1-Regular Papers Brief Communications and Review Papers, 1994, 33 (7B): 4281-4284.

[14] Rossnagel S M, Kaufman H R. Langmuir probe characterization of magnetron operation [J]. Journal of Vacuum Science and Technology A, 1986, 4 (3): 1822-1825.

[15] Bowden M D, Nakamura T, Muraoka K, et al. Measurements of the cathode sheath in a magnetron sputtering discharge using laser induced fluorescence [J]. Journal of Applied Physics, 1993, 73 (8): 3664-3667.

[16] Kakati H, Pal A R, Bailung H, et al. Sheath and potential characteristics in RF magnetron sputtering plasma [J]. Journal of Applied Physics, 2006, 100 (8): 083303.

[17] Bultinck E, Bogaerts A. The effect of the magnetic field strength on the sheath region of a DC magnetron discharge [J]. Journal of Physics D: Applied Physics, 2008, 41

(20)：202007.

[18] Nanbu K，Kondo S. Analysis of three-dimensional DC magnetron discharge by the particle-in-cell/Monte Carlo method [J]. Japanese Journal of Applied Physics Part1-Regular Papers Short Notes and Review Papers, 1997, 36（7B）：4808-4814.

[19] Dewan M N A，McNally P J，Perova T，et al. Use of plasma impedance monitoring for the determination of SF_6 reactive ion etch process end points in a SiO_2/Si system [J]. Materials Research Innovations, 2001, 5（2）：107-116.

[20] Motomura T，Kasashima Y，Uesugi F，et al. Real-time characteristic impedance monitoring for end-point and anomaly detection in the plasma etching process [J]. Japanese Journal of Applied Physics, 2014, 53（3）：03DC03.

[21] Ohmori T，Kashibe M，Une S，et al. Correlational study between SiN etch rate and plasma impedance in electron cyclotron resonance plasma etcher for advanced process control [J]. IEEE Transactions on Semiconductor Manufacturing, 2015, 28（3）：236-240.

[22] Chaudhary D，Sharma M，Sudhakar S，et al. Investigation of powder dynamics in silane-argon discharge using impedance analyser [J]. Physics of Plasmas, 2016, 23（12）：123704.

[23] Chaudhary D，Sharma M，Sudhakar S，et al. Plasma impedance analysis：A novel approach for investigating a phase transition from a-Si：H to nc-Si：H [J]. Plasma Chemistry and Plasma Processing, 2017, 37（1）：189-205.

[24] Wattieaux G，Boufendi L. Discharge impedance evolution，stray capacitance effect，and correlation with the particles size in a dusty plasma [J]. Physics of Plasmas, 2012, 19（3）：033701.

附　　录

部分受激原子、分子、离子发光特征谱线表

基团	波长/nm	体系	阈值能/eV	参考文献
Ar	394.89 404.44 415.86 419.83 420.07 425.94 433.36			[1]
Ar	430.0 462.9 517.8 636.5 667.7			[2]
Ar	696.5 738.4 763.5 794.8			[3]
Ar	750.3	$4p^1 \rightarrow 4s^1$	13.47	[1, 4, 5]
Ar	811.5	$2p_9 \rightarrow 1s_5$		[6]
Ar	842.5	$2p_8 \rightarrow 1s_4$		[7]
He	388.9	$3p^3P \rightarrow 2s^3S$	23.01	[5, 8]
Xe	823.1	$5p^56s3P \rightarrow 5p^56p1P$	9.8	[9]
H_α	656.3	$3d^2D \rightarrow 2p^2P^0$	12.09	[1, 7-8, 10-13]
H_β	486.1 486.4	$4d^2D \rightarrow 2p^2P^0$	12.70	[1, 11, 14] [12]
H_γ	434.0	$5d^2D \rightarrow 2p^2P^0$		[11, 14]
H_δ	410.2			[11]
H	375.0 377.0 379.7 383.5 388.9 397.0			[11]

基团	波长/nm	体系	阈值能/eV	参考文献
O	279.66			[15]
	280.31			
	285.37			
	383.66			
	386.05			
	397.32			
	400.74			
	412.14			
	414.35			
	423.32			
	430.72			
	599.52			
	636.63			
	639.17			
O	394.7			[10-11]
	436.8			[16]
O	368.0			[11]
	496.8			
	501.9			
	533.0			
	543.6			
	595.9			
	604.6			
	615.8			
	645.5			
	700.2			
	725.4			
	747.7			
O	615.60			[16]
	648.16			
O	777.5	$3s^5S^0 \rightarrow 3p^5P$		[4, 6, 8, 10-11, 17, 38]
O	844.7	$3s^3S^0 \rightarrow 3p^3P$		[7-8, 11, 38]
F	703.5	$3s^2P \rightarrow 3p^2P^0$	14.74	[8, 17-18]
F	730.9	$3p'^2F^0 \rightarrow 3s'^2D$		[17]
F	731.1	$3p^2S^0 \rightarrow 3s^2P$		[17]
F	748.2	$3p^4P^0 \rightarrow 3s^4P$		[17]
F	780.022	$3s^2P_1 \rightarrow 3p^2D_2$		[19]

基团	波长/nm	体系	阈值能/eV	参考文献
F	775.470	$3s^2P_2 \rightarrow 3p^2D_3$		[19]
F	760.717	$3s^2P_2 \rightarrow 3p^2D_2$		[19]
F	757.341	$3s^4P_1 \rightarrow 3p^4P_2$		[19]
F	755.224	$3s^4P_2 \rightarrow 3p^4P_3$		[19]
F	751.493	$3s^4P_1 \rightarrow 3p^4P_1$		[19]
F	748.914	$3s^2P_1 \rightarrow 3p^2S_1$		[19]
F	748.272	$3s^4P_2 \rightarrow 3p^4P_2$		[19]
F	747.654	$3s^2P_1 \rightarrow 3p^4S_2$		[19]
F	742.564	$3s^4P_2 \rightarrow 3p^4P_1$		[19]
F	739.868	$3s^4P_3 \rightarrow 3p^4P_3$		[19]
F	733.195	$3s^4P_3 \rightarrow 3p^4P_2$		[19]
F	731.431	$3s^2D_2 \rightarrow 3p^2P_3$		[19]
F	731.374	$3s^2D_3 \rightarrow 3p^2P_3$		[19]
F	731.102	$3s^2P_2 \rightarrow 3p^2S_1$		[19]
F	730.903	$3s^2D_3 \rightarrow 3p^2P_1$		[19]
F	729.900	$3s^2P_2 \rightarrow 3p^2P_2$		[19]
F	720.237	$3s^2P_1 \rightarrow 3p^2P_1$		[19]
F	712.788	$3s^2P_1 \rightarrow 3p^2P_1$		[19]
F	703.745	$3s^2P_2 \rightarrow 3p^2P_2$		[19]
F	696.635	$3s^2P_2 \rightarrow 3p^2P_2$		[19]
F	690.982	$3s^4P_1 \rightarrow 3p^4P_1$		[19]
F	690.246	$3s^4P_2 \rightarrow 3p^4P_2$		[19]
F	687.022	$3s^4P_1 \rightarrow 3p^4P_1$		[19]
F	685.602	$3s^4P_3 \rightarrow 3p^4P_3$		[19]
F	683.426	$3s^4P_2 \rightarrow 3p^4P_2$		[19]
F	679.552	$3s^4P_2 \rightarrow 3p^4P_2$		[19]
F	677.397	$3s^4P_3 \rightarrow 3p^4P_3$		[19]
F	676.697	$3s^2D_2 \rightarrow 3p^2D_2$		[19]
F	676.289	$3s^2D_2 \rightarrow 3p^2D_3$		[19]
F	670.827	$3s^4P_3 \rightarrow 3p^4D_2$		[19]

基团	波长/nm	体系	阈值能/eV	参考文献
F	669.047	$3s^4P_2 \rightarrow 3p^2D_3$		[19]
F	665.039	$3s^4P_1 \rightarrow 3p^2D_2$		[19]
F	658.038	$3s^4P_2 \rightarrow 3p^2D_2$		[19]
F	656.969	$3s^4P_3 \rightarrow 3p^2D_3$		[19]
F	646.352	$3s^4P_3 \rightarrow 3p^2D_2$		[19]
F	641.366	$3s^4P_1 \rightarrow 3p^4S_2$		[19]
F	634.850	$3s^4P_2 \rightarrow 3p^4S_2$		[19]
F	623.964	$3s^4P_3 \rightarrow 3p^4S_2$		[19]
F	621.083	$3s^4P_1 \rightarrow 3p^2P_2$		[19]
F	614.973	$3s^4P_2 \rightarrow 3p^2P_2$		[19]
F	604.753	$3s^4P_3 \rightarrow 3p^2P_2$		[19]
Cl	725.6			[4]
C	193			[11]
C	247.8			[20]
C	432.58			[1]
C	940.6			[2]
N	631	$6s^4P \rightarrow 3p^4S^0$	14.5	[14]
N	673	$4d^4P \rightarrow 3p^4P^0$	＞15	[14]
Si	250.6 251.9	$3p^2\,^1D \rightarrow 4s^3P^0$		[20-21]
Si	251.4 251.6 252.4 252.8	$3p^2\,^3D \rightarrow 4s^3P^0$	5.0	[5, 12, 20-21]
Si	288.1	$3p^1\,^1D \rightarrow 4s^1P^0$		[2, 4, 15, 20-21]
Si	290.42 390.55 504.98 505.59 578.03 591.52			[15]
Si	410.3	$^1S \rightarrow {}^3P_0$ 和 $^1D \rightarrow {}^1P_0$		[2]

基团	波长/nm	体系	阈值能/eV	参考文献
Ge	303.9			[4]
Al	394			[22]
Au	267.6		4.6	[5]
Zn	492.40	$4d^2D_{5/2} \rightarrow 4f^2F_{7/2}$		[23]
Zn	468.01	$4s4p^3P_0 \rightarrow 4s5s^3S_1$		[23]
Zn	472.21	$4s4p^3P_1 \rightarrow 4s5s^3S_1$		[23]
Zn	481.05	$4s4p^3P_2 \rightarrow 4s5s^3S_1$		[23]
Zn	636.23	$4s4p^1P_1 \rightarrow 4s4s^1D_2$		[23]
Ti	517.37 519.29 521.04	$3d^24s^2 \rightarrow 3d^24s4p$		[24]
Ti	363.55 364.27 365.35	$3d^24s^2 \rightarrow 3d^24s4p$		[24]
Ti	498.17 499.12 499.95 500.72 501.43	$3d^24s \rightarrow 3d^34p$		[24]
Ni	324.84	$3d^9 \ (^2D) \ 4s \rightarrow 3d^8 \ (^3F) \ 4s4p \ (^3P°)$		[40]
Ni	335.10	$3d^8 \ (^3F) \ 4s^{20} \rightarrow 3d^8 \ (^3F) \ 4s4p \ (^3P°)$		[40]
Ni	394.61	$3d^8 \ (^3F) \ 4s^2 \rightarrow 3d^8 \ (^3F) \ 4s4p \ (^3P°)$		[40]
Ni	468.62	$3d^8 \ (^3F) \ 4s4p \ (^3P°) \rightarrow 3d^84s \ (^4F) \ 5s$		[40]
Ni	472.92	$3d^8 \ (^3F) \ 4s4p \ (^3P°) \rightarrow 3d^84s \ (^2F) \ 5s$		[40]
Ni	481.19	$3d^9 \ (^2D) \ 4p \rightarrow 3d^8 \ (^1S) \ 4s^2$		[40]
Fe	324.30 327.64 328.45 329.20 330.35 396.31 453.16 454.19 458.71 465.64 470.62			[40]

基团	波长/nm	体系	阈值能/eV	参考文献
Ar^+	666.6			[2]
O^+	360 525 563			[25]
O_2^+	525 559 587 597 635			[38]
Si^+	634.7			[2]
H_2^+	752			[21]
N_2^+	391.4 427.8	$B^2\Sigma_u^+ \rightarrow X^2\Sigma_g^+$	18.7	[14, 26-27]
CO^+	180.0~315.0 219~255	$B^2\Sigma \rightarrow X^2\Sigma$		[17] [11]
CO^+	219~255	$B^2\Sigma \rightarrow X^2\Sigma$		[28]
CO^+	309~640	$A^2\Pi \rightarrow X^2\Sigma$		[28]
CO_2^+	287.5~289.7 288.3 289.6	$A^2\Sigma \rightarrow X^2\Pi$		[17] [11, 28] [11, 28]
CO_2^+	414			[29]
SiH^+	399.3	$A^1\Pi \rightarrow X^2\Pi$		[2]
CF_2^+	290.0	$4b_2 \rightarrow 6a_1$ (4)		[8]
CF	197.0~220.0	$B^2\Delta \rightarrow X^2\Pi$		[17]
CF	207.6	$B^2\Delta \rightarrow X^2\Pi$	~6	[8]
CF	202.4	$B^2\Delta \rightarrow X^2\Pi$		[30]
CF	232.8	$A^2\Sigma \rightarrow X^2\Pi$		[30]
CF_2	220.0~280.0	$A^1B_1 \rightarrow X^1A_1$		[17]
CF_2	248.4	$A^1B_1 \rightarrow X^1A_1$		[30]
CF_2	251.9	$A^1B_1 \rightarrow X^1A_1$		[30]
CF_2	276.0	$A^1B_1 \rightarrow X^1A_1$	~4.5	[8]
CF_3	610.0			[39]
F_2	386.9		<11	[8, 19, 31]

基团	波长/nm	体系	阈值能/eV	参考文献
F_2	403.8			[8, 19, 31]
HF	442.7			[8, 19, 31]
HF	487.2			[8, 19, 31]
C_2	469.7	$a^3\Pi_g \rightarrow d^3\Pi_g$，$\Delta v=+1$	～6	[32]
C_2	471.5	$a^3\Pi_g \rightarrow d^3\Pi_g$ (1, 2)，$\Delta v=+1$		[32]
C_2	473.7	$a^3\Pi_g \rightarrow d^3\Pi_g$ (0, 1)，$\Delta v=+1$	～4.5	[32]
C_2	509.7	$a^3\Pi_g \rightarrow d^3\Pi_g$ (2, 2)，$\Delta v=0$		[32]
C_2	512.9	$a^3\Pi_g \rightarrow d^3\Pi_g$ (1, 1)，$\Delta v=0$	<11	[32-33]
C_2	516.5	$a^3\Pi_g \rightarrow d^3\Pi_g$ (0, 0)，$\Delta v=0$		[2, 25, 32-33]
C_2	550.2	$a^3\Pi_g \rightarrow d^3\Pi_g$，$\Delta v=-1$		[32]
C_2	554.0	$a^3\Pi_g \rightarrow d^3\Pi_g$ (3, 2)，$\Delta v=-1$		[32]
C_2	558.5	$a^3\Pi_g \rightarrow d^3\Pi_g$ (2, 1)，$\Delta v=-1$	14.74	[32]
C_2	563.5	$a^3\Pi_g \rightarrow d^3\Pi_g$ (1, 0)，$\Delta v=-1$		[32]
C_3	399.3	$^1\Sigma_g^+$ (000) $\rightarrow {}^1\Pi_g$ (020)		[32]
C_3	402.1	$^1\Sigma_g^+$ (000) $\rightarrow {}^1\Pi_g$ (010)		[32]
C_3	404.4	$^1\Sigma_g^+$ (030) $\rightarrow {}^1\Pi_g$ (010)		[32]
C_3	405.3	$^1\Sigma_g^+$ (000) $\rightarrow {}^1\Pi_g$ (000)		[2, 32]
C_3	407.4	$^1\Sigma_g^+$ (020) $\rightarrow {}^1\Pi_g$ (000)		[32]
C_3	410.0	$^1\Sigma_g^+$ (040) $\rightarrow {}^1\Pi_g$ (000)		[32]
H_2	461.9 462.6 462.8 463.2 463.4 463.5	$G^1\Sigma_g^+ \rightarrow B^1\Sigma_u^+$		[2]
H_2	463	$G^1\Sigma_g^+ \rightarrow B^1\Sigma_u^+$	19	[14]
H_2	603.19	$3p^3\Pi_u \rightarrow 2s^3\Sigma_g$	14.00	[31]
H_2	597.5 608 622.5			[13]
H_2	200～320	$^3\Sigma_g \rightarrow {}^3\Sigma_u$		[28]

基团	波长/nm	体系	阈值能/eV	参考文献
H_2	$453\sim464$	$G^1\Sigma_g^+\rightarrow B^1\Sigma_u^+$		[28]
H_2	$580\sim650$	$d^3\Pi_u\rightarrow a^3\Sigma_g^+$		[28]
H_2	$407\sim835$			[20]
CH	387.1 388.9 390	$B^2\Sigma\rightarrow X^2\Pi$		[28] [28, 14, 33]
CH	431.4 434	$A^2\Delta\rightarrow X^2\Pi$ $B^2\Sigma\rightarrow X^2\Pi$	<11	[5, 28] [21]
CH	430	$A^2\Delta\rightarrow X^2\Pi$	13.4	[14, 29]
CH_2	347.0			[2]
CHO	350.1			[10]
OH	$281\sim309$ $281.13\sim282.9$ $306.36\sim308.9$ $306.1\sim330$	$A^2\Sigma^+\rightarrow X^2\Pi$		[11, 28] [20] [20] [22]
OH	285 306			[25] [21]
OH	306.4 308.9 309.3	$A^2\Sigma^+\rightarrow X^2\Pi$		[11] [34] [7, 26]
CN	$311.0\sim461.0$	$B^2\Sigma\rightarrow X^2\Sigma$		[17]
CN	422	$B^2\Sigma\rightarrow X^2\Sigma$	>14	[14]
CN	386.2 387.1 388.3	$B^2\Sigma\rightarrow X^2\Sigma$		[33]
N_2	337.1	$C^3\Pi_g\rightarrow B^3\Pi_g$	11.2	[5, 8]
N_2	316 357 380 400 420	$B^3\Pi_g\rightarrow A^3\Sigma_u^+$	11.1	[14]
N_2	$281.4\sim497.6$			[17]

基团	波长/nm	体系	阈值能/eV	参考文献
N_2	540 580 650 750	$B^3\Pi_g \rightarrow A^3\Sigma_u^+$	>9.76	[14]
CO	266			[21, 25]
CO	282.73 297.12 312.61 329.84 450.65 482.90 519.23 560.45			[16]
CO	519.8 520.0	$B^1\Sigma \rightarrow a^1\Pi$		[27, 35] [8]
CO	483.5 561.0			[35]
CO	114.0~280.0	$A^1\Pi \rightarrow X^1\Sigma$		[17]
CO	180~255	$A^1\Pi \rightarrow X^1\Sigma$		[11, 28]
CO	206~258	$a^3\Pi \rightarrow X^1\Sigma$		[11, 28]
CO	230~271	$c^3\Pi \rightarrow a^3\Sigma$		[17, 28]
CO	252~275	$d^3\Delta \rightarrow a^3\Pi$		[11, 28]
CO	266~383	$b^3\Sigma \rightarrow a^3\Pi$		[17, 28]
CO	283~370	$b^3\Sigma \rightarrow a^3\Pi$		[11, 28]
CO	401~647	$d^3\Delta \rightarrow a^3\Pi$		[11, 28]
CO	412.0~612.0	$B^1\Sigma \rightarrow A^1\Pi$		[17]
CO	451~608	$B^1\Sigma \rightarrow A^1\Pi$		[11, 28]
CO	575~800	$a'^3\Sigma \rightarrow a^3\Pi$		[11, 28]
SiH	414.3 412.8	$A^2\Delta \rightarrow X^2\Pi$		[2, 28] [12, 36]
SiH_2	552.7 579.7 609.8			[2]
Si_2	348.9 356.8 362.5	$L^3\Pi_2 \rightarrow D^3\Pi_0$		[2]

基团	波长/nm	体系	阈值能/eV	参考文献
SiC$_2$	497.7	$^1\Pi \rightarrow \,^1\Sigma$		[2]
SiO	216~292	$A^1\Pi \rightarrow X^1\Sigma$		[20, 28]
	248			[21]
SiO	424.2			[4]
SiF	424.08 427.02 430.13 433.44 436.82 439.83~440.05 442.98~443.02 446.20 449.58 453.16~453.59 456.95	$A^2\Sigma^+ \rightarrow X^2\Pi$	2.82	[37]
SiF	443			[18]
SiF$_2$	372.10 380.00 380.90 385.00 390.15 395.46 400.85 406.45	$^3B_1 \rightarrow \,^1A_1$	3.27	[37]
SiF$_3$	238.27 240.22~240.73 242.20~242.74 244.73~245.25	$^2B_1 \rightarrow X^2A_1$	5.47	[37]
SiF$_3$	253			[18]
AlO	484.4~490.0			[22]
ErO	506			[4]

参 考 文 献

[1] Zambrano G, Riascos H, Prieto P, et al. Optical emission spectroscopy study of r. f. magnetron sputtering discharge used for multilayers thin film deposition [J]. Surface and Coatings Technology, 2003, 172 (2-3): 144-149.

[2] Thomas L, Maillé L, Badie J M, et al. Microwave plasma chemical vapour deposition of

tetramethylsilane: Correlations between optical emission spectroscopy and film characteristics [J]. Surface and Coatings Technology, 2001, 142-144: 314-320.

[3] Dony M F, Ricard A, Dauchot J P, et al. Optical diagnostics of d. c. and r. f. argon magnetron discharges [J]. Surface and Coatings Technology, 1995, 74-75 (1-3): 479-484.

[4] Kholodkov A V, Golant K M, Nikolin I V. Nano-scale compositional lamination of doped silica glass deposited in surface discharge plasma of SPCVD technology [J]. Microelectronic Engineering, 2003, 69 (2-4): 365-372.

[5] Durrant S F, Mota P R, de Moraes M A B. Plasma polymerized hexamethyldisiloxane: Discharge and film studies [J]. Vacuum, 1996, 47 (2): 187-192.

[6] Gicquel A, Chenevier M, Hassouni K, et al. Validation of actinometry for estimating relative hydrogen atom densities and electron energy evolution in plasma assisted diamond deposition reactors [J]. Journal of Applied Physics, 1998, 83 (12): 7504-7521.

[7] Czerwiec T, Gavillet J, Belmonte T, et al. Determination of O atom density in Ar-O_2 and Ar-O_2-H_2 flowing microwave discharges [J]. Surface and Coatings Technology, 1998, 98 (1-3): 1411-1415.

[8] D'Agostino R, Cramarossa F, Illuzzi F. Mechanisms of deposition and etching of thin films of plasma-polymerized fluorinated monomers in radiofrequency discharges fed with C_2F_6-H_2 and C_2F_6-O_2 mixtures [J]. Journal of Applied Physics, 1987, 61 (8): 2754-2762.

[9] Sumiya S, Mizutani Y, Yoshida R, et al. Plasma diagnostics and low-temperature deposition of microcrystalline silicon films in ultrahigh-frequency silane plasma [J]. Journal of Applied Physics, 2000, 88 (1): 576-581.

[10] Horii N M, Okimura K, Shibata A. Investigation of SiO_2 deposition processes with mass spectrometry and optical emission spectroscopy in plasma enhanced chemical vapor deposition using tetraethoxysilane [J]. Thin Solid Films, 1999, 343-344: 148-151.

[11] Nicolazo F, Goullet A, Granier A, et al. Study of oxygen/TEOS plasmas and thin SiO_x films obtained in an helicon diffusion reactor [J]. Surface and Coatings Technology, 1998, 98 (1-3): 1578-1583.

[12] Hsiao H L, Hwang H L, Yang A B, et al. Study on low temperature facetting growth of polycrystalline silicon thin films by ECR downstream plasma CVD with different hydrogen dilution [J]. Applied Surface Science, 1999, 142 (1-4): 316-321.

[13] Yoon S F, Tan K H, Zhang Q, et al. Effect of microwave power on the electron energy in an electron cyclotron resonance plasma [J]. Vacuum, 2001, 61 (1): 29-35.

[14] Clay K J, Speakman S P, Amaratunga G A J, et al. Characterization of a-C : H : N deposition from CH_4/N_2 RF plasmas using optical emission spectroscopy [J]. Journal of Applied Physics, 1996, 79 (9): 7227-7233.

[15] Escobar-Alarcón L, Camps E, Haro-Poniatowski E, et al. Characterization of rear-and front-side laser ablation plasmas for thin-film deposition [J]. Applied Surface Science, 2002, 197: 192-196.

[16] Steen M L, Butoi C I, Fisher E R. Identification of gas-phase reactive species and chemical

mechanisms occurring at plasma-polymer surface interfaces [J]. Langmuir, 2001, 17 (26): 8156-8166.

[17] D'Agostino R, Cramarossa F, De Benedictis S, et al. Spectroscopic diagnostics of CF_4-O_2 plasmas during Si and SiO_2 etching processes [J]. Journal of Applied Physics, 1981, 52 (3): 1259-1265.

[18] Zhang J, Fisher E R. Creation of SiOF films with SiF_4/O_2 plasmas: From gas-surface interactions to film formation [J]. Journal of Applied Physics, 2004, 96 (2): 1094-1103.

[19] Harshbarger W R, Porter R A, Miller T A, et al. A study of the optical emission from an RF plasma during semiconductor etching [J]. Applied Spectroscopy, 1977, 31 (3): 201-207.

[20] Benissad N, Boisse-Laporte C, Vallée C, et al. Silicon dioxide deposition in a microwave plasma reactor [J]. Surface and Coatings Technology, 1999, 116-119: 868-873.

[21] Aumaille K, Vallée C, Granier A, et al. A comparative study of oxygen/organosilicon plasmas and thin $SiO_xC_yH_z$ films deposited in a helicon reactor [J]. Thin Solid Films, 2000, 359 (2): 188-196.

[22] Tristant P, Ding Z, Vinh Q B T, et al. Microwave plasma enhanced CVD of aluminum oxide films: OES diagnostics and influence of the RF bias [J]. Thin Solid Films, 2001, 390 (1-2): 51-58.

[23] Joshy N V, Isaac J, Jayaraj M K. Characterization of ZnO plasma in a radio frequency sputtering system [J]. Journal of Applied Physics, 2008, 103 (12): 123305.

[24] Gaillard M, Britun N, Kim Y M, et al. Titanium density analysed by optical absorption and emission spectroscopy in a DC magnetron discharge [J]. Journal of Physics D: Applied Physics, 2007, 40 (3): 809-817.

[25] Bang S B, Chung T H, Kim Y. Plasma enhanced chemical vapor deposition of silicon oxide films using TMOS/O_2 gas and plasma diagnostics [J]. Thin Solid Films, 2003, 444 (1-2): 125-131.

[26] Diamy A M, Legrand J C, Moritts A, et al. Measurements by optical and mass spectrometry of the density of active species in the flowing afterglow of a N_2/ ($10^{-4}-10^{-3}$) CH_4 plasma [J]. Surface and Coatings Technology, 1999, 112 (1-3): 38-42.

[27] Kiesow A, Heilmann A. Deposition and properties of plasma polymer films made from thiophenes [J]. Thin Solid Films, 1999, 343-344: 338-341.

[28] Granier A, Vervloet M, Aumaille K, et al. Optical emission spectra of TEOS and HMDSO derived plasmas used for thin film deposition [J]. Plasma Sources Science and Technology, 2003, 12 (1): 89-96.

[29] Andújar J L, Pascual E, Viera G, et al. Optical emission spectroscopy of RF glow discharges of methane-silane mixtures [J]. Thin Solid Films, 1998, 317 (1-2): 120-123.

[30] Kiss L D B, Nicolai J P, Conner W T, et al. CF and CF_2 actinometry in a CF_4/Ar plasma [J]. Journal of Applied Physics, 1992, 71 (7): 3186-3192.

[31] Samukawa S, Furuoya S. Time-modulated electron cyclotron resonance plasma discharge for controlling generation of reactive species [J]. Applied Physics Letters, 1993, 63

(15)：2044-2046.

[32] Ikegami T，Ishibashi S，Yamagata Y，et al. Spatial distribution of carbon species in laser ablation of graphite target [J]. Journal of Vacuum Science and Technology A，2001，19 (4)：1304-1307.

[33] Vandevelde T，Nesladek M，Quaeyhaegens C，et al. Optical emission spectroscopy of the plasma during CVD diamond growth with nitrogen addition [J]. Thin Solid Films，1996，290-291：143-147.

[34] Teii K，Ito H，Hori M，et al. Kinetics and role of C，O，and OH in low-pressure nanocrystalline diamond growth [J]. Journal of Applied Physics，2000，87 (9)：4572-4579.

[35] Maggioni G，Carturan S，Rigato V，et al. Glow discharge vapour deposition polymerisation of polyimide thin coatings [J]. Surface and Coatings Technology，2001，142-144：156-162.

[36] Kaneko T，Miyakawa N，Yamazaki H，et al. Growth kinetics in plasma CVD of a-SiC films from monomethylsilane revealed by in situ spectroscopy [J]. Journal of Crystal Growth，2002，237-239：1260-1263.

[37] Bruno G，Capezzuto P，Cicala G. RF glow discharge of SiF_4-H_2 mixtures：Diagnostics and modeling of the a-Si plasma deposition process [J]. Journal of Applied Physics，1991，69 (10)：7256-7267.

[38] Kunnen E，Rakhimova T V，Shamiryan D，et al. Effect of top power on a low-k film during oxygen strip in a TCP etch chamber [J]. Microelectronic Engineering，2010，87 (3)：462-465.

[39] Flamm D L. Mechanisms of radical production in radiofrequency discharges of CF_3Cl，CF_3Br，and certain other plasma etchants-spectrum of a transient species [J]. Journal of Applied Physics，1980，51 (11)：5688-5692.

[40] Hanif M，Salik M，Baig M A. Diagnostic study of Nickel plasma produced by fundamental (1064 nm) and second harmonics (532 nm) of an Nd：YAG laser [J]. Journal of Modern Physics，2012，3：1663-1669.